国家自然科学基金面上项目（No.71271226）
教育部人文社会科学研究青年基金项目（No.11YJC630273） 共同资助
重庆市高等学校教学改革研究重点项目（No.1202010）

灰色预测系统建模对象拓展研究

曾 波 孟 伟 王正新◎著

科 学 出 版 社
北 京

内 容 简 介

灰色系统理论是研究和解决“小样本”“贫信息”不确定性问题的新方法。本书主要研究灰色预测系统建模对象的拓展方法，以及在此基础上的灰色预测模型构建方法。根据区间灰数的几何特征、信息特征与属性特征，提出区间灰数序列白化处理的三种方法，构建面向区间灰数序列、离散灰数序列、灰色异构时序数据的多种灰色系统预测模型。本书中灰色异构数据建模为作者首次提出。

本书可作为高等院校理工农医及经管类高年级本科生和研究生教材，也可供政府机关、科研机构及企事业单位科技工作者、管理干部等有关人员参考。

图书在版编目(CIP)数据

灰色预测系统建模对象拓展研究/曾波，孟伟，王正新著.—北京：科学出版社，2014.5

ISBN 978-7-03-040701-6

Ⅰ.①灰… Ⅱ.①曾…②孟…③王… Ⅲ.①灰色预测模型-建立模型-研究 Ⅳ.N949

中国版本图书馆CIP数据核字（2014）第105359号

责任编辑：杨婵娟 李香叶/责任校对：邹慧卿

责任印制：徐晓晨/封面设计：铭轩堂

编辑部电话：010-64035853

E-mail：houjunlin@mail.sciencep.com

科学出版社 出版

北京东黄城根北街16号

邮政编码：100717

http://www.sciencep.com

北京凌奇印刷有限责任公司 印刷

科学出版社发行 各地新华书店经销

*

2014年6月第 一 版 开本：720×1000 1/16

2020年1月第五次印刷 印张：12 3/4

字数：243 000

定价：65.00元

（如有印装质量问题，我社负责调换）

前　言

1982年我国著名学者邓聚龙教授创立了灰色系统理论，这是一种研究“小样本”“贫信息”不确定性问题的新方法，是我国对世界系统科学领域的重要贡献之一。该理论主要通过对“部分”已知信息的生成、开发，提取有价值的信息，实现对系统运行行为、演化规律的正确描述和有效监控。由于“贫信息”问题的普遍存在，决定了这一新理论具有十分广阔的发展前景，目前已经在工业、农业、医学、军事、社会等领域得到广泛应用，成功地处理生产、生活中的大量实际问题，并赢得了国内外学术界的广泛肯定和积极关注。

本书在作者著作《面向特殊序列的灰色预测建模方法》（重庆大学出版社，2011年）的基础上，系统研究区间灰数序列的白化处理方法，并多角度地研究区间灰数预测模型的建模方法，构建面向区间灰数序列的Verhulst模型及灰色异构时序数据预测模型。本书的研究内容对拓展灰色预测建模系统的适用范围，促进灰色系统基础理论的研究，丰富与完善灰色系统理论体系，促进灰色理论与实际问题的有效融合，均具有一定的价值。

全书由曾波总体策划、主要执笔和统一定稿，其中第1、4、8、9、10章由曾波与王正新执笔，第2、3、6章由孟伟执笔；第5、7章由曾波与孟伟合作撰写。本书在写作和出版的过程中，自始至终得到各方领导和同仁的热情支持和指导。作者在此谨对全国灰色系统研究会副理事长刘思峰教授、中国数量经济学会副理事长王崇举教授、重庆工商大学商务策划学院梁云教授、重庆“巴渝学者”特聘教授李川博士、电子商务及供应链系统重庆市重点实验室黄辉教授以及同门师兄弟关叶青博士、谢乃明博士、崔杰博士、崔立志博士、钱吴永博士等表示衷心的感谢！本书还得到国家自然科学基金面上项目（No. 71271226）、教育部人文社会科学研究青年基金项目（No. 11YJC630273）及重庆市高等学校教学改革研究重点项目（No. 1202010）的资助，在此，作者一并表示衷心感谢！

由于作者水平有限，书中不足之处在所难免，恳请有关专家和广大读者批评指正！

作　者

2013年10月

目　　录

1 绪　　论

1.1 灰色系统理论产生的背景

1.1.1 学术背景

经济、社会和科学技术等系统的组合，形成了复杂的大组合系统，由于复杂系统内外扰动的存在、信息获取成本的限制和人类认知水平的局限，人们所得到的关于系统的信息通常带有某种不确定性。随着科学技术的发展和人类社会的进步，人们对各类系统不确定性问题的认识逐步深化，对不确定性系统的研究也日益深入。20世纪后半叶，在系统科学和系统工程领域，各种不确定性系统的理论和方法不断涌现，如扎德（L. A. Zadeh）教授于60年代创立的模糊数学理论（Fuzzy Math）、帕夫拉克（Z. Pawlak）教授于80年代创立的粗糙集理论（Rough Sets Theory）及王光远教授于90年代创立的未确知数学等，这些理论都是不确定性系统研究领域的重要成果，从不同角度、不同侧面论述了处理各类不确定性问题的理论和方法。

1.1.2 国内环境

改革开放初期，为了迅速恢复并发展我国长期停滞不前的国民经济，全国各地兴起了一股经济规划的热潮。经济规划需要分析历史、结合现状、规划未来，然而“文化大革命”期间，我国政府统计部门日常工作被迫中断，导致统计数据样本量小且有效性差，难以提供政府经济规划所需的各项重要历史数据。传统以概率和统计为基础的数理方法，主要通过挖掘大样本数据中所蕴涵的统计规律，进而分析经济发展变化的总体趋势，其建模过程以大样本数据为前提。可见，在当时的历史条件下，应用概率统计方法难以实现对经济发展规律的有效分析。因此，如何针对“小样本”“贫信息”数据有效地建立数学模型，科学合理地指导我国经济发展规划的制订，是摆在我国经济研究者面前的首要问题。

在现实生活中，某些条件下要获取大样本的统计数据同样十分困难，如通过地质勘探预测油气含量，其数据采集不仅难度大且成本高；作物品种改良需要模拟作物生长的各种自然环境，数据获取周期长且过程复杂；研究自然灾害发生后的物资需求预测问题，不仅样本量小而且信息不确定。即使有时存在大样本数据也不一定存在统计规律，在这些情况下，依靠经典统计理论和方法往往难以得到令人满意的结论。

1.1.3 邓聚龙教授提出灰色系统理论

1979 年，我国著名学者邓聚龙教授发表了《参数不完全大系统的最小信息镇定》论文。在 1981 年于上海召开的中美控制系统学术会议上，邓聚龙又作了“含未知参数系统的控制问题”的学术报告，邓聚龙教授在发言中首次使用“灰色系统”一词，并论述了状态通道中含有灰色元的控制问题。1982 年 1 月，北荷兰出版公司出版的 *Systems & Control Letters* 杂志刊载了邓聚龙教授的论文 *The Control Problems of Grey Systems*；同年，《华中工学院学报》刊载了邓聚龙教授的论文《灰色控制系统》。这两篇开创性论文的公开发表，标志着灰色系统理论的诞生。

灰色系统理论，是一种研究“小样本”“贫信息”不确定性问题的新方法，主要通过对“部分”已知信息的生成、开发，提取有价值的信息，实现对系统运行行为、演化规律的正确描述和有效监控。“贫信息”问题的普遍存在，决定了这一新理论具有十分广阔的发展前景。目前灰色系统理论已经在工业、农业、医学、军事、社会等领域得到广泛应用，成功地处理了生产生活中的大量实际问题，并赢得了国内外学术界的广泛肯定和积极关注。

著名科学家钱学森对灰色系统理论曾做出这样评价：“灰色系统很有意

义，今后还会有更大的发展，灰色系统学是一门新学科，是一门大有前途的理论。”中国科学院科技政策与管理科学研究所徐伟宣研究员在《我国管理科学与工程学科的新进展》一文中对灰色理论作为管理科学与工程新理论和方法加以肯定；许多重要国际会议（如 WOSC、IIGSS 等）已经把灰色理论列为讨论专题；两年一届的灰色理论及应用学术会议得到了中国高等科学技术中心的全额资助，并先后于 2006 年、2008 年、2010 年、2012 年在北京和上海成功召开。可见，灰色系统理论目前已成为处理“小样本”“贫信息”问题的重要研究方法。

经过 30 余年的发展，灰色系统理论已经基本建立起一门新兴学科的结构体系。其主要内容包括灰数运算与灰色代数系统、灰色方程、灰色矩阵等灰色系统的基础理论，序列算子和灰色序列生成等数据挖掘方法；用于系统诊断、因素分析的灰色关联度模型；用于解决系统要素和对象分类问题的灰色聚类评估模型；灰色预测建模方法和技术；用于方案选择和评价的多目标灰靶决策模型；以多方法融合创新为特色的灰色组合模型等。

1.2　灰色预测系统及其建模对象拓展的三个阶段

1.2.1　灰色预测系统简介

灰色预测模型是灰色系统理论领域最为活跃的分支之一，也是预测理论体系中一个新的研究方向，是研究“小样本”“不确定性”问题的常用方法，主要针对现实世界中大量存在的灰色不确定性预测问题，利用少量有效数据（最少为 4 个数据）和灰色不确定性数据，通过序列的累加生成，揭示系统的未来发展趋势。通常，非负序列 $X^{(0)}$ 不一定具有规律性，经过累加生成处理之后生成序列 $X^{(1)}$ 一般都会呈现单调递增的规律，如图 1.2.1 所示。累加生成是使系统的灰色过程由灰变白的一种重要方法，在灰色系统理论中起着十分重要的作用。通过对非负序列进行累加生成处理，可以发现灰量积累过程的发展态势，使离乱的原始数据中蕴涵的积分特性或规律充分表现出来。例如，一个大学生的日常开支，若按日来计算，可能不存在明显的规律；若按周来算，可以发现一定的规律；而按月来计算，指数规律将变得十分明显。

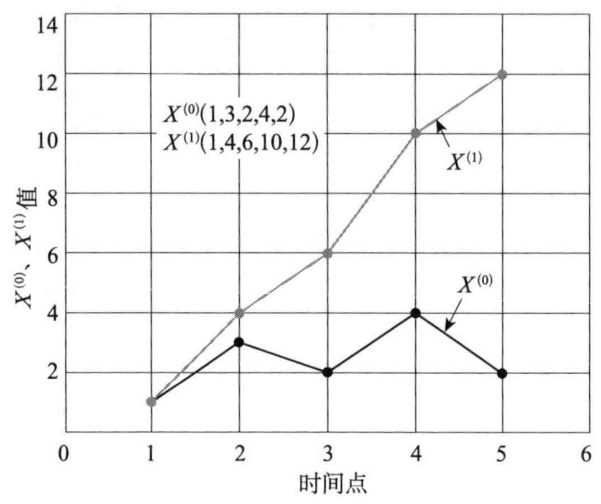

图 1.2.1　非负序列的累加生成及其单调递增规律

1.2.2　灰色预测系统研究现状

经过 30 多年的发展，灰色预测模型已经在工业、农业、社会、经济、能源、交通、石油、军事等众多领域得到广泛应用，成功地解决了生产、生活和科学研究中的大量实际问题，灰色预测模型也由原始的 GM(1，1) 扩展出 GM(1，N)、GM(2，1)、DGM(1，1)、Verhulst、GM(1，1) 幂模型等多种新的预测模型类别，预测类型也拓展到数列预测、区间预测、灰色灾变预测、波形预测、系统预测等，展现出了重要的理论价值和实际应用价值。

在应用灰色预测模型的过程中，研究人员根据解决问题的实际需要，对灰色预测模型进行了深入分析和研究，涌现出一大批有重要价值的理论研究成果。这些成果从系统建模过程来分，主要包括三个方面，即建模序列的改善与拓展、模型参数的优化、建模方法的改进。①建模序列的改善与拓展，主要包括通过缓冲算子弱化冲击扰动对模型构造的影响、通过序列函数变换提高建模序列光滑度、通过数学方法提高灰色模型对非等时距序列的处理能力等；②模型参数的优化，主要是通过数学方法优化灰色预测模型的初始值与背景值，从而提高灰色预测模型模拟及预测精度；③建模方法的改进，主要包括对建模序列灰色生成方法的研究、新型灰色预测模型的拓展研究、灰色模型稳定性及病态性的研究、模型建模条件与适用范围研究、构建与其他方法的组合预测模型等。

灰色预测模型的上述研究覆盖了系统建模的三个阶段，即数据收集与处理、数据建模与优化、模型检验与应用，类似于产品制造的过程，即生产材料准备、材料加工与工艺改进、产品输出。本书将对灰色预测系统建模对象的拓展进行研究，属于“生产材料准备”阶段的工作，旨在于扩大灰色预测模型的适用范围，增强灰色模型对实际问题的模拟及预测能力，丰富、发展与完善灰色预测模型理论体系，促进灰色预测模型与实际问题的有效融合，提高灰色预测模型对实际问题的处理效力。

1.2.3 灰色预测系统建模对象拓展的三个阶段

灰色预测系统建模对象的拓展，经历或正在经历从等时距序列到非等时距序列、从实数序列到灰数序列、从灰数序列到异构数据的三个阶段。下面对这三个阶段进行简单的回顾、分析和展望。

第一阶段：建模对象从等时距序列到非等时距序列的拓展。

灰色预测模型的建模条件是建模序列必须满足等时距（或等间距）要求，而在工程技术领域存在着大量非等间距的数据拟合及预测问题。为了解决非等时距序列的灰色系统建模问题，研究人员通过数值分析方法（如 Lagrange 插值公式、Newton 插值公式、样条插值公式等）、内插法、线性变换法、Fourier 变换等方法，通过将非等时距序列转换成等时距序列，然后在此基础上应用灰色系统的既有建模方法构建等时距序列的灰色模型，最后利用模型外推实现对原始数据序列的模拟，从而将灰色预测系统建模对象从等时距序列拓展至非等时距序列，扩大了灰色系统预测模型的应用范围，增强了灰色模型的适应能力。

第二阶段：建模对象从实数序列到灰数序列的拓展。

灰数是灰色系统的基本单元或“细胞”，它具有比实数更加复杂的数据结构和灰信息特征，这给构建面向灰数序列的灰色系统预测模型带来了较大难度，并导致了传统灰色预测模型的建模仅限于实数序列，最终形成了灰数与灰色系统模型的分离。然而，灰数间的代数运算将导致目标灰数不确定性增加，因此无法按照常规灰色模型的建模思路去构建灰数预测模型。为了解决灰数序列的建模问题，人们首先通过某种算法将区间灰数序列转换为等信息量的实数序列，然后通过构建实数序列的灰色模型去推导原始灰数预测模型，从而将灰色预测系统建模对象从实数序列拓展至灰数序列，拓展了灰色系统预测模型的建模对象。

第三阶段：建模对象从灰数序列到异构数据的拓展。

无论灰色预测系统建模对象是非等间隔的实数序列，还是具有不确定性特征的灰数序列，在每个建模序列内部，数据之间具有完全相同的数据类型，前者全为实数、后者全为类型相同的灰数（全为区间灰数、离散灰数或其他灰数）。然而，由于现实世界的复杂性，有时候建模序列中的元素其数据类型可能并不一致；换言之，建模序列中的第一个元素可能是实数，第二个元素为区间灰数，第三个元素是离散灰数……从而构成了具有不同数据类型的灰色异构数据序列。显然，灰色异构数据序列比传统的“同质序列”更加复杂，如何构建基于灰色异构数据序列的灰色预测模型，是灰色系统建模对象拓展的第三阶段。

目前，灰色预测系统建模对象拓展第一阶段的任务已经基本完成；第二阶段已经取得了一些标志性研究成果，但是研究内容的合理性、系统性、完整性还有待深入；第三阶段的研究尚属空白。本书主要对第二、第三阶段的内容进行研究。

1.3 本书主要研究内容、系统结构

1.3.1 本书主要研究内容

本书主要对灰色预测系统建模对象的拓展进行研究，全书共分 10 章。其中第 1 章是绪论，主要介绍本书研究的背景。

第 2 章介绍单序列灰色预测模型及其辅助建模软件。主要介绍灰色理论中最常用的单序列灰色预测模型，包括 GM(1，1) 模型、DGM(1，1) 模型、

Verhulst 模型，并对实现这些模型参数计算的辅助建模软件及其使用方法进行介绍。该章是本书后续研究的基础。

第 3 章介绍区间灰数“核”及“灰度”计算方法拓展研究。主要介绍区间灰数“核”及“灰度”的基本概念，基于几何图形重心法的区间灰数“核”的计算方法，基于面积比的区间灰数“灰度”计算方法，从而为区间灰数的信息分解及灰色异构数据模型的构建提供理论支撑。

第 4 章介绍区间灰数序列的白化方法及其性质。主要从三个不同角度，讨论区间灰数序列的白化处理方法，实现区间灰数序列与实数序列的转换，进一步对转换前后序列之间的数学变换关系进行研究，本章是构建区间灰数预测模型的基础。

第 5 章介绍白化权函数未知的区间灰数预测模型。在第 4 章区间灰数序列白化处理的基础上，分别构建了基于几何图形法的区间灰数预测模型、基于信息分解法的区间灰数预测模型及基于灰色属性法的区间灰数预测模型，是本书研究的重要内容之一。

第 6 章介绍几种区间灰数预测模型的比较分析与优化。研究了区间灰数预测模型的误差检验方法，对第 5 章所构建的三类区间灰数预测模型的模拟误差进行了比较和分析，并在此基础上提出了一种基于核和灰数层的新区间灰数预测模型。

第 7 章介绍基于梯形白化权函数的区间灰数预测模型。第 5、6 章所研究的区间灰数预测模型均未考虑白化权函数对模型构造的影响，本章对白化权函数已知情况下的区间灰数预测模型建模方法进行了研究，进一步拓展了区间灰数模型应用范围。

第 8 章介绍区间灰数的 Verhulst 模型。Verhulst 模型也是一种常见的灰色模型，本章从不同角度构建了两类不同的区间灰数 Verhulst 模型：基于核和信息域的区间灰数 Verhulst 模型及基于信息分解的区间灰数 Verhulst 模型。

第 9 章介绍离散灰数预测模型。提出了标准离散灰数及灰单元格的基本概念，并在此基础上分别构建了基于核和面积的离散灰数预测模型及具有主观取值倾向的离散灰数预测模型，并将其应用于空气污染指数 API 的预测。

第 10 章介绍灰色异构数据预测模型。主要讨论灰色异构数据产生的背景、基本概念及与现有灰色模型的关系，研究灰色异构数据代数运算规则与性质，构建基于灰色异构数据的灰色系统预测模型，并将其应用到空气中DDT的预测。

1.3.2 本书系统结构

本书研究内容之间的系统结构及其逻辑关系，如图1.3.1所示。

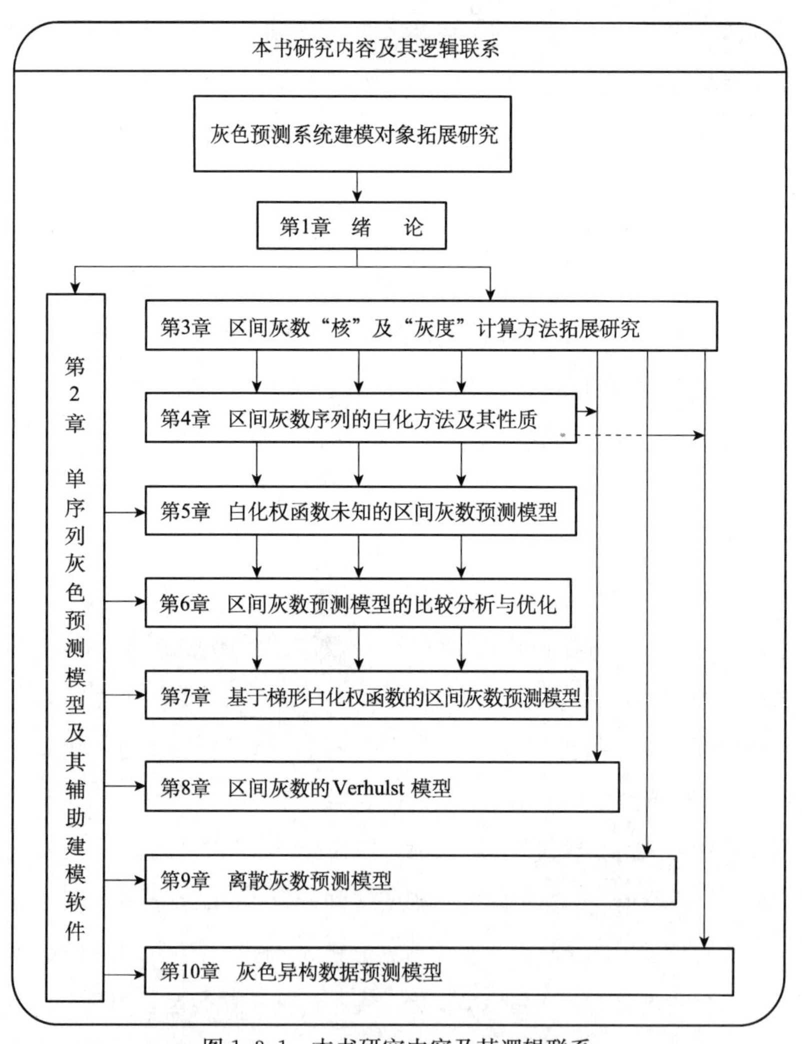

图1.3.1 本书研究内容及其逻辑联系

1.4 本章小结

灰色预测系统建模方法是灰色系统理论的重要组成部分，其有效性和实用性在实践中已得到充分证明，但作为一门新兴横断学科，其理论体系还有待于进一步丰富和完善。本章对灰色系统理论产生的学术背景及国内背景、灰色预测系统研究现状及其建模对象拓展所经历的三个阶段进行了简要介绍，并对本书主要研究内容、系统结构进行了概述。

2 单序列灰色预测模型及其辅助建模软件

2.1 引 言

在灰色预测建模体系中，由邓聚龙教授基于控制论思想所构建的GM(1，1)模型是基础和核心，也是目前影响最大、应用最为广泛的单序列灰色预测模型之一。虽然灰色预测模型种类繁多、类别复杂，但大多仍然以GM(1，1)模型为基础拓展而成。GM(1，1) 模型的最终还原式为齐次指数函数，然而，即使建模对象为严格的齐次指数增长序列，GM(1，1) 模型依然存在模拟误差。刘思峰、谢乃明提出了 DGM(1，1) 模型（谢乃明，刘思峰，2006b)，并指出：由于灰色系统模型是以差分方程建模为基础进行参数估计的，而用来预测的时间响应函数却由微分方程的解引申得到，从差分方程到微分方程的跨越缺乏科学的基础和理论依据，而 DGM(1，1) 模型正好在这方面对 GM(1，1) 模型进行了改进。

传统 GM(1，1) 模型或 DGM(1，1) 模型的建模对象主要是具有指数或近似指数增长规律的序列，对于非单调增长序列，模拟精度较差。然而，现实世界中并非所有系统都具有近似指数的增长规律，如地面沉降过程，开始阶段缓慢沉降，然后高速沉降，最后由高速沉降进入低速沉降甚至停止，整个沉降过程的变化趋势呈现饱和 S 形。传统 GM(1，1) 模型及其拓展模型以及经典的概率统计方法，均难以实现对这类具有饱和状态的过程的有效模拟。为了适应此类问题的建模，人们提出了灰色 Verhulst 模型。

本书所研究的灰色预测模型，无论是区间灰数预测模型、离散灰数预测模型还是其他灰色预测模型，均以单序列灰色预测模型为基础。在研究正式内容之前，首先引入 GM(1，1) 模型、DGM(1，1) 模型及 Verhulst 模型的基本概念和方法，并简要介绍一下实现这三类模型参数计算的灰色系统辅助建模软件的使用方法。

2.2　GM(1，1) 模型

定义 2.2.1　设 $X^{(0)}=(x^{(0)}(1), x^{(0)}(2), \cdots, x^{(0)}(n))$，$X^{(1)}=(x^{(1)}(1), x^{(1)}(2), \cdots, x^{(1)}(n))$，则称

$$x^{(0)}(k)+ax^{(1)}(k)=b,\ k=1, 2, \cdots, n \tag{2.2.1}$$

为 GM(1，1) 模型的原始形式。符号 GM(1，1) 的含义如下：

G	M	(1，	1)
↑	↑	↑	↑
Grey	Model	1 阶方程	1 个变量

定义 2.2.2　设序列 $X^{(0)}$，$X^{(1)}$ 如定义 2.2.1 所示，

$$Z^{(1)}=(z^{(1)}(2), z^{(1)}(3), \cdots, z^{(1)}(n))$$

其中，$z^{(1)}(k)=\frac{1}{2}(x^{(1)}(k)+x^{(1)}(k-1))$，$k=1, 2, \cdots, n$，称

$$x^{(0)}(k)+az^{(1)}(k)=b \tag{2.2.2}$$

为 GM(1，1) 模型的基本形式。

定义 2.2.3　设 $X^{(0)}$ 为原始序列 $X^{(0)}=(x^{(0)}(1), x^{(0)}(2), \cdots, x^{(0)}(n))$，$D$ 为序列算子

$$X^{(0)}D=(x^{(0)}(1)d, x^{(0)}(2)d, \cdots, x^{(0)}(n)d)$$

其中，$x^{(0)}(k)d=\sum_{i=1}^{k}x^{(0)}(i)$，$k=1, 2, \cdots, n$，则称 D 为 $X^{(0)}$ 的一次累加生成算子，记为 1-AGO(accumulating generation operator)．

定理 2.2.1　设 $X^{(0)}$ 为非负序列：

$$X^{(0)}=(x^{(0)}(1), x^{(0)}(2), \cdots, x^{(0)}(n))$$

其中，$x^{(0)}(k)\geqslant 0$，$k=1, 2, \cdots, n$，；

$X^{(1)}$ 为 $X^{(0)}$ 的 1-AGO 序列：

$$X^{(1)}=(x^{(1)}(1),\ x^{(1)}(2),\ \cdots,\ x^{(1)}(n))$$

其中，$x^{(1)}(k)=\sum_{i=1}^{k}x^{(0)}(i)$，$k=1,\ 2,\ \cdots,\ n$；

$Z^{(1)}$ 为 $X^{(1)}$ 的紧邻均值生成序列：

$$Z^{(1)}=(z^{(1)}(2),\ z^{(1)}(3),\ \cdots,\ z^{(1)}(n))$$

其中，$z^{(1)}(k)=0.5\times(x^{(1)}(k)+x^{(1)}(k-1))$，$k=2,\ 3,\ \cdots,\ n$.

若 $\hat{a}=(a,\ b)^{\mathrm{T}}$ 为参数列，且

$$Y=\begin{bmatrix}x^{(0)}(2)\\x^{(0)}(3)\\\vdots\\x^{(0)}(n)\end{bmatrix},\quad B=\begin{bmatrix}-z^{(1)}(2) & 1\\-z^{(1)}(3) & 1\\\vdots & \vdots\\-z^{(1)}(n) & 1\end{bmatrix}\tag{2.2.3}$$

则 GM(1，1) 模型 $x^{(0)}(k)+az^{(1)}(k)=b$ 的最小二乘估计参数列满足

$$\hat{a}=(B^{\mathrm{T}}B)^{-1}B^{\mathrm{T}}Y$$

证明 将数据代入 GM(1，1) 模型 $x^{(0)}(k)+az^{(1)}(k)=b$，得

$$x^{(0)}(2)+az^{(1)}(2)=b$$

$$x^{(0)}(3)+az^{(1)}(3)=b$$

$$\cdots\cdots$$

$$x^{(0)}(n)+az^{(1)}(n)=b$$

此即 $Y=B\hat{a}$。对于 a，b 的一对估计值，以 $-az^{(1)}(k)+b$ 代替 $x^{(0)}(k)$，$k=2,\ 3,\ \cdots,\ n$，可得误差序列

$$\varepsilon=Y-B\hat{a}$$

设 $s=\varepsilon^{\mathrm{T}}\varepsilon=(Y-B\hat{a})^{\mathrm{T}}(Y-B\hat{a})=\sum_{k=2}^{n}(x^{(0)}(k)+az^{(1)}(k)-b)^2$，使 s 最小的 a，b 应满足

$$\begin{cases}\dfrac{\partial s}{\partial a}=2\sum_{k=2}^{n}(x^{(0)}(k)+az^{(1)}(k)-b)\cdot z^{(1)}(k)=0\\[2ex]\dfrac{\partial s}{\partial b}=-2\sum_{k=2}^{n}(x^{(0)}(k)+az^{(1)}(k)-b)=0\end{cases}$$

从而解得

$$\begin{cases} b=\dfrac{1}{n-1}\left[\sum_{k=2}^{n}x^{(0)}(k)+a\sum_{k=2}^{n}z^{(1)}(k)\right] \\ a=\dfrac{\dfrac{1}{n-1}\sum_{k=2}^{n}x^{(0)}(k)\sum_{k=2}^{n}z^{(1)}(k)-\sum_{k=2}^{n}x^{(0)}(k)z^{(1)}(k)}{\sum_{k=2}^{n}[z^{(1)}(k)]^{2}-\dfrac{1}{n-1}\left[\sum_{k=2}^{n}z^{(1)}\right]^{2}} \end{cases} \tag{2.2.4}$$

由 $Y=B\hat{a}$ 得

$$B^{\mathrm{T}}B\hat{a}=B^{\mathrm{T}}Y, \quad \hat{a}=(B^{\mathrm{T}}B)^{-1}B^{\mathrm{T}}Y \tag{2.2.5}$$

但

$$B^{\mathrm{T}}B=\begin{bmatrix} -z^{(1)}(2) & 1 \\ -z^{(1)}(3) & 1 \\ \vdots & \vdots \\ -z^{(n)}(n) & 1 \end{bmatrix}^{\mathrm{T}}\begin{bmatrix} -z^{(1)}(2) & 1 \\ -z^{(1)}(3) & 1 \\ \vdots & \vdots \\ -z^{(n)}(n) & 1 \end{bmatrix}$$

$$=\begin{bmatrix} \sum_{k=2}^{n}[z^{(1)}(k)]^{2} & \sum_{k=2}^{n}z^{(1)}(k) \\ -\sum_{k=2}^{n}z^{(1)}(k) & n-1 \end{bmatrix}$$

$$(B^{\mathrm{T}}B)^{-1}=\frac{1}{(n-1)\sum_{k=2}^{n}[z^{(1)}(k)]^{2}-\left[\sum_{k=2}^{n}z^{(1)}(k)\right]^{2}}$$

$$\times\begin{bmatrix} n-1 & \sum_{k=2}^{n}z^{(1)}(k) \\ \sum_{k=2}^{n}z^{(1)}(k) & \sum_{k=2}^{n}[z^{(1)}(k)]^{2} \end{bmatrix}$$

$$B^{\mathrm{T}}Y=\begin{bmatrix} -z^{(1)}(2) & 1 \\ -z^{(1)}(3) & 1 \\ \vdots & \vdots \\ -z^{(1)}(n) & 1 \end{bmatrix}^{\mathrm{T}}\begin{bmatrix} x^{(0)}(2) \\ x^{(0)}(3) \\ \vdots \\ x^{(0)}(n) \end{bmatrix}=\begin{bmatrix} -\sum_{k=2}^{n}x^{(0)}(k)z^{(1)}(k) \\ \sum_{k=2}^{n}x^{(0)}(k) \end{bmatrix}$$

所以

$$\hat{a}=(B^{\mathrm{T}}B)^{-1}B^{\mathrm{T}}Y=\frac{1}{(n-1)\sum_{k=2}^{n}[z^{(1)}(k)]^2-[\sum_{k=2}^{n}z^{(1)}(k)]^2}$$

$$\times\begin{bmatrix}-(n-1)\sum_{k=2}^{n}x^{(0)}(k)z^{(1)}(k)+\sum_{k=2}^{n}x^{(0)}(k)\sum_{k=2}^{n}z^{(1)}(k)\\ -\sum_{k=2}^{n}z^{(1)}(k)\sum_{k=2}^{n}x^{(0)}(k)z^{(1)}(k)+\sum_{k=2}^{n}x^{(0)}(k)\sum_{k=2}^{n}[z^{(1)}(k)]^2\end{bmatrix}$$

$$=\begin{bmatrix}\dfrac{\frac{1}{n-1}\sum_{k=2}^{n}x^{(0)}(k)\sum_{k=2}^{n}z^{(1)}(k)-\sum_{k=2}^{n}x^{(0)}(k)z^{(1)}(k)}{\sum_{k=2}^{n}[z^{(1)}(k)]^2-\frac{1}{n-1}[\sum_{k=2}^{n}z^{(1)}(k)]^2}\\ \frac{1}{n-1}[\sum_{k=2}^{n}x^{(0)}(k)+a\sum_{k=2}^{n}z^{(1)}(k)]\end{bmatrix}$$

$$=\begin{bmatrix}a\\ b\end{bmatrix}$$

定义 2.2.4 设 $X^{(0)}$ 为非负序列，$X^{(1)}$ 为 $X^{(0)}$ 的 1-AGO 序列，$Z^{(1)}$ 为 $X^{(1)}$ 的紧邻均值生成序列，$[a,\ b]^{\mathrm{T}}=(B^{\mathrm{T}}B)^{-1}B^{\mathrm{T}}Y$，则称

$$\frac{\mathrm{d}x^{(1)}}{\mathrm{d}t}+ax^{(1)}=b$$

为 GM(1，1) 模型 $x^{(0)}(k)+az^{(1)}(k)=b$ 的白化方程，也称为影子方程。

定理 2.2.2 设 B，Y，$\hat{a}$ 如定理 2.2.1 所述，$\hat{a}=[a,\ b]^{\mathrm{T}}=(B^{\mathrm{T}}B)^{-1}B^{\mathrm{T}}Y$，则

(1) 白化方程 $\frac{\mathrm{d}x^{(1)}}{\mathrm{d}t}+ax^{(1)}=b$ 的解也称时间响应函数为

$$x^{(1)}(t)=\left(x^{(1)}(1)-\frac{b}{a}\right)\mathrm{e}^{-at}+\frac{b}{a} \tag{2.2.6}$$

(2) GM(1，1) 模型 $x^{(0)}(k)+az^{(1)}(k)=b$ 的时间响应序列为

$$\hat{x}^{(1)}(k+1)=\left(x^{(0)}(1)-\frac{b}{a}\right)\mathrm{e}^{-ak}+\frac{b}{a};\quad k=1,2,\cdots,n \tag{2.2.7}$$

(3) 还原值

$$\begin{aligned}\hat{x}^{(0)}(k+1)&=\hat{x}^{(1)}(k+1)-\hat{x}^{(1)}(k)\\&=(1-\mathrm{e}^{a})\left(x^{(0)}(1)-\frac{b}{a}\right)\mathrm{e}^{-ak};\quad k=1,\ 2,\ \cdots,\ n\end{aligned} \tag{2.2.8}$$

定义 2.2.5 称 GM(1，1) 模型中的参数 $-a$ 为发展系数，b 为灰色作用量。

$-a$ 反映了 $\hat{x}^{(1)}$ 及 $\hat{x}^{(0)}$ 的发展态势。一般情况下，系统作用量应是外生的或者前定的，而 GM(1，1) 是单序列建模，只用到系统的行为序列（或称输出序列、背景值），而无外作用序列（或称输入序列、驱动量）。GM(1，1) 模型中的灰色作用量是从背景值挖掘出来的数据，它反映数据变化的关系，其确切内涵是灰的。灰色作用量是内涵外延化的具体体现，它的存在是区别灰色建模与一般输入输出建模（黑箱建模）的分水岭，也是区别灰色系统观点与灰箱观点的重要标志。

2.3 DGM(1，1) 模型

定义 2.3.1 称

$$x^{(1)}(k+1)=\beta_1 x^{(1)}(k)+\beta_2$$

为离散灰色预测模型 DGM(1，1) 模型，或称为 GM(1，1) 模型的离散形式。

定理 2.3.1 设 $X^{(0)}$ 为非负序列

$$X^{(0)}=(x^{(0)}(1),\ x^{(0)}(2),\ \cdots,\ x^{(0)}(n))$$

其一次累加生成序列为

$$X^{(1)}=(x^{(1)}(1),\ x^{(1)}(2),\ \cdots,\ x^{(1)}(n))$$

其中，$x^{(1)}(k)=\sum\limits_{i=1}^{k} x^{(0)}(i)$，$k=1,\ 2,\ \cdots,\ n$；若 $\hat{\beta}=(\beta_1,\ \beta_2)^{\mathrm{T}}$ 为参数列，且

$$Y=\begin{bmatrix} x^{(1)}(2) \\ x^{(1)}(3) \\ \vdots \\ x^{(1)}(n) \end{bmatrix},\quad B=\begin{bmatrix} x^{(1)}(1) & 1 \\ x^{(1)}(2) & 1 \\ \vdots & \vdots \\ x^{(1)}(n-1) & 1 \end{bmatrix}$$

则离散灰色预测模型 $x^{(1)}(k+1)=\beta_1 x^{(1)}(k)+\beta_2$ 的最小二乘估计参数列满足

$$\hat{\beta}=(\beta_1, \beta_2)^{\mathrm{T}}=(B^{\mathrm{T}}B)^{-1}B^{\mathrm{T}}Y$$

定理 2.3.2 设B，Y，$\hat{\beta}$如定理2.3.1所述，$\hat{\beta}=(\beta_1, \beta_2)^{\mathrm{T}}=(B^{\mathrm{T}}B)^{-1}B^{\mathrm{T}}Y$，则

（1）取 $x^{(1)}(1)=x^{(0)}(1)$，则递推函数为

$$\hat{x}^{(1)}(k+1)=\beta_1^k x^{(0)}(1)+\frac{1-\beta_1^k}{1-\beta_1}\times\beta_2, \quad k=1, 2, \cdots, n-1$$

或

$$\hat{x}^{(1)}(k+1)=\beta_1^k\left(x^{(0)}(1)-\frac{\beta_2}{1-\beta_1}\right)+\frac{\beta_2}{1-\beta_1}, \quad k=1, 2, \cdots, n-1$$

（2）还原值

$$\hat{x}^{(0)}(k+1)=\alpha^{(1)}\hat{x}^{(1)}(k+1)=\hat{x}^{(1)}(k+1)-\hat{x}^{(1)}(k), \quad k=1, 2, \cdots, n-1$$

证明

（1）将求得的β_1，β_2代入离散形式，则

$$\begin{aligned}\hat{x}^{(1)}(k+1)&=\beta_1\hat{x}^{(1)}(k)+\beta_2=\beta_1(\beta_1\hat{x}^{(1)}(k-1)+\beta_2)+\beta_2\\&=\cdots=\beta_1\hat{x}^{(1)}(1)+\beta_1(\beta_1^{k-1}+\beta_1^{k-2}+\cdots+\beta_1+1)\times\beta_2\end{aligned}$$

（2）取 $x^{(1)}(1)=x^{(0)}(1)$，则

$$\hat{x}^{(1)}(k+1)=\beta_1^k x^{(0)}(1)+\frac{1-\beta_1^k}{1-\beta_1}\times\beta_2$$

（3）$\hat{x}^{(1)}(k+1)-\hat{x}^{(1)}(k)=\sum_{i=1}^{k+1}\hat{x}^{(0)}(i)-\sum_{i=1}^{k}\hat{x}^{(0)}(i)=\hat{x}^{(0)}(k+1)$.

2.4 DGM(1，1) 模型与 GM(1，1) 模型的关系

从2.2节和2.3节的研究，可知GM(1，1) 模型和DGM(1，1) 模型的建模方法和构造过程，将 $z^{(1)}(k)=\frac{1}{2}(x^{(1)}(k)+x^{(1)}(k-1))$ 代入GM(1，1) 模型，有

$$x^{(1)}(k)=\frac{1-0.5a}{1+0.5a}x^{(1)}(k-1)+\frac{b}{1+0.5a}, \quad k=2, 3, \cdots, n$$

为便于和DGM(1，1) 模型比较，可以让上式中k从1取值，则上式变为

$$x^{(1)}(k+1)=\frac{1-0.5a}{1+0.5a}x^{(1)}(k)+\frac{b}{1+0.5a}, \quad k=1, 2, \cdots, n-1$$

形式与DGM(1，1)模型完全相同，因此假设有关系式

$$\frac{1-0.5a}{1+0.5a}=\beta_1, \quad \frac{b}{1+0.5a}=\beta_2$$

则有

$$a=\frac{2(1-\beta_1)}{1+\beta_1}, \quad b=\frac{2\beta_2}{1+\beta_1}, \quad \frac{b}{a}=\frac{\beta_2}{1-\beta_1}$$

对应于GM(1，1)模型的解方程，也称时间响应函数为

$$\hat{x}^{(1)}(k+1)=\left(x^{(0)}(1)-\frac{b}{a}\right)e^{-ak}+\frac{b}{a}, \quad k=1, 2, \cdots, n-1 \quad (2.4.1)$$

对应于DGM(1，1)模型的解方程，称为离散递推函数为

$$\hat{x}^{(1)}(k+1)=\beta_1^k x^{(0)}(1)+\frac{1-\beta_1^k}{1-\beta_1}\cdot\beta_2, \quad k=1, 2, \cdots, n-1 \quad (2.4.2)$$

下面来研究两者之间的关系。将式（2.4.1）右边进行分离，得

$$\hat{x}^{(1)}(k+1)=x^{(0)}(1)e^{-ak}+\frac{b}{a}(1-e^{-ak}), \quad k=1, 2, \cdots, n-1 \quad (2.4.3)$$

将 e^{-a} 和 $\beta_1=\frac{1-0.5a}{1+0.5a}$ 用麦克劳林公式展开

$$e^{-a}=1-a+\frac{a^2}{2!}-\frac{a^3}{3!}+\cdots+(-1)^n\frac{a^n}{n!}+o(a^n)$$

$$\beta_1=\frac{1-0.5a}{1+0.5a}=1-a\left(1-\frac{a}{2}+\frac{a^2}{2^2}+\cdots+(-1)^n\frac{a^n}{2^n}+o(a^n)\right)$$

$$=1-a+\frac{a^2}{2}-\frac{a^3}{2^2}+\cdots+(-1)^{n+1}\frac{a^{n+1}}{2^n}+o(a^{n+1})$$

由于 a 值较小，高次项影响微乎其微，如果只考虑前四项时的情况，则有

$$e^{-a}=1-a+\frac{a^2}{2}-\frac{a^3}{6}, \quad \beta_1=1-a+\frac{a^2}{2}-\frac{a^3}{4}$$

令差值 $\Delta=e^{-a}-\beta_1$，则

$$\Delta=e^{-a}-\beta_1=-\frac{a^3}{6}+\frac{a^3}{4}=\frac{a^3}{12}$$

对应于不同的 a 值，$|\Delta|$ 取值如表2.4.1所示。

表 2.4.1　不同 a 值差值分析表

a 值	−0.1	−0.2	−0.3	−0.5	−0.8	−1
$\|\Delta\|$	0.000 083	0.000 667	0.002 25	0.010 417	0.042 67	0.083 33

因此，当 a 取值较小时，$\beta_1 \approx e^{-a}$，用 β_1 代替 e^{-a}，则公式（2.4.3）变为

$$\hat{x}^{(1)}(k+1)=x^{(0)}(1)\cdot\beta_1^k+\frac{\beta_2}{1-\beta_1}\cdot(1-\beta_1^k)$$

$$=x^{(0)}(1)\beta_1^k+\frac{1-\beta_1^k}{1-\beta_1}\cdot\beta_2,\quad k=1,2,\cdots,n-1$$

形式与公式（2.4.2）完全相同。因此离散灰色模型与 GM(1，1) 模型可以认为是同一模型的不同表达方式，在 a 取值较小时可以相互替代。

2.5　纯指数增长序列预测分析

GM(1，1) 模型预测的稳定性一直是众多学者探讨的问题之一，但一直没有取得共同认可的科学合理的解释。用纯指数增长序列数据做模拟，得出结果是 GM(1，1) 具有一定的适用范围，即使使用纯指数增长序列数据进行模拟，在作长期预测时仍存在较大的误差。下面用离散灰色模型作纯指数模拟分析。

设初始发展数据序列为

$$X^{(0)}=(ac,ac^2,ac^3,\cdots,ac^n),\quad c>0$$

则以后的发展趋势为 $x^{(0)}(k)=ac^k$，$k=n+1,n+2,\cdots$。将 $X^{(0)}$ 进行一次累加生成得

$$X^{(1)}=\left(ac,a(c+c^2),a(c+c^2+c^3),\cdots,a\sum_{i=1}^{n}c^i\right)$$

$$Y=\begin{bmatrix}a(c+c^2)\\a(c+c^2+c^3)\\\vdots\\a\sum_{i=1}^{n}c^i\end{bmatrix},\quad B=\begin{bmatrix}ac & 1\\a(c+c^2) & 1\\\vdots & 1\\a\sum_{i=1}^{n-1}c^i & 1\end{bmatrix}$$

$$\hat{\beta}=(B^{\mathrm{T}}B)^{-1}B^{\mathrm{T}}Y=\begin{bmatrix}c\\ac\end{bmatrix}$$

$$\begin{aligned}\hat{x}^{(1)}(k+1)&=x^{(0)}(1)\cdot\beta_1^k+\frac{\beta_2}{1-\beta_1}\cdot(1-\beta_1^k)\\&=ac\cdot c^k+\frac{1-c^k}{1-c}\cdot ac\\&=a\sum_{i=1}^{k+1}c^i\end{aligned}$$

还原值

$$\hat{x}^{(0)}(k)=\hat{x}^{(1)}(k)-\hat{x}^{(1)}(k-1)=a\sum_{i=1}^{k}c^i-a\sum_{i=1}^{k-1}c^i=ac^k$$

$\hat{x}^{(0)}(k)$ 和 $x^{(0)}(k)$ 完全相等，因此具有预测无偏性，而 a 和 c 可以任意取值，因此只要原数据序列具有近似指数增长规律，都可以用离散灰色模型进行模拟、预测。分析离散灰色模型和GM(1，1）模型预测结果的不同，可以知道，GM(1，1）模型预测发生偏差的原因在于白化形式中的 e^{-a} 与离散灰色预测模型中的 β_1 之间存在微小的差异，在作短期预测或发展系数 $-a$ 较小时，微差对整个预测模型的影响较小，所以预测精度较高，而作长期预测或发展系数 $-a$ 较大时，微差对整个预测模型的影响急剧增大，预测精度降低，有时甚至结果无法接受。

例 2.5.1　设有数据序列

$$X^{(0)}=(2.23,\ 8.29,\ 25.96,\ 84.88,\ 271.83)$$

试建立序列 $X^{(0)}$ 的离散灰色模型。

根据定理 2.3.1，可以求得

$$\hat{\beta}=(B^{\mathrm{T}}B)^{-1}B^{\mathrm{T}}Y=\begin{bmatrix}3.2141\\3.3162\end{bmatrix}$$

代入公式（2.4.2），可得 $\hat{x}^{(1)}(k)$ 模拟值如表 2.5.1 所示。

表 2.5.1　误差检验表

序　号	实际数据 $x^{(0)}(k)$	模拟数据 $\hat{x}^{(0)}(k)$	残差 $\varepsilon(k)=x^{(0)}(k)-\hat{x}^{(0)}(k)$	相对误差/% $\Delta_k=\lvert\varepsilon(k)\rvert/x^{(0)}(k)$
2	8.29	8.253 6	−0.036 4	0.439
3	25.96	26.527 4	0.567 4	2.185
4	84.88	85.260 5	0.380 5	0.448
5	271.83	274.031 7	2.201 7	0.809

由表 2.5.1 可得平均相对误差

$$\Delta=\frac{1}{4}\sum_{k=2}^{5}\Delta_k=0.971\%$$

2.6 灰色 Verhulst 模型

定义 2.6.1 设 $X^{(0)}$ 为原始数据序列，$X^{(1)}$ 为 $X^{(0)}$ 的 1-AGO 序列，$Z^{(1)}$ 为 $X^{(1)}$ 的紧邻均值生成序列，则称

$$x^{(0)}(k)+az^{(1)}(k)=b\left(z^{(1)}(k)\right)^{\alpha} \tag{2.6.1}$$

为 GM(1，1) 幂模型。

定义 2.6.2 称

$$\frac{\mathrm{d}x^{(1)}}{\mathrm{d}t}+ax^{(1)}=b\left(x^{(1)}\right)^{\alpha} \tag{2.6.2}$$

为 GM(1，1) 幂模型的白化方程。

定理 2.6.1 GM(1，1) 幂模型的白化方程的解为

$$x^{(1)}(t)=\left\{\mathrm{e}^{-(1-\alpha)at}\left[(1-\alpha)\int b\mathrm{e}^{(1-\alpha)at}\,\mathrm{d}t+c\right]\right\}^{\frac{1}{1-\alpha}} \tag{2.6.3}$$

定理 2.6.2 设 $X^{(0)}$，$X^{(1)}$，$Z^{(1)}$ 如定义 2.6.1 所述，则

$$B=\begin{bmatrix}-z^{(1)}(2) & \left(z^{(1)}(2)\right)^{\alpha}\\ -z^{(1)}(3) & \left(z^{(1)}(3)\right)^{\alpha}\\ \vdots & \vdots\\ -z^{(1)}(n) & \left(z^{(1)}(n)\right)^{\alpha}\end{bmatrix},\quad Y=\begin{bmatrix}x^{(0)}(2)\\ x^{(0)}(3)\\ \vdots\\ x^{(0)}(n)\end{bmatrix}$$

则 GM(1，1) 幂模型参数列 $\hat{a}=[a,\ b]^{\mathrm{T}}$ 的最小二乘估计为

$$\hat{a}=(B^{\mathrm{T}}B)^{-1}B^{\mathrm{T}}Y$$

定义 2.6.3 当 $\alpha=2$ 时，称

$$x^{(0)}(k)+az^{(1)}(k)=b\left(z^{(1)}(k)\right)^{2} \tag{2.6.4}$$

为灰色 Verhulst 模型。

定义 2.6.4 称

$$\frac{dx^{(1)}}{dt}+ax^{(1)}=b(x^{(1)})^2 \tag{2.6.5}$$

为灰色 Verhulst 模型的白化方程。

定理 2.6.3 （1）Verhulst 白化方程的解为

$$x^{(1)}(t)=\frac{1}{e^{at}\left[\frac{1}{x^{(1)}(0)}-\frac{b}{a}(1-e^{-at})\right]}=\frac{ax^{(1)}(0)}{e^{at}\ [a-bx^{(1)}(0)(1-e^{-at})]}$$

$$=\frac{ax^{(1)}(0)}{bx^{(1)}(0)+(a-bx^{(1)}(0))e^{at}} \tag{2.6.6}$$

（2）灰色 Verhulst 模型的时间响应式

$$\hat{x}^{(1)}(k+1)=\frac{ax^{(1)}(0)}{bx^{(1)}(0)+(a-bx^{(1)}(0))e^{ak}} \tag{2.6.7}$$

灰色 Verhulst 模型主要用来描述具有饱和状态的过程，常用于人口预测、生物生长、繁殖预测和产品经济寿命预测等。由灰色 Verhulst 方程的解可以看出，当 $t\to\infty$ 时，若 $a>0$，则 $x^{(1)}(t)\to 0$；若 $a<0$，则 $x^{(1)}(t)\to a/b$，即有充分大的 t，对任意 $k>t$，$x^{(1)}(k+1)$ 与 $x^{(1)}(k)$ 充分接近，此时 $x^{(0)}(k+1)=x^{(1)}(k+1)-x^{(1)}(k)\approx 0$，系统趋于死亡。

在实际问题中，常遇到原始数据本身呈 S 形的过程。这时，我们可以取原始数据为 $X^{(1)}$，其 1－IAGO 为 $X^{(0)}$，建立 Verhulst 模型直接对 $X^{(1)}$ 进行模拟。

2.7 灰色建模软件简介

2.7.1 软件主要特点

灰色系统建模软件一方面需要实现模型的计算功能，另一方面又涉及用户的登录及注册等功能，因此本系统充分结合了 C/S 与 B/S 模式的优点，其中 C/S 部分完成系统的运算功能，而 B/S 部分则主要处理用户与服务器交互的相关操作。在对原系统进行针对性改进的基础上，本系统在设计时更注重系统的可靠性、实用性、兼容性、扩充性、精确性以及操作界面的易用性及美观性，体现出如下特点。

1. 数据录入方便快捷

对相同类型的数据序列，系统只提供了一个长条形的文本框，用户可以将同类型的数据序列一次性地拷贝到文本框中；对灰色聚类及灰色决策需要大量数据的模块，采用传统的文本框进行数据录入则稍显不便，针对这种情况，用户可先在Excel文件中录入相关的数据，然后通过程序将Excel的数据信息导入到系统中。系统整合了Excel的强大数据编辑处理功能，实现了数据录入的方便快捷。

2. 按功能划分模块

软件工程中所谓的模块是指系统中一些相对独立的程序单元，每个程序单元完成和实现一个相对独立的软件功能。通俗点就是一些独立的程序段。每个程序模块要有自已的名称、标识符、接口等外部特征。在本系统中，开发者对灰色系统理论中的内容进行了科学的规划与整理，并按照内容进行了功能的定义及模块的划分。

3. 向用户提供运算过程和阶段性结果

对一些计算过程比较复杂、中间结果比较重要的模块，在系统中增加了一个专门用于存储计算过程的多行显示文本控件。用户能够监测到输入数据在每一步骤中的变化过程，从而对模型的运行规律有更加清晰的理解和认识。为了让用户清楚模型所用公式，在软件操作界面上作了相关的提示。

4. 对模块功能进行了扩展

根据灰色系统各部分理论的使用情况，同时结合最新的研究成果，在新系统中增补了一些功能。主要包括：弱化算子（加权平均弱化缓冲算子、几何平均弱化缓冲算子、加权平均弱化缓冲算子），强化算子（平均强化缓冲算子、几何平均强化缓冲算子、加权平均强化缓冲算子等），灰色关联分析（相对关联度、接近关联度），聚类分析（基于中心点的三角白化权函数聚类），灰色预测（GM(1，n）模型、DGM(1，1）模型），灰色决策分析（智能灰靶决策）等内容。

5. 计算结果精度可调

不同的系统对计算结果的精度有不同的要求。在新系统中增加了一个组合框控件 ComboBox，该控件接受用户输入（或选择）计算结果小数点后面的位数，这样用户可以根据实际情况灵活设置精度。

6. 系统操作简便，易于应用

系统主要采用菜单方式和窗口界面将灰色系统理论中常用的建模方法进行了有效的集成，用户只需具备一般的计算机操作技能即可顺利完成，同时，系统具有较强的容错处理能力，对用户的非法操作，系统将给予准确而详细的提示。

7. 基于 Visual C♯进行开发

C♯是微软开发的一种面向对象的编程语言，是微软 .NET 开发环境的重要组成部分。而 MicrosoftVisual C♯是微软开发的 C♯编程集成开发环境(IDE)，它是为生成在 .NET Framework 上运行的多种应用程序而设计的。C♯功能强大、类型安全，面向对象，具有很多优点，是目前 C/S 软件的主流开发工具。

2.7.2　软件模块构成

在灰色预测模型现有研究成果的基础上，结合实际应用，得到如图 2.7.1 所示的系统模块构成图。

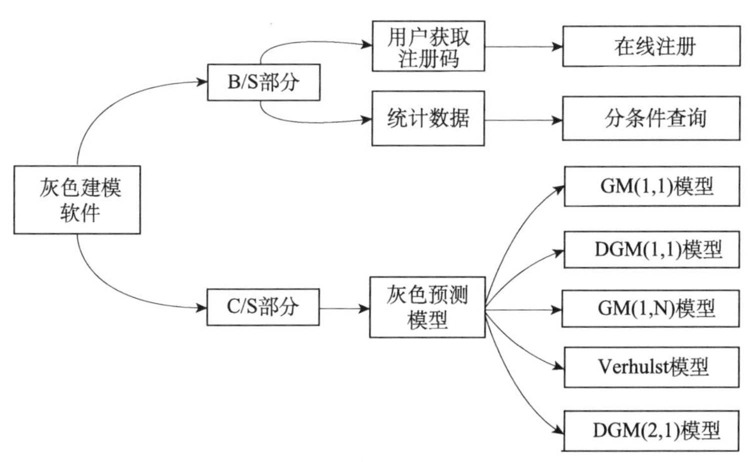

图 2.7.1　灰色建模软件功能模块图

2.7.3 软件应用与操作指南

1. 登录系统

为了验证系统用户身份的合法性，需要用户在进入系统前进行账号和密码的校验，但是，假如每次用户进入系统都需要进行一次身份校验，又略显烦琐。为了既能保证系统使用者身份的合法性，同时又能满足系统使用的简便性，在系统设计时应用基于 XML 的客户端技术进行程序处理。当用户第一次登录的时候，系统提示需要输入账号及密码，提交之后通过网络远程连接到系统服务器的数据库，以校验账号和密码的合法性；当用户第二次使用系统的时候，则可以直接跳过登录窗口进入系统主界面，以避免用户每次使用系统需要输入登录信息的烦琐。

在登录时，若用户尚无账号及密码，此时需要点击登录窗口的“用户注册”进行免费注册（B/S）；若用户忘记密码，则可以通过登录窗口的“找回密码”功能实现密码的找回（B/S）。以下是系统的登录窗口（图 2.7.2）及登录流程图（图 2.7.3）。

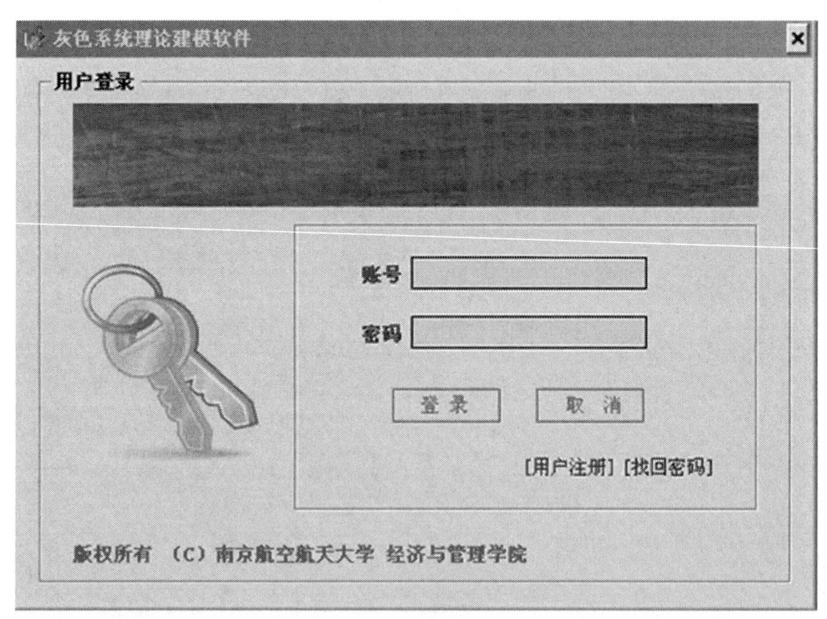

图 2.7.2 系统登录窗口

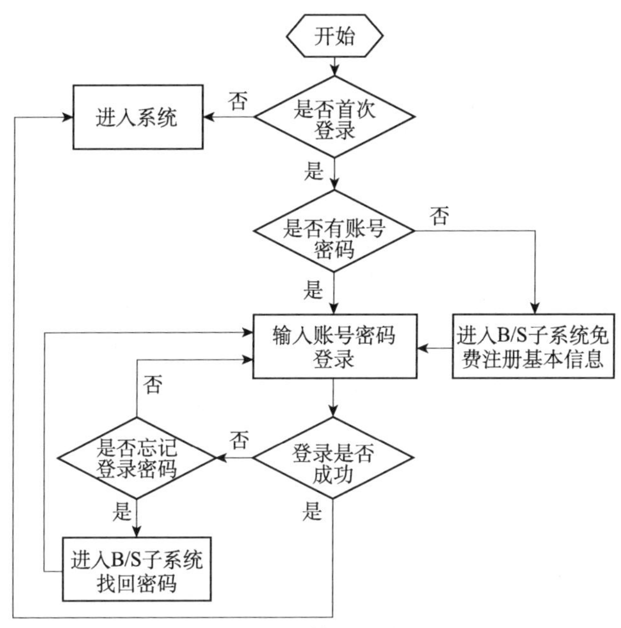

图 2.7.3 系统登录流程图

2. 软件使用

用户成功登录之后，进入灰色系统建模软件主界面（图 2.7.4），灰色系统理论的各个模块（及其子模块）主要通过菜单的方式进行调用和管理。

图 2.7.5 显示的是系统中子模块的使用流程图。

1）数据输入

使用系统之前，需要首先向系统输入数据以及设置系统参数，根据前面的介绍，系统分别提供了两种数据输入方式，即直接通过系统提供的控件进行数据输入以及通过 Excel 文件从外部导入数据（对需要大量数据输入的模块只提供了从 Excel 文件导入这一种方式），现在对这两种输入方式进行介绍。

（1）从控件中输入数据。在 VisualC＃中，有两种控件支持直接输入数据：一种是文本框（Textbox）控件；一种是组合框（ComboBox）控件。Textbox 控件是用于创建被称为文本框的标准 Windows 编辑控件，用于获取用户输入或者显示的文本信息。在文本框中输入数据时，用鼠标右键点击文本框，观察到光标在文本框中闪动之后即可进行数据输入。

Windows 窗体的 ComboBox 控件主要用于在下拉列表框中显示数据。默

图 2.7.4 系统主界面

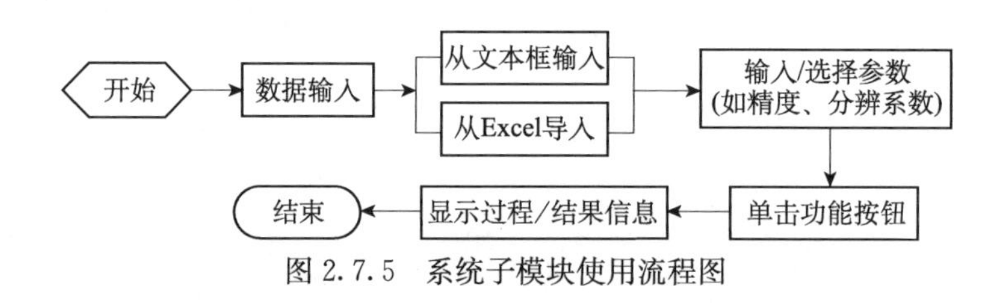

图 2.7.5 系统子模块使用流程图

认情况下，ComboBox 控件由两个部分构成：顶部是一个允许用户输入数据的文本框，下面部分是一个下拉列表框（ListBox），这是一个提供给用户进行选择的选项列表。由于组合框由上部的文本框以及下部的下拉列表框组合而成，因此称这种控件为“组合框”。用户在使用组合框进行数据录入的时候，首先检查下拉列表框中是否包含自己希望录入的数据，假如有则直接使用鼠标选中即可；否则，需要在组合框顶部的文本框中录入数据（具体录入过程与操作文本框类似，这里略）。

注意事项：在文本框或者组合框中录入数据的时候，需要首先将输入法状态调整为【半角】，在全角状态下录入的数据，系统将默认为非法数据，直接影响程序的正常运行，甚至导致无法预知的异常！

（2）从 Excel 文件中导入数据。文本框或者组合框只能接受少量的数据录入，对大批量的信息，使用文本框或者组合框，不仅数据的录入效率低，而且容易出错。为了解决本系统中大批量数据（在灰色聚类，灰色决策中经常需要大量信息）的录入问题，系统借助 Excel 强大的功能，先在 Excel 表中将需要的数据进行录入和编辑，然后再通过软件提供的接口将 Excel 表中的数据导入到系统。Excel 是微软公司的办公软件 Microsoft office 的组件之一，是由 Microsoft 为 Windows 和 Apple Macintosh 操作系统的电脑而编写和运行的一款试算表软件。直观的界面、出色的计算功能和图表工具，使 Excel 成为目前最流行的微机数据处理软件。通过 Excel，系统将比较方便地进行数据的录入。

一个 Excel 文件通常由三个表组成，表名分别为 Sheet1、Sheet2 和 Sheet3，当打开 Excel 文件的时候，通常显示的是表 Sheet1。在录入数据的时，按照系统的要求，在对应的行和列中录入相关的数据即可。当 Excel 文件中的数据录入完毕之后，可以使用系统提供的导入功能，将 Excel 文件中的数据导入到系统中。导入 Excel 文件时候，首先需要选择 Excel 文件所在的路径，确认路径之后，即可进行数据导入。数据导入的过程实际上就是，根据 Excel 文件的路径建立系统和 Excel 文件的连接并将其中的数据映射（绑定）到数据库控件 DataGridView 中的过程。

DataGridView 是 VisualC＃中的一个数据库控件，能实现将数据源中的数据完整显示出来，通过 VisualC＃的 DataGridView 控件，实现了 Excel 文件中的数据在系统中的获取及显示。但是，本系统没有提供 DataGridView 中数据的编辑功能，换言之，假如在 DataGridView 中发现有数据录入错误，这个时候不能直接在 DataGridView 中对错误数据进行修改，而需要重新返回到 Excel 文件中，将错误数据修改之后重新导入。

注意事项如下。

DataGridView 控件不具备编辑功能，对错误数据只能在 Excel 中修改后重新导入。

在 Excel 数据表中录入数据的时候，需要首先将输入法状态调整为【半角】，在全角状态下录入的数据，系统将默认为非法数据，直接影响程序的正常运行，甚至导致无法预知的异常。

Excel 的表名只能为默认表名，即 Sheet1、Sheet2 和 Sheet3，不能做任何修改，否则将影响数据的正常导入。

Excel 文件表中数据录入区域非常宽阔，但是我们通常只用到其中很少的一部分行和列，不能随便在其他区域出现任何内容（含空格字符），否则将影响数据的正常导入。

2）模型计算

现以 GM(1，1）模型为例进行介绍。主要步骤是：在输入框中输入（或导入）数据；点击“计算．模拟．预测”按钮，计算模型参数、模拟值及模拟精度；再输入预测值的个数并点击“预测结果”得到预测值。图 2.7.6 显示的是 GM(1，1）模型的操作界面。

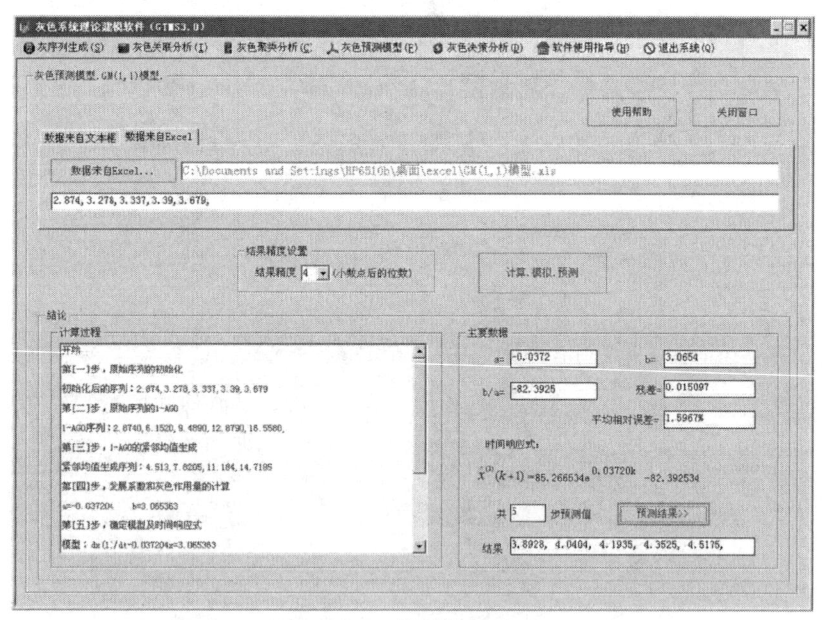

图 2.7.6　模型计算界面

2.8 本章小结

灰色 GM(1，1) 模型、DGM(1，1) 及 Verhulst 模型是灰色预测模型群中使用最为广泛的三类单序列灰色系统预测模型，本章主要对这三类模型的基本概念、原理方法、建模流程等内容进行了简要介绍，并引入笔者博士就读期间在刘思峰教授的指导下开发的灰色系统辅助建模软件，简要分析了该软件的模块组成及使用方法。本章所引入内容是本书后续研究内容的理论基础。本书后续章节所研究的区间灰数预测模型、离散灰数预测模型、区间灰数的 Verhulst 模型、灰色异构数据预测模型均是在这三类模型的基础上进行延伸与推导。

3 区间灰数“核”及“灰度”计算方法拓展研究

3.1 研究内容概述

灰数是灰色系统最基本的表示“单元”或“细胞”，其主要种类包括上界灰数、下界灰数、区间灰数、离散灰数、连续灰数等，而区间灰数无疑是灰色系统中最常见、应用最广泛、研究成果最丰富的不确定性表现形式之一，是研究灰色系统数量关系的基础。区间灰数的“核”和“灰度”是区间灰数的两个重要属性，是研究区间灰数代数运算法则以及建立区间灰数预测模型误差检验方法的基础。区间灰数的“核”，是在充分考虑已知信息的条件下，最有可能代表区间灰数“白化值”的实数；区间灰数的“灰度”，反映了人们对灰色系统认识的不确定程度。我们常用的实数则是灰度为零且核为本身的特殊区间灰数。

目前，关于区间灰数“核”和“灰度”计算方法的研究，主要考虑了当区间灰数的白化权函数为几何对称图形这一特殊情况，当白化权函数为非对称的三角形或梯形时，现有方法难以实现对区间灰数的“核”和“灰度”进行有效计算。本章通过白化权函数与其所覆盖的区间灰数在二维几何坐标平面上所围成几何图形的“面积”与“重心”，从几何的角度讨论了区间灰数“灰度”和“核”的计算方法；该方法综合考虑了主要类型白化权函数对区间灰数“灰度”与“核”计算结果的影响，是已有方法在适用范围上的拓展和完善，对丰富与完善灰色系统的基础理论的研究，具有积极的意义。

3.2 区间灰数与白化权函数的基本概念

定义 3.2.1 既有下界 a_k，又有上界 b_k 的灰数称为区间灰数，记为 $\otimes(t_k)\in[a_k, b_k]$，其中 $a_k\leqslant b_k$。

定义 3.2.2 用来描述一个区间灰数 $\otimes(t_k)\in[a_k, b_k]$ 在其取值范围 $[a_k, b_k]$ 内对不同数值“偏爱”程度的函数，称为 $\otimes(t_k)$ 的白化权函数，记为 $f^{(k)}(x)$；起点和终点确定的左升右降的连续函数称为典型白化权函数，如图 3.2.1 所示。

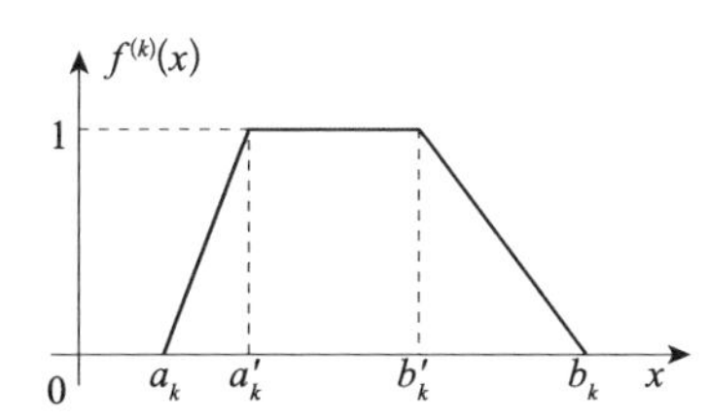

图 3.2.1 区间灰数 $\otimes(t_k)\in[a_k, b_k]$ 的典型（梯形）白化权函数

定义 3.2.3 在图 3.2.1 中，a_k 称为 $f^{(k)}(x)$ 的起点，b_k 称为止点，a'_k 称为次起点，b'_k 称为次止点，其中 $a_k\leqslant a'_k\leqslant b'_k\leqslant b_k$；区间灰数 $\otimes(t_k)$ 的下界 a_k 与上界 b_k 的差值，称为 $\otimes(t_k)$ 的起止距，记为 $l_k=b_k-a_k$；a_k 与 a'_k 的距离称为起始距，记为 $l_-(t_k)=a'_k-a_k$；类似地，b'_k 与 b_k 的距离称为终止距，记为 $l_+(t_k)=b_k-b'_k$；a'_k 与 b'_k 的距离称为中间距，记为 $l_0(t_k)=b'_k-a'_k$。

定义 3.2.4 在图 3.2.1 中，当 $f^{(k)}(x)$ 的次起点 a'_k 与次止点 b'_k 重合（即 $a'_k=b'_k$）时，典型白化权函数由梯形简化为三角形，称为三角形白化权函数（图 3.2.2）；当 $f^{(k)}(x)$ 的起点 a_k 与次起点 a'_k、止点 b_k 与次止点 b'_k 重合（即 $a_k=a'_k$ 且 $b_k=b'_k$）时，典型白化权函数由梯形扩充为矩形（图 3.2.3），表示区间灰数在其取值范围内均等可能地取值；当 $a_k=a'_k=b'_k=b_k$ 时，区间灰数演变为实数。

在灰色系统理论中，梯形、三角形及矩形是白化权函数最常见的三种几何形式。

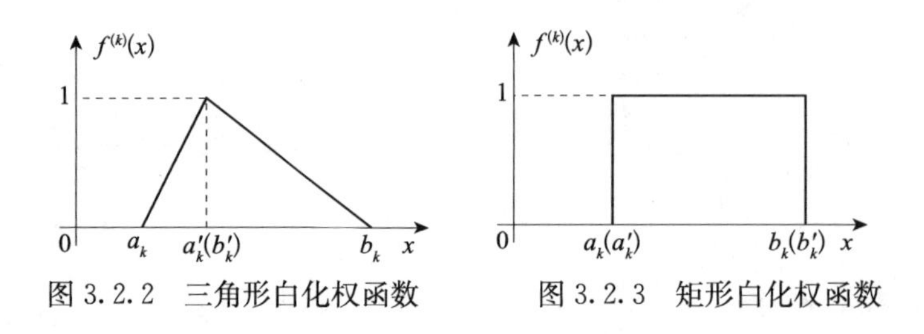

图 3.2.2　三角形白化权函数　　图 3.2.3　矩形白化权函数

定义 3.2.5　根据白化权函数 $f^{(k)}(x)$ 对区间灰数 $\otimes(t_k)$ 进行白化处理，所得之结果称为区间灰数 $\otimes(t_k)$ 的“核”，记为 $\tilde{\otimes}(t_k)$ 。

3.3　区间灰数“核”的计算

区间灰数的“核”，是在充分考虑已知信息的条件下，最有可能代表区间灰数“白化值”的实数；区间灰数的白化权函数，定义了所覆盖区间灰数在不同位置的取值可能性大小。若在区间灰数取值范围内某点 a_t 对应的白化权函数 $f^{(k)}(a_t)$ 值越大，则 a_t 对“核”的贡献就越大，那么“核”与点 a_t 就越接近。推广开来，由于区间灰数的取值范围具有连续性，因此白化权函数与其所覆盖的区间灰数在 x 轴方向可围成一封闭的几何图形，描述了该范围内区间灰数在白化权函数描述下的取值分布情况，而该几何图形的几何中心（或称面积重心）在 x 轴上的映射点，无疑就是该区间灰数的“核”。因此，区间灰数“核”的计算，可以通过计算几何图形的面积重心来实现。

对于具有对称性特征的白化权函数 $f^{(k)}(x)$（包括矩形白化权函数、等腰梯形白化权函数、等腰三角形白化权函数或其他对称图形白化权函数）而言，其区间灰数“核” $\tilde{\otimes}(t_k)$ 的计算相对简单，其对称点即为该区间灰数的“核”，即

$$\tilde{\otimes}(t_k)=\frac{a_k+b_k}{2}=\frac{a'_k+b'_k}{2} \tag{3.3.1}$$

具有对称性特征的白化权函数，其区间灰数“核”的位置，如图 3.3.1 所示。

对于具有非对称性特征的白化权函数 $f^{(k)}(x)$（包括非等腰梯形白化权函

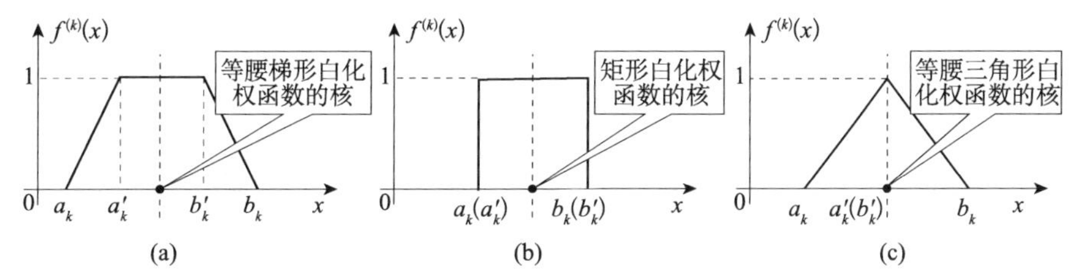

图 3.3.1　基于对称性白化权函数的区间灰数的“核”

数、非等腰三角形白化权函数或其他非对称图形白化权函数)，其区间灰数“核”$\tilde{\otimes}(t_k)$的计算相对比较复杂，本节首先讨论非等腰三角形白化权函数区间灰数“核”的计算，其基本思路是：几何图形→面积重心→横坐标→核。

根据三角形的重心定理：三角形三条边的中线交于一点，该点被称为三角形的重心；在平面直角坐标系中，重心点的坐标是三角形三个顶点坐标的算术平均值。在图 3.3.2 中，三角形三顶点 A，B，C 的坐标分别为 $A(a_k, 0)$，$B(b_k, 0)$，$C(c_k, 1)$，G 点是△ABC 的重心，则 G 点的纵坐标，亦即基于三角形白化权函数的区间灰数，其“核”$\tilde{\otimes}(t_k)$为

$$\tilde{\otimes}(t_k)=X_G=\frac{a_k+b_k+c_k}{3} \tag{3.3.2}$$

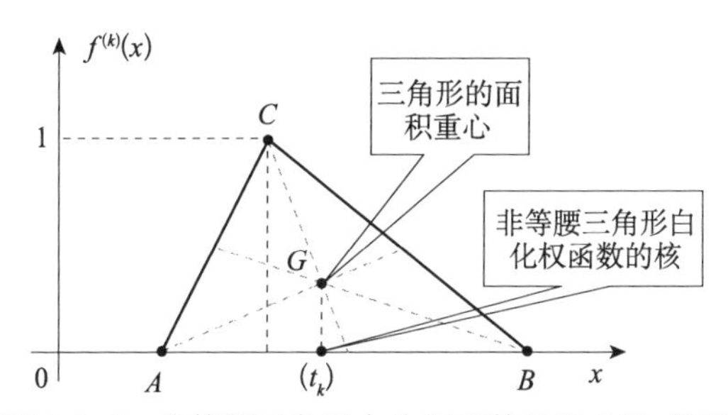

图 3.3.2　非等腰三角形白化权函数的重心及“核”

从图 3.3.2 可以看出，对基于非等腰三角形白化权函数的区间灰数，其“核”并不等于区间灰数的上下界之平均值，而是朝白化权函数取值更大的一侧倾斜。

鉴于目前已有三角形重心定理等相关研究成果，因此，对基于非等腰三角形白化权函数的区间灰数核的计算，并不困难，而对于非等腰梯形重心的计算，则相对复杂，下面介绍详细的推导过程。

图 3.3.3 中，G_A，G_B 分别是 $\triangle ACD$ 和 $\triangle ABC$ 的重心，O_1，O_2 分别是梯形上下底的中点，G_AG_B 与 O_1O_2 交于点 G，根据梯形的重心定理可知，G 是梯形的重心。梯形四个顶点 A，B，C，D 的坐标分别为 $A(a_k, 0)$，$B(b_k, 0)$，$C(b'_k, 1)$，$D(a'_k, 1)$，则 G_A 的横坐标 X_{G_A} 与纵坐标 Y_{G_A} 分别为

$$X_{G_A}=\frac{a_k+b'_k+a'_k}{3};\qquad Y_{G_A}=\frac{0+1+1}{3}=\frac{2}{3}$$

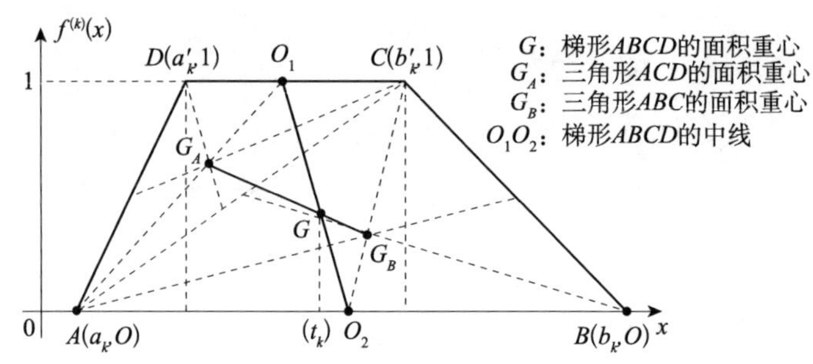

图 3.3.3　非等腰梯形白化权函数的重心及“核”

同理，G_B 的横坐标与纵坐标 Y_{G_B} 分别为

$$X_{G_B}=\frac{a_k+b_k+b'_k}{3};\qquad Y_{G_B}=\frac{0+0+1}{3}=\frac{1}{3}$$

则

$$G_A\left(\frac{a_k+b'_k+a'_k}{3},\ \frac{2}{3}\right);\qquad G_B\left(\frac{a_k+b_k+b'_k}{3},\ \frac{1}{3}\right)$$

则 G_AG_B 所在的直线方程为

$$\frac{x-x_1}{x_2-x_1}=\frac{y-y_1}{y_2-y_1}\Rightarrow\frac{x-\dfrac{a_k+b'_k+a'_k}{3}}{\dfrac{a_k+b_k+b'_k}{3}-\dfrac{a_k+b'_k+a'_k}{3}}=\frac{y-\dfrac{2}{3}}{\dfrac{1}{3}-\dfrac{2}{3}}$$

$$\Rightarrow\frac{3x-(a_k+b'_k+a'_k)}{a'_k-b_k}=3y-2$$

$$\Rightarrow 3y=\frac{3x-(a_k+b'_k+a'_k)}{a'_k-b_k}+2$$

$$\Rightarrow y=\frac{x}{(a'_k-b_k)}-\frac{2b_k-a'_k+a_k+b'_k}{3(a'_k-b_k)}\qquad(3.3.3)$$

类似地，梯形上底中点 O_1 的横坐标与纵坐标分别为 $X_{O_1}=(a'_k+b'_k)/2$，$Y_{O_2}=1$；同理梯形下底中点 O_2 的横坐标与纵坐标分别为 $X_{O_2}=(a_k+b_k)/2$，

$Y_{O_2}=0$，即

$$O_1\left(\frac{a'_k+b'_k}{2},\ 1\right);\quad G_B\left(\frac{a_k+b_k}{2},\ 0\right)$$

则 O_1O_2 所在的直线方程为

$$\frac{x-x_1}{x_2-x_1}=\frac{y-y_1}{y_2-y_1}\Rightarrow\frac{x-\frac{a'_k+b'_k}{2}}{\frac{a_k+b_k}{2}-\frac{a'_k+b'_k}{2}}=\frac{y-1}{0-1}$$

$$\Rightarrow\frac{2x-(a'_k+b'_k)}{(a'_k+b'_k)-(a_k+b_k)}=y-1$$

$$\Rightarrow y=\frac{2x}{(a'_k+b'_k)-(a_k+b_k)}-\frac{(a_k+b_k)}{(a'_k+b'_k)-(a_k+b_k)}\tag{3.3.4}$$

联立方程（3.3.3）及方程（3.3.4），可计算得直线 G_AG_B 与直线 O_1O_2 交点 G 的横坐标 X_G，

$$\frac{x}{(a'_k-b_k)}-\frac{a_k-a'_k+b'_k+2b_k}{3(a'_k-b_k)}=\frac{2x}{(a'_k+b'_k)-(a_k+b_k)}-\frac{(a_k+b_k)}{(a'_k+b'_k)-(a_k+b_k)}$$

$$\Rightarrow\left[\frac{1}{(a'_k-b_k)}-\frac{2}{(a'_k+b'_k)-(a_k+b_k)}\right]\cdot x=\frac{a_k-a'_k+b'_k+2b_k}{3(a'_k-b_k)}-\frac{(a_k+b_k)}{(a'_k+b'_k)-(a_k+b_k)}$$

$$\Rightarrow\left[\frac{(a'_k+b'_k)-(a_k+b_k)-2(a'_k-b_k)}{(a'_k-b_k)(a'_k+b'_k-a_k-b_k)}\right]\cdot x=\frac{(a_k-a'_k+b'_k+2b_k)(a'_k+b'_k-a_k-b_k)-3(a'_k-b_k)(a_k+b_k)}{3(a'_k-b_k)(a'_k+b'_k-a_k-b_k)}$$

$$\Rightarrow\tilde{\otimes}(t_k)=X_G=\frac{(a_k-a'_k+b'_k+2b_k)(a'_k+b'_k-a_k-b_k)}{3(a'_k+b'_k)-3(a_k+b_k)-6(a'_k-b_k)}-\frac{3(a'_k-b_k)(a_k+b_k)}{3(a'_k+b'_k)-3(a_k+b_k)-6(a'_k-b_k)}$$

$$\Rightarrow\tilde{\otimes}(t_k)=X_G=\frac{(2b_k-a'_k+a_k+b'_k)(a'_k+b'_k-a_k-b_k)/3-(a'_k-b_k)(a_k+b_k)}{(b'_k-a'_k)+(b_k-a_k)}\tag{3.3.5}$$

根据非等腰梯形的几何特征可知，$(a'_k+b'_k)-(a_k+b_k)\neq 0$，故公式(3.3.5)有意义。

从图3.3.3可以看出，对基于非等腰梯形白化权函数的区间灰数，其“核”并不等于区间灰数上下界的平均值，而是向白化权函数取值更大的一侧倾斜。

算例3.3.1 区间灰数$\otimes(t_1)\in[104,130]$，其白化权函数分别设计为矩形、对称性三角形、非对称性三角形、对称性梯形及非对称性梯形，如图3.3.4所示，要求计算在这五种不同情况下区间灰数的“核”$\tilde{\otimes}(t_1)$。

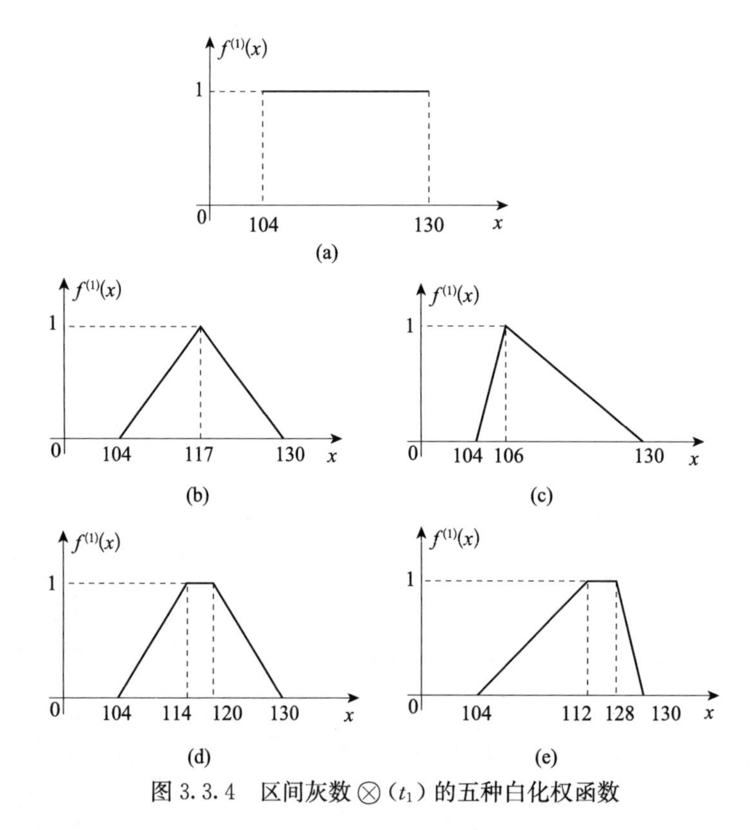

图3.3.4 区间灰数$\otimes(t_1)$的五种白化权函数

(1) 图3.3.4(a)中，当$\otimes(t_1)$的白化权函数为矩形时，根据公式(3.3.1)可计算区间灰数的“核”$\tilde{\otimes}(t_1)_1$

$$\tilde{\otimes}(t_1)_1=\frac{a_1+b_1}{2}=\frac{104+130}{2}=117.00$$

(2) 图 3.3.4 (b) 中，当$\otimes(t_1)$的白化权函数为（对称性）三角形时，根据公式（3.3.1）可计算区间灰数的“核”$\tilde{\otimes}(t_1)_2$

$$\tilde{\otimes}(t_1)_2=\frac{a_k+b_k}{2}=\frac{104+130}{2}=117.00$$

由于对称性三角形是一种特殊的三角形，因此也可以根据公式（3.3.2）计算区间灰数的“核”$\tilde{\otimes}'(t_1)_2$

$$\tilde{\otimes}'(t_1)_2=\frac{a_k+b_k+c_k}{3}=\frac{104+117+130}{3}=117.00$$

可见两种方法的计算结果相等，即$\tilde{\otimes}(t_1)_2=\tilde{\otimes}'(t_1)_2$。

(3) 图 3.3.4 (c) 中，当$\otimes(t_1)$的白化权函数为非对称性三角形时，根据公式（3.3.2）可计算区间灰数的“核”$\tilde{\otimes}(t_1)_3$，即

$$\tilde{\otimes}(t_1)_3=\frac{a_1+b_1+c_1}{3}=\frac{104+106+130}{3}=113.33$$

(4) 图 3.3.4 (d) 中，当$\otimes(t_1)$的白化权函数为（对称性）梯形时，根据公式（3.3.1）可计算区间灰数的“核”$\tilde{\otimes}(t_1)_4$

$$\tilde{\otimes}(t_1)_4=\frac{a_k+b_k}{2}=\frac{a'_k+b'_k}{2}$$

$$\Rightarrow\tilde{\otimes}(t_1)_4=\frac{104+130}{2}=\frac{114+120}{2}=117.00$$

由于对称性梯形是一种特殊的梯形，因此也可以根据公式（3.3.5）按照普通梯形白化权函数计算区间灰数的“核”$\tilde{\otimes}'(t_k)_4$

$$\tilde{\otimes}'(t_k)_4=\frac{(2b_k-a'_k+a_k+b'_k)(a'_k+b'_k-a_k-b_k)/3-(a'_k-b_k)(a_k+b_k)}{(b'_k-a'_k)+(b_k-a_k)}$$

$$\Rightarrow\tilde{\otimes}'(t_k)_4=\frac{(2\times130-114+104+120)(114+120-104-130)/3-(114-130)(104+130)}{(120-114)+(130-104)}$$

$$\Rightarrow\tilde{\otimes}'(t_k)_4=\frac{(260-10)\times0/3+16\times234}{6+26}=117.00$$

可见两种方法计算结果相等，即$\tilde{\otimes}(t_1)_4=\tilde{\otimes}'(t_k)_4$。

(5) 图 3.3.4 (e) 中，当$\otimes(t_1)$的白化权函数为非对称性梯形时，根据公式（3.3.5）可计算区间灰数的“核”$\tilde{\otimes}(t_1)_5$

$$\tilde{\otimes}(t_1)_5=\frac{(2b_1-a_1'+a_1+b_1')(a_1'+b_1'-a_1-b_1)/3-(a_1'-b_1)(a_1+b_1)}{(b_1'-a_1')+(b_1-a_1)}$$

$$\Rightarrow\tilde{\otimes}(t_1)_5=\frac{(2\times130-112+104+128)\times(112+128-104-130)/3}{(128-112)+(130-104)}$$

$$-\frac{(112-130)\times(104+130)}{(128-112)+(130-104)}=118.38$$

表 3.3.1　图 3.3.4 中基于不同类型白化权函数的区间灰数“核”的计算结果对比分析

白化权函数	图 3.3.4（a）	图 3.3.4（b）	图 3.3.4（c）	图 3.3.4（d）	图 3.3.4（e）
对称性	对称	对称	不对称	对称	不对称
$\otimes(t_1)$ 的“核”	$\tilde{\otimes}(t_1)_1=117.00$	$\tilde{\otimes}(t_1)_2=117.00$	$\tilde{\otimes}(t_1)_3=113.33$	$\tilde{\otimes}(t_1)_4=117.00$	$\tilde{\otimes}(t_1)_5=118.38$

从表 3.3.1 不难发现，对同一区间灰数而言，对称性白化权函数所对应的“核”相等，与白化权函数的具体形状无关，只需满足对称性即可。

另外，对于其他不规则白化权函数的区间灰数“核”的计算，同样是根据白化权函数与其所覆盖的区间灰数在 x 轴方向所围成几何图形的几何重心来计算，基本思路仍然是“几何图形 → 面积重心 → 横坐标 → 核”，此处不再赘述。

3.4　区间灰数“灰度”的计算

灰数的灰度，反映了人们对灰色系统认识的不确定程度，刘思峰教授给出了灰数灰度的一种公理化定义：设区间灰数 $\otimes(t_k)$ 产生的背景或论域为 Ω，$\mu(\otimes(t_k))$ 为灰数 $\otimes(t_k)$ 的取数域的测度，则称 $g^\circ(\otimes(t_k))=\mu(\otimes(t_k))/\mu(\Omega)$ 为灰数 $\otimes(t_k)$ 的灰度。刘思峰教授在定义灰度的时候，没有考虑白化权函数对灰度的影响（可这样理解：灰数在其取值范围内均等可能地取值，其白化权函数呈矩形状，如图 3.3.1（b）所示）；换言之，目前灰度的计算公式，仅考虑了白化权函数为矩形这一特殊情况，尚无法对白化权函数为梯形或三角形的灰数灰度进行计算。本节将在原有灰度计算公式的基础上，对其进行拓展。

矩形白化权函数所定义的区间灰数，表示在该灰数上下界点范围内，均等可能地取值；梯形白化权函数对区间灰数中的某些数值进行了具有“偏爱程度”的定义，不同数值的取值可能性大小存在差异，其中蕴涵的已知信息多于矩形白化权函数所定义的相同区间灰数；而三角白化权函数所包含的已知信息则更加丰富。可见，区间灰数的不确定性程度（即灰度）与白化权函数及其所在的区间灰数所围成图形的面积相关。对具有相同底边和高的矩形、梯形及三角形而言，前者的面积最大，后者的面积次之，三角形的面积最小。根据前面的分析，可得如下公理。

公理 3.4.1 具有相同取值范围的区间灰数，其白化权函数与区间灰数在二维直角坐标平面上所围成的图形面积越小，则该区间灰数所蕴涵的信息就越多。

根据公理 3.4.1 可知，对于相同的区间灰数，三角形白化权函数的灰度应低于梯形白化权函数的灰度，同样地，梯形白化权函数的灰度低于矩形白化权函数的灰度。然而，目前灰数灰度的测度公式是基于矩形白化权函数进行定义的，随着已知信息的不断补充，当白化权函数由矩形演变为梯形或三角形时，灰数的灰度应在原有基础上有所降低。现以矩形白化权函数为基础，对灰数灰度做出如下拓展定义。

定义 3.4.1 设区间灰数 $\otimes(t_k)\in[a_k, b_k]$ 产生的背景或论域为 Ω，$\mu(\otimes(t_k))$ 为灰数 $\otimes(t_k)$ 取数域的测度，S_R，S_O 分别为区间灰数 $\otimes(t_k)$ 的白化权函数为矩形以及其他图形时在 x 轴方向所围成图形的面积，则 $\otimes(t_k)$ 的灰度为

$$g^{\circ}(\otimes(t_k))=\frac{\mu(\otimes(t_k))}{\mu(\Omega)}\times\frac{S_O}{S_R} \tag{3.4.1}$$

具体地，当白化权函数为矩形、梯形及三角形时，其灰度的计算公式如下。

(1) 当 $\otimes(t_k)$ 的白化权函数为矩形，则 $S_R=S_O$，根据定义 3.4.1 得

$$g^{\circ}(\otimes(t_k))=\frac{\mu(\otimes(t_k))}{\mu(\Omega)}\times\frac{S_O}{S_R}=\frac{b_k-a_k}{\mu(\Omega)} \tag{3.4.2}$$

(2) 当 $\otimes(t_k)$ 的白化权函数为梯形，根据定义 3.4.1 及梯形面积公式，得

$$g^{\circ}(\otimes(t_k))=\frac{\mu(\otimes(t_k))}{\mu(\Omega)}\times\frac{S_O}{S_R}=\frac{b_k-a_k}{\mu(\Omega)}\times\frac{(b'_k-a'_k)+(b_k-a_k)}{2\times(b_k-a_k)}$$

$$g^{\circ}(\otimes(t_k))=\frac{(b'_k-a'_k)+(b_k-a_k)}{2\mu(\Omega)} \tag{3.4.3}$$

(3) 当 $\otimes(t_k)$ 的白化权函数为三角形，根据定义 3.4.1 及三角形面积公式，得

$$g^{\circ}(\otimes(t_k))=\frac{\mu(\otimes(t_k))}{\mu(\Omega)}\times\frac{S_{\mathrm{O}}}{S_{\mathrm{R}}}=\frac{b_k-a_k}{\mu(\Omega)}\times\frac{(b_k-a_k)/2}{b_k-a_k}=\frac{b_k-a_k}{2\mu(\Omega)}$$

$$g^{\circ}(\otimes(t_k))=\frac{b_k-a_k}{2\mu(\Omega)} \tag{3.4.4}$$

不难看出，文献（刘思峰等，2008）中的灰度计算公式仅是当区间灰数的白化权函数为矩形这一特殊情况时才成立，而定义 3.4.1 对其进行了有效拓展。同时，从灰度计算公式的推导过程可以发现，区间灰数及其白化权函数在 x 轴方向所围成的面积越大，该灰数的灰度则越小，所以，对于相同的区间灰数，矩形白化权函数的灰度最大，梯形次之，三角形最小。

算例 3.4.1 设区间灰数 $\otimes(t_1)\in[104, 130]$，论域 $\Omega\in[70, 150]$，其白化权函数分别如图 3.4.1（a）～（f）所示，要求计算区间灰数 $\otimes(t_1)$ 在以下 6 种不同白化权函数定义下的灰度。

(1) $\otimes(t_1)$ 的白化权函数如图 3.4.1（a）所示，根据定义 3.4.1，$\otimes(t_1)$ 的灰度为

$$S_B=\frac{(130-104)+(118-110)}{2}\times 1=17$$

$$g^{\circ}(\otimes(t_1))=\frac{S_B}{\mu(\Omega)}=\frac{17}{80}=0.212\,5$$

(2) $\otimes(t_1)$ 的白化权函数如图 3.4.1（b）所示，根据定义 3.4.1，$\otimes(t_1)$ 的灰度为

$$S_B=(130-104)\times 1=26$$

$$g^{\circ}(\otimes(t_1))=\frac{S_B}{\mu(\Omega)}=\frac{26}{80}=0.325\,0$$

(3) $\otimes(t_1)$ 的白化权函数如图 3.4.1（c）所示，根据定义 3.4.1，$\otimes(t_1)$ 的灰度为

$$S_B=\frac{110-104}{2}+\frac{0.6+1.0}{2}\times[(112-110)+(118-112)]+\frac{130-118}{2}$$

$=15.4$

$$g^{\circ}(\otimes(t_1))=\frac{S_B}{\mu(\Omega)}=\frac{15.4}{80}=0.1925$$

(4) $\otimes(t_1)$ 的白化权函数如图 3.4.1 (d) 所示，根据定义 3.4.1，$\otimes(t_1)$ 的灰度为

$$S_B=\frac{(130-104)\times 1}{2}=13$$

$$g^{\circ}(\otimes(t_k))=\frac{S_B}{\mu(\Omega)}=\frac{13}{80}=0.1625$$

(5) $\otimes(t_1)$ 的白化权函数如图 3.4.1 (e) 所示，根据定义 3.4.1，$\otimes(t_1)$ 的灰度为

$$S_B=\frac{110-104}{2}+(118-112)\times 0.5+\frac{130-118}{2}=12$$

$$g^{\circ}(\otimes(t_1))=\frac{S_B}{\mu(\Omega)}=\frac{12}{80}=0.1500$$

(6) $\otimes(t_1)$ 的白化权函数如图 3.4.1 (f) 所示，根据定义 3.4.1，$\otimes(t_1)$ 的灰度为

$$S_B=\frac{118-104}{2}+(122-118)\times 1+(130-122)\times 0.5=15$$

$$g^{\circ}(\otimes(t_1))=\frac{S_B}{\mu(\Omega)}=\frac{15}{80}=0.1875$$

表 3.4.1 图 3.4.1 中基于不同类型白化权函数的区间灰数“灰度”的计算结果对比分析

白化权函数	图 3.4.1 (a)	图 3.4.1 (b)	图 3.4.1 (c)	图 3.4.1 (d)	图 3.4.1 (e)	图 3.4.1 (f)
面积 S_B	17	26	15.4	13	12	15
灰度 $g^{\circ}(\otimes(t_1))$	0.212 5	0.325 0	0.192 5	0.162 5	0.150 0	0.187 5
面积大小排序	5	6	4	2	1	3
灰度大小排序	5	6	4	2	1	3

从表 3.4.1 不难看出，对相同的区间灰数，其白化权函数在二维坐标平面上的几何面积越小，则其灰度越小，反之亦然。

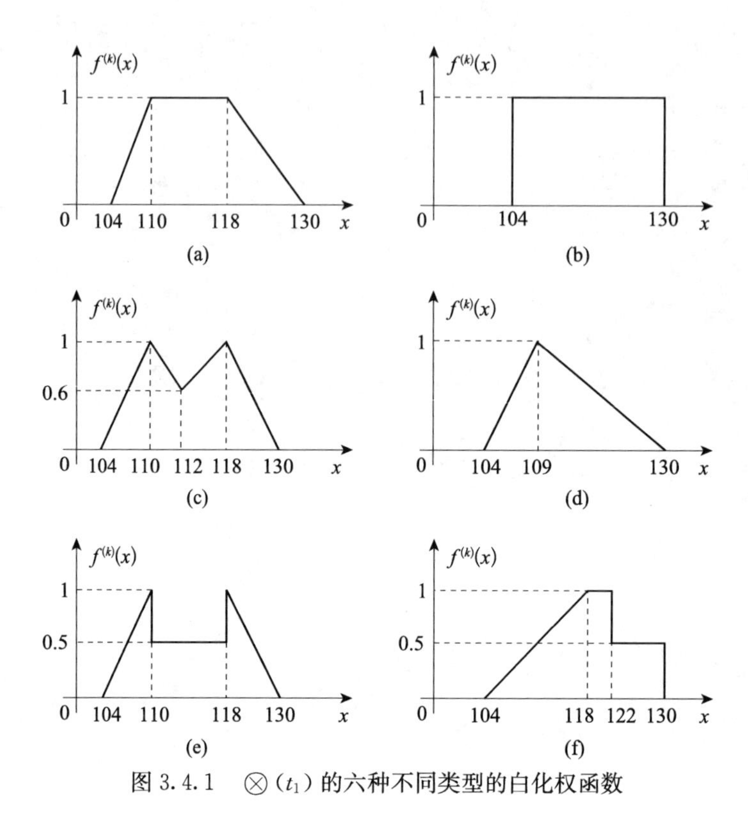

图 3.4.1 $\otimes(t_1)$ 的六种不同类型的白化权函数

3.5 本章小结

区间灰数的“核”和“灰度”是区间灰数的两个重要属性，是研究区间灰数代数运算法则及建立区间灰数预测模型误差检验方法的基础。本章根据区间灰数的几何特征、信息特征与属性特征，通过白化权函数与其所覆盖的区间灰数在二维几何坐标平面上所围成几何图形的“面积”与“重心”，从几何的角度讨论了区间灰数“灰度”和“核”的计算方法。本章研究内容是后文构建区间灰数预测模型的基础和支撑。

4 区间灰数序列的白化方法及其性质

4.1 引　言

既有的灰色预测模型的建模对象，通常都是对获得的区间灰数信息进行简化处理所得，通过将区间灰数序列简化为实数序列再进行 GM(1，1）建模。实际上，区间灰数的简化处理不仅会丢失一些已知的有效信息，而且可能对实际情况的解释出现偏差。因此研究适用于区间灰数序列的灰色预测模型，更符合人们对系统未来趋势的把握和认识，更能有效地体现区间灰数的信息内涵，对丰富与完善灰色预测模型的理论体系、促进灰色系统模型与实际问题的有效对接、促进灰色系统理论的进一步发展均具有重要意义。

然而，由于区间灰数具有比实数更加复杂的数据结构和信息特征，区间灰数之间的代数运算将导致目标灰数不确定性增加，这导致直接构建区间灰数预测模型具有较大难度，因此需要首先将区间灰数序列转换成实数序列，通过构建实数序列的灰色预测模型实现对区间灰数序列的模拟及预测。本章主要从三个不同的角度，讨论区间灰数序列的白化处理方法，实现区间灰数序列与实数序列的转换，并进一步对区间灰数序列与转换后的实数序列之间所存在的数学变换关系进行深入研究。

4.2 直接构建区间灰数预测模型所面临的问题

4.2.1 区间灰数间的代数运算将导致目标灰数不确定性增加

目前，由于灰代数运算体系还不完善，区间灰数之间的代数运算将导致目标灰数不确定性增加，若按照传统灰色预测模型的建模思想及方法，直接基于区间灰数序列构建灰色预测模型，就需要对区间灰数进行累加、累减、矩阵乘法和求逆等一系列操作，其中涉及区间灰数之间的大量代数运算，这必然导致模拟或预测的最终结果灰度急剧增加，甚至接近于黑数，如预测到某人的身高为 10～250 厘米这样毫无价值的预测结论。

4.2.2 区间灰数序列的累加生成序列无法进行指数拟合

经典 GM(1，1) 模型在累加生成的基础上，通过寻找序列的灰指数规律，从而实现对原始序列进行指数拟合。由于 GM(1，1) 模型的建模对象为实数序列，通过累加生成后得到一组具有单调性的数据序列，在二维直角坐标平面上表现为一组离散上升的数据点，因此，可以对这些数据点按照灰色系统理论的基本思想进行最小二乘意义上的指数拟合。而对于区间灰数序列，其累加生成后得到的新序列，在二维直角坐标平面上表现为一组区间距越来越大的区间灰数，而不是离散上升的数据点，无法对其进行指数拟合，如图 4.2.1 所示。

4.2.3 基于区间灰数界点序列的灰色预测模型存在病态

区间灰数的上界和下界在形式上表现为实数，为了构建区间灰数预测模型，最直观的思路是：将序列中所有区间灰数的上界和下界分别提取出来，并组合成两条实数序列，即区间灰数的“上界序列”和“下界序列”（合称“界点序列”），然后构建基于区间灰数上界序列和下界序列的灰色预测模型，从而分别实现区间灰数上界和下界的模拟及预测，然后组合起来实现区间灰数的模拟及预测。然而，由于基于“界点序列”灰色预测模型的累减还原式均为齐次指数函数，具有不同的发展系数 $-a$，即具有不同的“陡峭”程度，因此，有可能在相同的预测时点，出现区间灰数下界值大于上界值的情况，这与区间灰数所规定的区间灰数的下界不能大于上界是矛盾的。因此，这种方法存在设计缺陷（图 4.2.2）。

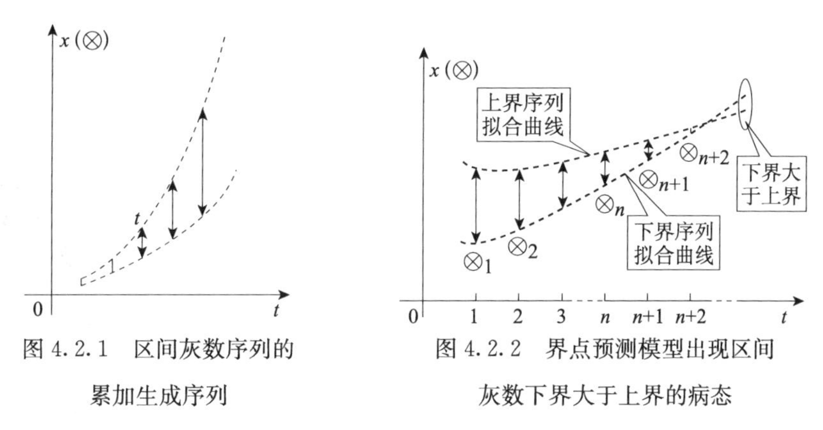

图 4.2.1 区间灰数序列的累加生成序列

图 4.2.2 界点预测模型出现区间灰数下界大于上界的病态

导致基于区间灰数界点序列的灰色预测模型病态性产生的主要原因是，该方法破坏了区间灰数的独立性和完整性。区间灰数的上界和下界是标志区间灰数作为一个独立数据单元密不可分的两个组成部分，将区间灰数的上界和下界割裂开来，实际上是从根本上破坏了区间灰数的独立性和完整性，并最终导致预测结果产生病态。

根据前面的分析可知，区间灰数之间的代数运算将导致目标灰数灰度增加，并且累加生成的区间灰数序列无法进行指数拟合，因此难以按照传统灰色预测模型的建模思路直接构建面向区间灰数序列的预测模型。在这样的情况下，人们通常将区间灰数进行白化处理，将区间灰数简化为白数（“实数”），然后用白数序列的灰色预测模型近似替代区间灰数预测模型。然而，在区间灰数由“灰”变“白”的过程中，伴随着信息损失（图 4.2.3）。例如，区间灰数 $\otimes \in [2, 14]$，现对 $\otimes$ 进行白化处理（主要根据操作者对系统背景信息的认知程度以及经验知识等情况），若用一个实数“8”来代替 $\otimes$ 的白化值，则其他的灰数信息（$[2, 8)$ 以及 $(8, 14]$）就被忽略了，这对信息量本身并不“富裕”的灰色系统模型而言，是“难以接受”的，同时这有悖于灰色系统理论“信息充分利用”的思想，基于这种白化处理结果所构建的灰色系统模型可能并不符合系统发展的客观规律，进而得到错误的预测结论。

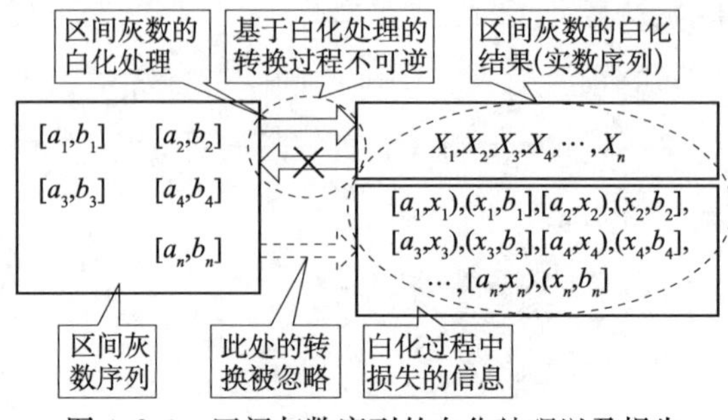

图 4.2.3　区间灰数序列的白化处理以及损失

在区间灰数之间的代数运算方法无法取得有效改善的情况下，目前只能通过序列转换的方式，将区间灰数序列等信息量地转换成实数序列，然后构建实数序列的灰色预测模型，并在此基础上去反推区间灰数预测模型。

本章将对区间灰数序列的白化方法进行讨论，在此基础上对区间灰数序列与转换后的实数序列之间的关系进行研究。

4.3　区间灰数序列的白化方法

本节将讨论区间灰数序列的白化方法及其性质。根据区间灰数序列的几何特点、信息特征及灰色属性，通常将区间灰数序列的白化方法分为几何坐标法、信息分解法及灰色属性法三类。下面将对区间灰数序列的三类白化方法进行详细介绍。

4.3.1　区间灰数序列白化方法之一：几何坐标法

定义 4.3.1　设区间灰数序列 $X(\otimes)=(\otimes(t_1),\ \otimes(t_2),\ \cdots,\ \otimes(t_n))$，将 $X(\otimes)$ 中的所有区间灰数在二维直角坐标平面体系中进行映射，顺次连接相邻区间灰数的上界点和下界点而围成的图形，称为 $X(\otimes)$ 的灰数带；相邻区间灰数之间的灰数带，称为灰数层；根据灰数层在灰数带中的位置，依次记为灰数层 1，2，⋯，如图 4.3.1 所示。

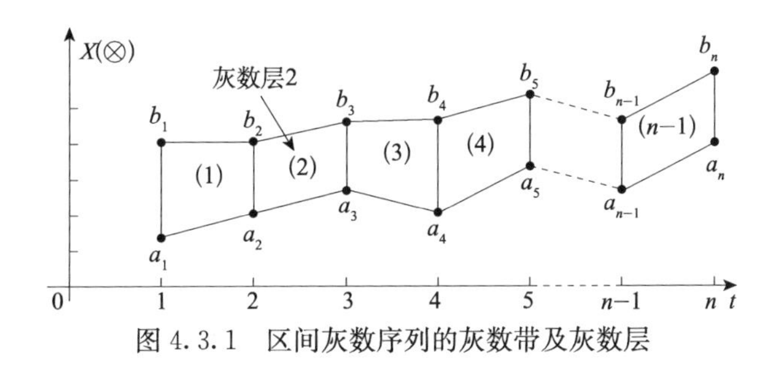

图 4.3.1　区间灰数序列的灰数带及灰数层

1. 基于几何坐标法的区间灰数序列的面积转换

设区间灰数序列 $X(\otimes)=(\otimes(t_1), \otimes(t_2), \cdots, \otimes(t_n))$，其中 $\Delta t_k = t_k - t_{k-1} = 1$，$\otimes(t_k) \in [a_k, b_k]$，$k=1, 2, \cdots, n$。根据定义 4.3.1 及图 4.3.1，可计算灰数层 p 的面积（其中 $p=1, 2, \cdots, n-1$）。根据梯形的面积公式可得

$$s(p)=\frac{(b_p-a_p)+(b_{p+1}-a_{p+1})}{2}\cdot(t_{p+1}-t_p) \tag{4.3.1}$$

因为 $\Delta t_k = t_k - t_{k-1} = 1 \Rightarrow t_{p+1} - t_p = 1$，故

$$s(p)=\frac{(b_p-a_p)+(b_{p+1}-a_{p+1})}{2} \tag{4.3.2}$$

公式（4.3.2）在形式上表现为灰数带中灰数层 p 的面积，在数值上则可立即由区间灰数 $\otimes(t_{p+1}) \in [a_{p+1}, b_{p+1}]$ 与 $\otimes(t_p) \in [a_p, b_p]$ 区间距的紧邻均值生成。通过公式（4.3.2），可计算灰数带中所有灰数层 $p=1, 2, \cdots, n-1$ 的面积，并构成一个实数序列 S，记为

$$S=(s(1), s(2), \cdots, s(n-1))$$

为方便，对基于灰数层面积的区间灰数序列与实数序列的转换，简称为“面积转换”，通过面积转换而得到的实数序列，简称“面积序列”。

2. 基于几何坐标法的区间灰数序列的坐标转换

区间灰数序列 $X(\otimes)=(\otimes(t_1), \otimes(t_2), \cdots, \otimes(t_n))$，其对应的灰数带及灰数层如图 4.3.2 所示。其中，灰数带中带圈的数字（1），（2），…表示灰数层编号，灰数层中与 t 轴垂直的虚线（A_1A_2，B_1B_2，…）是灰数层的中位线，A，B，C，…是灰数层中位线中点。

定理 4.3.1　如图 4.3.2 所示的灰数带中，灰数层 p（$p=1, 2, \cdots, n-1$）

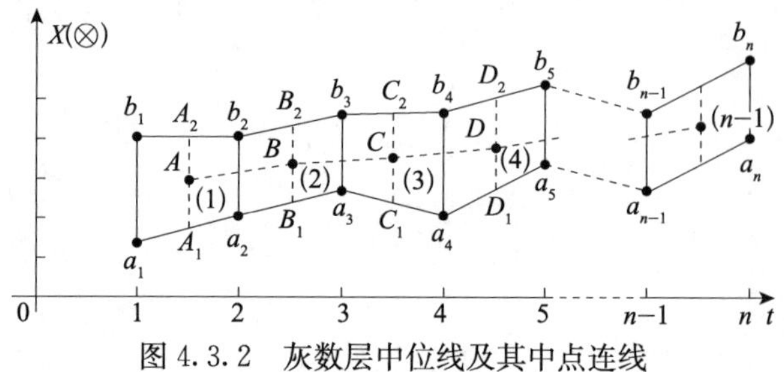

图 4.3.2　灰数层中位线及其中点连线

的中位线中点纵坐标为

$$w(p)=\frac{(a_p+b_p)+(a_{p+1}+b_{p+1})}{4}$$

证明　当 $p=1$ 时，从图 4.3.2 可知，点 A_1 经过（1，a_1）和（2，a_2）两点，根据两点坐标的直线公式，可计算经过点 A_1 所在的直线方程为

$$x=(a_2-a_1)\times t+2a_1-a_2 \tag{4.3.3}$$

因 A_1A_2 为灰数层（1）的中位线，可知 A_1 点的横坐标 $t=1.5$，根据公式（4.3.3），可计算点 A_1 的纵坐标为

$$x_{A_1}=(a_2-a_1)\times 1.5+2a_1-a_2 \Rightarrow x_{A_1}=\frac{(a_1+a_2)}{2}$$

根据梯形的中位线定理，得 A_1A_2 的长度为

$$l_{A_1A_2}=\frac{(b_1-a_1)+(b_2-a_2)}{2}=\frac{l_1+l_2}{2}$$

因 A 是 A_1A_2 的中点，故 A 点的纵坐标 $w(1)$ 为：A_1 点纵坐标垂直 t 轴向上平移 $l_{A_1A_2}$ 长度一半的距离，即

$$w(1)=x_{A_1}+\frac{l_{A_1A_2}}{2}=\frac{(a_1+a_2)}{2}+\frac{\frac{(b_1-a_1)+(b_2-a_2)}{2}}{2}$$

$$\Rightarrow w(t_1)=\frac{(a_1+a_2)+(b_1+b_2)}{4}$$

以此类推，可知灰数层 p 中位线中点的纵坐标为

$$w(p)=\frac{(a_p+b_p)+(a_{p+1}+b_{p+1})}{4},\quad p=1,2,\cdots,n-1$$

证毕。

根据定理 4.3.1 可知，经过所有灰数层中位线中点的纵坐标组成一条实

数序列，记为

$$W=(w(1),\ w(2),\ \cdots,\ w(n-1))$$

为方便，称通过灰数层中位线中点纵坐标实现的转换为“坐标转换”，通过坐标转换而得到的实数序列为“坐标序列”。

区间灰数序列的面积序列与坐标序列，合称为该区间灰数序列的“白化序列”，即

$$X(\otimes)=(\otimes(t_1),\ \otimes(t_2),\ \cdots,\ \otimes(t_n))$$
$$\Rightarrow\begin{cases}S=(s(1),\ s(2),\ \cdots,\ s(n-1))\\W=(w(1),\ w(2),\ \cdots,\ w(n-1))\end{cases}$$

3. 基于几何坐标法的区间灰数序列白化转换性质研究

性质 4.3.1 基于几何坐标法的区间灰数白化序列所含信息量与原区间灰数序列相等。

证明 设区间灰数序列 $X(\otimes)=(\otimes(t_1),\ \otimes(t_2),\ \cdots,\ \otimes(t_n))=([a_1,\ b_1],\ [a_2,\ b_2],\ \cdots,\ [a_n,\ b_n])$，则根据公式（4.3.2）可知，

$$s(p)=\frac{(b_p-a_p)+(b_{p+1}-a_{p+1})}{2}\Rightarrow(b_{p+1}-a_{p+1})=2s(p)-(b_p-a_p)$$

$$s(p-1)=\frac{(b_{p-1}-a_{p-1})+(b_p-a_p)}{2}\Rightarrow(b_p-a_p)=2s(p-1)-(b_{p-1}-a_{p-1})$$

$$\cdots\cdots$$

$$s(2)=\frac{(b_2-a_2)+(b_3-a_3)}{2}\Rightarrow(b_3-a_3)=2s(2)-(b_2-a_2)$$

$$s(1)=\frac{(b_1-a_1)+(b_2-a_2)}{2}\Rightarrow(b_2-a_2)=2s(1)-(b_1-a_1)$$

故

$$\begin{aligned}(b_{p+1}-a_{p+1})&=2s(p)-(b_p-a_p)\\&\Rightarrow(b_{p+1}-a_{p+1})=2s(p)-[2s(p-1)-(b_{p-1}-a_{p-1})]\\&\Rightarrow(b_{p+1}-a_{p+1})=2s(p)-2s(p-1)+2s(p-2)-(b_{p-2}-a_{p-3})\end{aligned}\tag{4.3.4}$$

根据 n 的奇偶性不同，对公式（4.3.4）做进一步讨论。

（1）当 n 为奇数时，将公式（4.3.4）展开可得

$$(b_{p+1}-a_{p+1})=2s(p)-2s(p-1)+2s(p-2)+\cdots$$

$$+(-1)^{n+1}2s(1)+(-1)^{n}(b_1-a_1) \tag{4.3.5}$$

（2）当 n 为偶数时，将公式（4.3.4）展开可得

$$(b_{p+1}-a_{p+1})=2s(p)-2s(p-1)+2s(p-2)+\cdots+(-1)^{n}2s(1)+(-1)^{n+1}(b_1-a_1) \tag{4.3.6}$$

在公式（4.3.5）及公式（4.3.6）中，$s(p)$（$p=1, 2, \cdots, n-1$）是灰数层面积，均为实数，(b_1-a_1) 是区间灰数序列中的第一个元素，在灰色预测模型中称为初始值，为常数，因此公式（4.3.5）及公式（4.3.6）中等号右边部分均为一确定值。为简化公式，令

$$A_{p+1}=(b_{p+1}-a_{p+1})=2s(p)-2s(p-1)+2s(p-2)+\cdots+(-1)^{n+1}2s(1)+(-1)^{n}(b_1-a_1)$$

$$U_{p+1}=(b_{p+1}-a_{p+1})=2s(p)-2s(p-1)+2s(p-2)+\cdots+(-1)^{n}2s(1)+(-1)^{n+1}(b_1-a_1)$$

同理，根据定理 4.3.1，可知

$$w(p)=\frac{(a_p+b_p)+(a_{p+1}+b_{p+1})}{4}\Rightarrow(a_{p+1}+b_{p+1})=4w(p)-(a_p+b_p)$$

$$w(p-1)=\frac{(a_{p-1}+b_{p-1})+(a_p+b_p)}{4}\Rightarrow(a_p+b_p)=4w(p-1)-(a_{p-1}+b_{p-1})$$

……

$$w(2)=\frac{(a_2+b_2)+(a_3+b_3)}{4}\Rightarrow(a_3+b_3)=4w(2)-(a_2+b_2)$$

$$w(1)=\frac{(a_1+b_1)+(a_2+b_2)}{4}\Rightarrow(a_2+b_2)=4w(1)-(a_1+b_1)$$

故

$$(a_{p+1}+b_{p+1})=4w(p)-(a_p+b_p)\Rightarrow(a_{p+1}+b_{p+1})=4w(p)-[4w(p-1)-(a_{p-1}+b_{p-1})]$$

则

$$(a_{p+1}+b_{p+1})=4w(p)-4w(p-1)+(a_{p-1}+b_{p-1}) \tag{4.3.7}$$

当 n 为奇数时，将公式（4.3.7）展开可得

$$B_{p+1}=(a_{p+1}+b_{p+1})=4w(p)-4w(p-1)+4w(p-2)+\cdots+(-1)^{n+1}2w(1)+(-1)^{n}(b_1+a_1)$$

当 n 为偶数时，将公式（4.3.7）展开可得

$$V_{p+1}=(a_{p+1}+b_{p+1})=4w(p)-4w(p-1)+4w(p-2)+\cdots+(-1)^{n}2w(1)+(-1)^{n+1}(b_1+a_1)$$

因此，当 n 为奇数时，

$$\begin{cases}(b_{p+1}-a_{p+1})=A_{p+1}\\(a_{p+1}+b_{p+1})=B_{p+1}\end{cases}\Rightarrow\otimes(t_{p+1})\in\left[\frac{(B_{p+1}-A_{p+1})}{2},\ \frac{(B_{p+1}+A_{p+1})}{2}\right]$$

当 n 为偶数时，

$$\begin{cases}(b_{p+1}-a_{p+1})=U_{p+1}\\(a_{p+1}+b_{p+1})=V_{p+1}\end{cases}\Rightarrow\otimes(t_{p+1})\in\left[\frac{(V_{p+1}-U_{p+1})}{2},\ \frac{(V_{p+1}+U_{p+1})}{2}\right]$$

故当 $p=1,\ 2,\ \cdots,\ n-1$ 且 n 为奇数时

$$\otimes(t_2)\in\left[\frac{(B_2-A_2)}{2},\ \frac{(B_2+A_2)}{2}\right],$$

$$\otimes(t_3)\in\left[\frac{(B_3-A_3)}{2},\ \frac{(B_3+A_3)}{2}\right],\ \cdots,$$

$$\otimes(t_n)\in\left[\frac{(B_n-A_n)}{2},\ \frac{(B_n+A_n)}{2}\right]$$

根据前面的分析可知，根据区间灰数序列 $X(\otimes)$ 通过面积转换和坐标转换可分别得到面积序列 S 及坐标序列 W，同时，根据面积序列 S 及坐标序列 W，可以推导对应的区间灰数序列 $X(\otimes)$，因此，如下等价关系成立，

$$X(\otimes)=(\otimes(t_1),\ \otimes(t_2),\ \cdots,\ \otimes(t_n))$$

$$\Leftrightarrow\begin{cases}S=(s(1),\ s(2),\ \cdots,\ s(n-1))\\W=(w(1),\ w(2),\ \cdots,\ w(n-1))\end{cases}$$

从证明过程可以发现，面积序列与坐标序列所含信息量之和与原区间灰数序列相等，性质 4.3.1 得证。

性质 4.3.2 基于几何坐标法的区间灰数序列与其白化序列具有倍乘变换的统一性。

证明 设区间灰数序列 $X(\otimes)=([a_1,\ b_1],\ [a_2,\ b_2],\ \cdots,\ [a_n,\ b_n])$，则 $k\cdot X(\otimes)$ 变换后的区间灰数序列为

$$k\cdot X(\otimes)=([ka_1,\ kb_1],\ [ka_2,\ kb_2],\ \cdots,\ [ka_n,\ kb_n])$$

则 $k\cdot X(\otimes)$ 的面积序列为 $S'=(s'(1),\ s'(2),\ \cdots,\ s'(n-1))$，其中

$$s'(m)=\frac{(kb_m-ka_m)+(kb_{m+1}-ka_{m+1})}{2}$$

$$\Rightarrow s'(m)=\frac{k}{2}[(b_m-a_m)+(b_{m+1}-a_{m+1})]$$

根据公式（4.3.2）可知，

$$s(m)=\frac{(b_m-a_m)+(b_{m+1}-a_{m+1})}{2}$$

故 $s'(m)=ks(m)$，即 $S'=(ks(t_1),\ ks(t_2),\ \cdots,\ ks(t_{n-1}))=kS$.

可见，区间灰数序列的面积序列具有倍乘变换的统一性。同理可证，区间灰数序列的坐标序列具有倍乘变换的统一性。因此，区间灰数序列与其白化序列具有倍乘变换的统一性。

性质 4.3.3 基于几何坐标法的区间灰数序列与其面积序列具有平移变换的一致性。

证明 设区间灰数序列 $X(\otimes)=([a_1,\ b_1],\ [a_2,\ b_2],\ \cdots,\ [a_n,\ b_n])$，$X(\otimes)$ 中的每个灰元平移 c 个单位，则变换后的区间灰数序列为

$$X'(\otimes)=([a_1+c,\ b_1+c],\ [a_2+c,\ b_2+c],\ \cdots,\ [a_n+c,\ b_n+c])$$

则 $X'(\otimes)$ 的面积序列为

$$S'=(s'(1),\ s'(2),\ \cdots,\ s'(n-1))$$

其中，

$$s'(m)=\frac{(b_m+c-a_m-c)+(b_{m+1}+c-a_{m+1}-c)}{2}\Rightarrow$$

$$s'(m)=\frac{(b_m-a_m)+(b_{m+1}+a_{m+1})}{2}$$

故 $s'(m)=s(m)$，即区间灰数序列与其面积序列具有平移变换的一致性，证毕。

性质 4.3.4 基于几何坐标法的区间灰数序列与其坐标序列具有平移变换的统一性。

证明 设区间灰数序列 $X(\otimes)=([a_1,\ b_1],\ [a_2,\ b_2],\ \cdots,\ [a_n,\ b_n])$，在 $X(\otimes)$ 中的每个灰元平移 c 个单位，则变换后的区间灰数序列为

$$X'(\otimes)=([a_1+c,\ b_1+c],\ [a_2+c,\ b_2+c],\ \cdots,\ [a_n+c,\ b_n+c])$$

则 $X'(\otimes)$ 的坐标序列为

$$W'=(w'(1),\ w'(2),\ \cdots,\ w'(n-1))$$

其中，

$$w'(p)=\frac{(a_p+b_p)+(a_{p+1}+b_{p+1})+4c}{4}=w(p)+c$$

即

$$X'(\otimes)=([a_1+c,\ b_1+c],\ [a_2+c,\ b_2+c],\ \cdots,\ [a_n+c,\ b_n+c])$$
$$\Rightarrow W=(w(1)+c,\ w(2)+c,\ \cdots,\ w(n-1)+c)$$

即区间灰数序列与其坐标序列具有平移变换的统一性，证毕。

例 4.3.1　应用几何坐标法将区间灰数序列转换为面积序列及坐标序列的转换。

设区间灰数序列 $X(\otimes)$ 如下所示，要求分别根据公式（4.3.2）及定理4.3.1，计算区间灰数序列 $X(\otimes)$ 的面积序列 S 及坐标序列 W 。

$$\begin{aligned}X(\otimes)&=(\otimes(t_1),\ \otimes(t_2),\ \otimes(t_3),\ \otimes(t_4),\ \otimes(t_5),\ \otimes(t_6))\\&=([14.9,\ 31.4],\ [52.8,\ 66.4],\ [80.3,\ 90.4],\\&\quad[115.4,\ 129.1],\ [153.3,\ 165.0],\ [190.6,\ 204.1])\end{aligned}$$

根据公式（4.3.2）可得

$$\begin{aligned}s(1)&=\frac{(b_1-a_1)+(b_2-a_2)}{2}\\&=\frac{(31.4-14.9)+(66.4-52.8)}{2}=15.05\end{aligned}$$

$$\begin{aligned}s(2)&=\frac{(b_2-a_2)+(b_3-a_3)}{2}\\&=\frac{(66.4-52.8)+(90.4-80.3)}{2}=11.85\end{aligned}$$

$$\begin{aligned}s(3)&=\frac{(b_3-a_3)+(b_4-a_4)}{2}\\&=\frac{(90.4-80.3)+(129.1-115.4)}{2}=11.9\end{aligned}$$

$$\begin{aligned}s(4)&=\frac{(b_4-a_4)+(b_5-a_5)}{2}\\&=\frac{(129.1-115.4)+(165.0-153.3)}{2}=12.7\end{aligned}$$

$$s(5)=\frac{(b_5-a_5)+(b_6-a_6)}{2}$$

$$=\frac{(165.0-153.3)+(204.1-190.6)}{2}=12.6$$

故面积序列 S 为

$$S=(s(1),s(2),s(3),s(4),s(5))=(15.05,11.85,11.9,12.7,12.6)$$

根据定理 4.3.1 可得

$$w(1)=\frac{(a_1+b_1)+(a_2+b_2)}{4}$$

$$=\frac{(31.4+14.9)+(52.8+66.4)}{4}=41.375$$

$$w(2)=\frac{(a_2+b_2)+(a_3+b_3)}{4}$$

$$=\frac{(52.8+66.4)+(80.3+90.4)}{4}=72.475$$

$$w(3)=\frac{(a_3+b_3)+(a_4+b_4)}{4}$$

$$=\frac{(80.3+90.4)+(115.4+129.1)}{4}=103.8$$

$$w(4)=\frac{(a_4+b_4)+(a_5+b_5)}{4}$$

$$=\frac{(115.4+129.1)+(153.3+165.0)}{4}=140.7$$

$$w(5)=\frac{(a_5+b_5)+(a_6+b_6)}{4}$$

$$=\frac{(153.3+165.0)+(190.6+204.1)}{4}=178.25$$

故坐标序列 W 为

$$W=(w(1),w(2),w(3),w(4),w(5))$$

$$=(41.375,72.475,103.8,140.7,178.25)$$

则区间灰数序列 $X(\otimes)$ 通过面积转换与坐标转换后的实数序列为

$$X(\otimes)\Rightarrow\begin{cases}S=(s(1),s(2),s(3),s(4),s(5))\\ \quad=(15.05,11.85,11.9,12.7,12.6)\\ W=(w(1),w(2),w(3),w(4),w(5))\\ \quad=(41.375,72.475,103.8,140.7,178.25)\end{cases}$$

4.3.2 区间灰数序列白化方法之二：信息分解法

方志耕教授早期对区间灰数的标准化方法进行了研究，通过将区间灰数分解成基于实数形式的“白部”和“灰部”两个部分，并将其应用于灰矩阵形式的 2×2 零和矩阵博弈，取得了较好的效果。实际上，区间灰数的“白部”和“灰部”均为实数，因此这种通过区间灰数标准化处理实现信息分解的方法，同时也是区间灰数序列的一种白化方法。本小节将对这种白化方法以及基于这种白化方法的序列转换性质进行研究。

1. 区间灰数的标准化

定义 4.3.2 设区间灰数 $\otimes(t_k)\in[a_k, b_k]$（$b_k\geqslant a_k$，$k=1, 2, \cdots$），将 $\otimes(k)$“等价”分解为如下形式：

$$\otimes(t_k)=a_k+h_k\xi\ (h_k=b_k-a_k,\ \xi\in[0, 1]) \tag{4.3.8}$$

公式（4.3.8）被称为区间灰数 $\otimes(t_k)$ 的标准形式，通过标准形式表达的区间灰数，称为标准区间灰数；其中，a_k 被称为区间灰数 $\otimes(t_k)$ 的“白部”，h_k 被称为区间灰数 $\otimes(t_k)$ 的“灰部”；因此，区间灰数可以通过标准化方法分解为“白部”和“灰部”两个部分。

在公式（4.3.8）中，当 $\xi=0$ 时，$\otimes(t_k)=a_k+h_k\xi=a_k$；当 $\xi=1$ 时，$\otimes(t_k)=a_k+h_k\xi=b_k$，此时区间灰数 $\otimes(t_k)$ 均为实数；当 $\xi\in(0, 1)$ 时，$\otimes(t_k)$ 为一取值不确定的区间灰数。

2. 区间灰数序列的白化处理

定义 4.3.3 设区间灰数序列 $X(\otimes)=(\otimes(t_1), \otimes(t_2), \cdots, \otimes(t_n))$，其中 $\otimes(t_k)\in[a_k, b_k]$，$k=1, 2, \cdots, n$；将 $X(\otimes)$ 中的所有区间灰数表示成形如公式（4.3.8）的标准形式，则标准形式中所有“白部”所构成的序列，称为 $X(\otimes)$ 的白部序列，记为 R；所有“灰部”构成的序列称为 $X(\otimes)$ 的灰部序列，记为 H，即

$$X(\otimes)=(\otimes(t_1), \otimes(t_2), \cdots, \otimes(t_n))\Rightarrow\begin{cases}R=(a_1, a_2, \cdots, a_n)\\ H=(h_1, h_2, \cdots, h_n)\end{cases} \tag{4.3.9}$$

定义 4.3.4 按照定义 4.3.2 对区间灰数序列进行信息分解，所得的实

部序列与灰部序列合称为该区间灰数序列的白化序列。

3. 基于信息分解法的区间灰数序列白化转换性质研究

性质 4.3.5 基于信息分解法的区间灰数白化序列所含信息量与原区间灰数序列相等。

证明 $\otimes(t_k)\in[a_k, b_k]=[a_k, b_k]+[a_k, a_k]-[a_k, a_k]\Rightarrow[a_k, b_k]=[a_k, a_k]+([a_k, b_k]-[a_k, a_k])$

根据区间灰数代数运算法则

$$
\begin{aligned}
[a_k, b_k]-[a_k, a_k]&=[a_k-a_k, b_k-a_k]=[0, b_k-a_k]\\
&=(b_k-a_k)\times[0, 1]
\end{aligned}
$$

$$\Rightarrow[a_k, b_k]=a_k+(b_k-a_k)\times[0, 1]$$

即

$$\otimes(t_k)\in[a_k, b_k]=a_k+(b_k-a_k)\times[0, 1]=a_k+h_k\xi\ (\xi\in[0, 1])$$

性质 4.3.6 基于信息分解法的区间灰数序列与其白化序列具有倍乘变换的统一性。

证明 设区间灰数序列 $X(\otimes)=([a_1, b_1], [a_2, b_2], \cdots, [a_n, b_n])$，则 $k\cdot X(\otimes)$ 变换后的区间灰数序列 $X^{\circ}(\otimes)$ 为

$$X(\otimes^{\circ})=k\cdot X(\otimes)=(\otimes^{\circ}(t_1), \otimes^{\circ}(t_2), \cdots, \otimes^{\circ}(t_n))$$

$$\Rightarrow X(\otimes^{\circ})=([ka_1, kb_1], [ka_2, kb_2], \cdots, [ka_n, kb_n])$$

则

$$\otimes^{\circ}(t_k)\in[ka_k, kb_k]=[ka_k, ka_k]+([ka_k, kb_k]-[ka_k, ka_k])$$

$$\Rightarrow\otimes^{\circ}(t_k)=k\,(a_k+(b_k-a_k)\times[0, 1])=ka_k+kh_k\xi$$

根据定义 4.3.2 可知，$\otimes^{\circ}(t_k)$ 的白部为 $k\cdot a_k$，灰部为 $k\cdot h_k$，因此当 $k=1, 2, \cdots, n$ 时，区间灰数序列 $X^{\circ}(\otimes)$ 的白部序列 R° 为

$$
\begin{aligned}
R^{\circ}&=(a^{\circ}_1, a^{\circ}_2, \cdots, a^{\circ}_n)=(ka_1, ka_2, \cdots, ka_n)\\
&=k\cdot(a_1, a_2, \cdots, a_n)
\end{aligned}
$$

同理，可证

$$
\begin{aligned}
H^{\circ}&=(h^{\circ}_1, h^{\circ}_2, \cdots, h^{\circ}_n)\\
&=(kh_1, kh_2, \cdots, kh_n)=k\cdot(h_1, h_2, \cdots, h_n)
\end{aligned}
$$

故

$$X(\otimes^\circ)=k\cdot X(\otimes)=(k\otimes(t_1),\ k\otimes(t_2),\ \cdots,\ k\otimes(t_n))$$

$$\Rightarrow\begin{cases}kR=k(a_1,\ a_2,\ \cdots,\ a_n)\\ kH=k(h_1,\ h_2,\ \cdots,\ h_n)\end{cases}$$

因此，基于信息分解法的区间灰数序列与其白化序列具有倍乘变换的统一性。

性质 4.3.7 基于信息分解法的区间灰数序列与实部序列具有平移变换的一致性，且与灰部序列具有平移变换的统一性。

证明 设区间灰数序列 $X(\otimes)=([a_1,\ b_1],\ [a_2,\ b_2],\ \cdots,\ [a_n,\ b_n])$，$X(\otimes)$ 中的每个灰元平移 c 个单位，则变换后的区间灰数序列为

$$X'(\otimes)=(\otimes'(t_1),\ \otimes'(t_2),\ \cdots,\ \otimes'(t_n))$$

$$\Rightarrow X'(\otimes)=(\otimes(t_1)+c,\ \otimes(t_2)+c,\ \cdots,\ \otimes(t_n)+c)$$

$$\Rightarrow X'(\otimes)=([a_1+c,\ b_1+c],\ [a_2+c,\ b_2+c],\ \cdots,\ [a_n+c,\ b_n+c])$$

则

$$\otimes'(t_k)\in[a_k+c,\ b_k+c]$$

$$\Rightarrow\otimes'(t_k)=[a_k+c,\ a_k+c]+([a_k+c,\ b_k+c]-[a_k+c,\ a_k+c])$$

因为

$$([a_k+c,\ b_k+c]-[a_k+c,\ a_k+c])=[(a_k+c-a_k-c),\ (b_k+c-a_k-c)]$$

$$\Rightarrow([a_k+c,\ b_k+c]-[a_k+c,\ a_k+c])=[0,\ (b_k-a_k)]$$

$$\Rightarrow([a_k+c,\ b_k+c]-[a_k+c,\ a_k+c])=(b_k-a_k)\times[0,\ 1]=h_k\xi$$

故 $\otimes'(t_k)\in[a_k+c,\ b_k+c]=(a_k+c)+h_k\cdot\xi$。

$$X'(\otimes)=X(\otimes)+c=(\otimes(t_1)+c,\ \otimes(t_2)+c,\ \cdots,\ \otimes(t_n)+c)$$

$$\Rightarrow\begin{cases}R+c=(a_1+c,\ a_2+c,\ \cdots,\ a_n+c)\\ H=(h_1,\ h_2,\ \cdots,\ h_n)\end{cases}$$

故基于信息分解法的区间灰数序列与实部序列具有平移变换的一致性，且与灰部序列具有平移变换的统一性。

例 4.3.2 应用信息分解法将例 4.3.1 中的区间灰数序列转换为白部序列及灰部序列。

$$X(\otimes)=(\otimes(t_1),\ \otimes(t_2),\ \otimes(t_3),\ \otimes(t_4),\ \otimes(t_5),\ \otimes(t_6)),$$

$$\otimes(t_k)=a_k+h_k\xi,\qquad h_k=b_k-a_k$$

则可将区间灰数序列 $X(\otimes)$ 中的所有元素进行标准化处理，即将区间灰数分解为实部及灰部两个部分，即

$$\otimes(t_1)=a_1+(b_1-a_1)\xi=14.9+(31.4-14.9)\cdot\xi=14.9+16.5\xi$$

$$\otimes(t_2)=a_2+(b_2-a_2)\xi=52.8+(66.4-52.8)\cdot\xi=52.8+13.6\xi$$

$$\otimes(t_3)=a_3+(b_3-a_3)\xi=80.3+(90.4-80.3)\cdot\xi=80.3+10.1\xi$$

$$\otimes(t_4)=a_4+(b_4-a_4)\xi=115.4+(129.1-115.4)\cdot\xi=115.4+13.7\xi$$

$$\otimes(t_5)=a_5+(b_5-a_5)\xi=153.3+(165.0-153.3)\cdot\xi=153.3+11.7\xi$$

$$\otimes(t_6)=a_6+(b_6-a_6)\xi=190.6+(204.1-190.6)\cdot\xi=190.6+13.5\xi$$

根据定义 4.3.3 可知，区间灰数序列 $X(\otimes)$ 的白部序列 R 及灰部序列 H 分别为

$$R=(a_1, a_2, a_3, a_4, a_5, a_6)=(14.9, 52.8, 80.3, 115.4, 153.3, 190.6)$$

$$H=(h_1, h_2, h_3, h_4, h_5, h_6)=(16.5, 13.6, 10.1, 13.7, 11.7, 13.5)$$

则基于信息分解法的区间灰数序列 $X(\otimes)$ 通过标准化处理后的实数序列为

$$X(\otimes)\Rightarrow\begin{cases}R=(a_1, a_2, a_3, a_4, a_5, a_6)\\ \quad=(14.9, 52.8, 80.3, 115.4, 153.3, 190.6)\\ H=(h_1, h_2, h_3, h_4, h_5, h_6)\\ \quad=(16.5, 13.6, 10.1, 13.7, 11.7, 13.5)\end{cases}$$

4.3.3 区间灰数序列白化方法之三：灰色属性法

在灰色系统中，“核”和“灰度”是区间灰数的两个基本属性。区间灰数的“核”是在充分考虑已知信息的条件下，最有可能代表区间灰数“白化值”的实数；而区间灰数的灰度，反映了人们对灰色系统认识的不确定程度。本书第 3 章对区间灰数“核”及“灰度”计算方法进行了讨论，本章将通过

"核"及"灰度"对区间灰数序列的白化方法进行研究。

定义 4.3.5 设区间灰数序列 $X(\otimes)=(\otimes(t_1), \otimes(t_2), \cdots, \otimes(t_n))$，其中 $\otimes(t_k)\in[a_k, b_k]$，$k=1, 2, \cdots, n$，$X(\otimes)$ 中所有区间灰数产生的背景或论域为 $\Omega\in[a, b]$，$\otimes(t_k)$ 在其范围内的取值可能性均等（即区间灰数 $\otimes(t_k)$ 的白化权函数为矩形，如图 3.2.3 所示），$\tilde{\otimes}(t_k)$ 为区间灰数 $\otimes(t_k)$ 的"核"，$g^\circ(\otimes(t_k))$ 为区间灰数 $\otimes(t_k)$ 的灰度，则区间灰数序列 $X(\otimes)$ 中所有区间灰数的"核"所构成的序列，称为 $X(\otimes)$ 的核序列，记为 K；所有"灰度"构成的序列称为 $X(\otimes)$ 的灰度序列，记为 G，即

$$X(\otimes)=(\otimes(t_1), \otimes(t_2), \cdots, \otimes(t_n))$$

$$\Rightarrow\begin{cases}K=(\tilde{\otimes}(t_1), \tilde{\otimes}(t_2), \cdots, \tilde{\otimes}(t_n))\\ G=(g^\circ(\otimes(t_1)), g^\circ(\otimes(t_2)), \cdots, g^\circ(\otimes(t_n)))\end{cases}$$

其中

$$\tilde{\otimes}(t_k)=\frac{a_k+b_k}{2}, \quad g^\circ(\otimes(t_k))=\frac{\mu(\otimes(t_k))}{\mu(\Omega)}\times\frac{S_O}{S_R}=\frac{b_k-a_k}{b-a}$$

定义 4.3.6 区间灰数序列的"核"序列及"灰度"序列，合称为该区间灰数序列的白化序列，并称区间灰数序列的这种白化方法为灰色属性法。

性质 4.3.8 基于灰色属性法的区间灰数白化序列所含信息量与原区间灰数序列相等。

证明 根据定义 4.3.5 可知，在区间灰数的"核"序列及"灰度"序列中，区间灰数 $\otimes(t_k)$ 上下界的和 (a_k+b_k) 及上下界的差 (b_k-a_k)，通过如下公式计算得到

$$\tilde{\otimes}(t_k)=\frac{a_k+b_k}{2}$$

$$\Rightarrow a_k+b_k=2\tilde{\otimes}(t_k) \tag{4.3.10}$$

$$g^\circ(\otimes(t_k))=\frac{b_k-a_k}{b-a}$$

$$\Rightarrow b_k-a_k=(b-a)\cdot g^\circ(\otimes(t_k)) \tag{4.3.11}$$

联合公式（4.3.10）和公式（4.3.11）可得如下方程组

$$\begin{cases}a_k+b_k=2\tilde{\otimes}(t_k)\\ b_k-a_k=(b-a)\cdot g^\circ(\otimes(t_k))\end{cases}$$

$$\Rightarrow\begin{cases}a_k=\tilde{\otimes}(t_k)-\dfrac{1}{2}(b-a)\cdot g^{\circ}(\otimes(t_k))\\ b_k=\tilde{\otimes}(t_k)+\dfrac{1}{2}(b-a)\cdot g^{\circ}(\otimes(t_k))\end{cases}\tag{4.3.12}$$

在公式（4.3.12）中，参数 $(b-a)$ 为区间灰数序列 $X(\otimes)$ 中所有区间灰数产生的背景或论域为已知条件。因此，可通过区间灰数的"核"$\tilde{\otimes}(t_k)$ 及"灰度"$g^{\circ}(\otimes(t_k))$ 推导区间灰数的上界 a_k 及下界 b_k，即

$$\begin{cases}\tilde{\otimes}(t_k)\\ g^{\circ}(\otimes(t_k))\end{cases}\Leftrightarrow\otimes(t_k)$$

因此，当 $k=1, 2, \cdots, n$ 时，可推出

$$\begin{cases}K=(\tilde{\otimes}(t_1),\ \tilde{\otimes}(t_2),\ \cdots,\ \tilde{\otimes}(t_n))\\ G=(g^{\circ}(\otimes(t_1)),\ g^{\circ}(\otimes(t_2)),\ \cdots,\ g^{\circ}(\otimes(t_n)))\end{cases}$$
$$\Leftrightarrow X(\otimes)=(\otimes(t_1),\ \otimes(t_2),\ \cdots,\ \otimes(t_n))$$

即基于灰色属性法的区间灰数白化序列所含信息量与原区间灰数序列相等。证明结束。

性质 4.3.9 基于灰色属性法的区间灰数序列与其"核"序列及"灰度"序列均满足倍乘变换及平移变换的统一性。

性质 4.3.9 实际上包含四层含义，即

（1）基于灰色属性法的区间灰数序列与其"核"序列满足倍乘变换的统一性。

（2）基于灰色属性法的区间灰数序列与其"灰度"序列满足倍乘变换的统一性。

（3）基于灰色属性法的区间灰数序列与其"核"序列满足平移变换的统一性。

（4）基于灰色属性法的区间灰数序列与其"灰度"序列满足平移变换的统一性。

证明 （1）设区间灰数序列 $X(\otimes)=([a_1, b_1], [a_2, b_2], \cdots, [a_n, b_n])$，则 $m\cdot X(\otimes)$ 变换后的区间灰数序列 $X'(\otimes)$ 为

$$X(\otimes')=m\cdot X(\otimes)=(\otimes'(t_1),\ \otimes'(t_2),\ \cdots,\ \otimes'(t_n))\Rightarrow$$

$$X(\otimes')=([ma_1, mb_1], [ma_2, mb_2], \cdots, [ma_n, mb_n])$$

则区间灰数 $\otimes'(t_k)\in[ma_k, mb_k]$ 的核 $\tilde{\otimes}'(t_k)$

$$\tilde{\otimes}'(t_k)=\frac{ma_k+mb_k}{2}=m\cdot\frac{a_k+b_k}{2}=m\cdot\tilde{\otimes}(t_k) \tag{4.3.13}$$

根据公式（4.3.13）可知，当 $k=1, 2, \cdots, n$ 时，以下推导成立，

$$\begin{aligned}&X(\otimes)=([a_1, b_1], [a_2, b_2], \cdots, [a_n, b_n])\\ &\Rightarrow X(\otimes')=m\cdot X(\otimes)=(\otimes'(t_1), \otimes'(t_2), \cdots, \otimes'(t_n))\\ &\Rightarrow X(\otimes')=([ma_1, mb_1], [ma_2, mb_2], \cdots, [ma_n, mb_n])\\ &\Rightarrow K'=(m\cdot\tilde{\otimes}(t_1), m\cdot\tilde{\otimes}(t_2), \cdots, m\cdot\tilde{\otimes}(t_n))\\ &\quad=m\cdot(\tilde{\otimes}(t_1), \tilde{\otimes}(t_2), \cdots, \tilde{\otimes}(t_n))\end{aligned}$$

故 $K'=mK$，即 $m\cdot X(\otimes)\Rightarrow m\cdot K$

故基于灰色属性法的区间灰数序列与其“核”序列满足倍乘变换的统一性。类似地，可以证明区间灰数的“灰度”序列同样具有倍乘变换的统一性，此处证明略。

证明 （3）设区间灰数序列 $X(\otimes)=([a_1, b_1], [a_2, b_2], \cdots, [a_n, b_n])$，$X(\otimes)$ 中的每个灰元平移 c 个单位，则变换后的区间灰数序列为

$$X''(\otimes)=([a_1+c, b_1+c], [a_2+c, b_2+c], \cdots, [a_n+c, b_n+c])$$

则区间灰数 $\otimes''(t_k)\in[a_k+c, b_k+c]$ 的核 $\tilde{\otimes}''(t_k)$

$$\tilde{\otimes}'(t_k)=\frac{(a_k+c)+(b_k+c)}{2}=\frac{a_k+b_k}{2}+c=\tilde{\otimes}(t_k)+c \tag{4.3.14}$$

根据公式（4.3.14）可知，当 $k=1, 2, \cdots, n$ 时，以下推导成立，

$$\begin{aligned}&X(\otimes)=([a_1, b_1], [a_2, b_2], \cdots, [a_n, b_n])\\ &\Rightarrow X(\otimes'')=X(\otimes)+c\\ &\quad=(\otimes''(t_1), \otimes''(t_2), \cdots, \otimes''(t_n))\\ &\Rightarrow X''(\otimes)=([a_1+c, b_1+c], [a_2+c, b_2+c], \cdots,\\ &\qquad[a_n+c, b_n+c])\\ &\Rightarrow K''=(\tilde{\otimes}(t_1)+c, \tilde{\otimes}(t_2)+c, \cdots, \tilde{\otimes}(t_n)+c)\\ &\quad=(\tilde{\otimes}(t_1), \tilde{\otimes}(t_2), \cdots, \tilde{\otimes}(t_n))+c\end{aligned}$$

故 $K''=K+c$，即

$$X(\otimes)+c \Rightarrow K+c$$

即基于灰色属性法的区间灰数序列与其“核”序列满足平移变换的统一性。类似地，可以证明区间灰数的“灰度”序列同样具有平移变换的统一性，此处证明略。

例 4.3.3 应用灰色属性法将例 4.3.1 中的区间灰数序列转换为“核”序列及“灰度”序列，区间灰数的论域 $\Omega \in [10, 210]$。

$$X(\otimes)=(\otimes(t_1), \otimes(t_2), \otimes(t_3), \otimes(t_4), \otimes(t_5), \otimes(t_6))$$

$$g^{\circ}(\otimes(t_1))=\frac{b_1-a_1}{b-a}=\frac{31.4-14.9}{210-10}=0.0825$$

$$g^{\circ}(\otimes(t_2))=\frac{b_2-a_2}{b-a}=\frac{66.4-52.8}{210-10}=0.068$$

$$g^{\circ}(\otimes(t_3))=\frac{b_3-a_3}{b-a}=\frac{90.4-80.3}{210-10}=0.0505$$

$$g^{\circ}(\otimes(t_4))=\frac{b_4-a_4}{b-a}=\frac{129.1-115.4}{210-10}=0.0685$$

$$g^{\circ}(\otimes(t_5))=\frac{b_5-a_5}{b-a}=\frac{165.0-153.3}{210-10}=0.0585$$

$$g^{\circ}(\otimes(t_6))=\frac{b_6-a_6}{b-a}=\frac{204.1-190.6}{210-10}=0.0675$$

故“灰度”序列 G 为

$$G=(g^{\circ}(\otimes(t_1)), g^{\circ}(\otimes(t_2)), g^{\circ}(\otimes(t_3)), g^{\circ}(\otimes(t_4)), g^{\circ}(\otimes(t_5)), g^{\circ}(\otimes(t_6)))$$

$$\Rightarrow G=(0.0825, 0.068, 0.0505, 0.0685, 0.0585, 0.0675)$$

则基于灰色属性法的区间灰数序列 $X(\otimes)$ 的实数序列为

$$X(\otimes)\Rightarrow\begin{cases}K=(\tilde{\otimes}(t_1), \tilde{\otimes}(t_2), \tilde{\otimes}(t_3), \tilde{\otimes}(t_4), \tilde{\otimes}(t_5), \tilde{\otimes}(t_6)) \\ \quad =(23.15, 59.6, 85.35, 122.25, 159.15, 197.35) \\ G=(g^{\circ}(\otimes(t_1)), g^{\circ}(\otimes(t_2)), g^{\circ}(\otimes(t_3)), \\ \quad g^{\circ}(\otimes(t_4)), g^{\circ}(\otimes(t_5)), g^{\circ}(\otimes(t_6))) \\ \quad =(0.0825, 0.068, 0.0505, 0.0685, 0.0585, 0.0675)\end{cases}$$

4.4 三种区间灰数序列白化方法的对比

本章主要从三种不同的角度研究区间灰数序列的白化处理方法，从而实现从区间灰数序列到实数序列的转换，并对这种序列之间转换关系的等价性进行了分析和证明，同时讨论了原始序列与转换序列之间的倍乘变换、平移变换关系，给出了转换性质。表 4.4.1 对本节所提出的三种区间灰数序列的白化方法进行了对比和总结。

表 4.4.1 几种转换方法的对比

转换方法及结果		转换公式	信息等价性	倍乘变换关系	平移变换关系
几何坐标法	面积序列 $S=(s(1), s(2), \cdots, s(n-1))$	$s(p)=\dfrac{(b_p-a_p)+(b_{p+1}-a_{p+1})}{2}$	等价	同步变换	保持恒定
	坐标序列 $W=(w(1), w(2), \cdots, w(n-1))$	$w(p)=\dfrac{(a_p+b_p)+(a_{p+1}+b_{p+1})}{4}$		同步变换	同步变换
信息分解法	实部序列 $R=(a_1, a_2, \cdots, a_n)$	$\otimes(t_k)=a_k+h_k\xi$	等价	同步变换	保持恒定
	灰部序列 $H=(h_1, h_2, \cdots, h_n)$	$h_k=b_k-a_k$		同步变换	同步变换
	核序列 $K=(\tilde{\otimes}(t_1), \tilde{\otimes}(t_2), \cdots, \tilde{\otimes}(t_n))$	$\tilde{\otimes}(t_k)=\dfrac{a_k+b_k}{2}$		同步变换	同步变换
灰色属性法	灰度序列 $G=(g^{\circ}(\otimes(t_1)), g^{\circ}(\otimes(t_2)), \cdots,$	$g^{\circ}(\otimes(t_k))=\dfrac{b_k-a_k}{b-a}$	等价	同步变换	同步变换

4.5 本 章 小 结

由于目前灰代数运算体系的不完善，灰数间的数学运算将导致结果的灰度增加，这就造成了灰数体系与灰色系统模型的分离，或者说未能有效地将灰数运算和各种灰色系统模型有机地结合起来。为了在回避区间灰数之间代数运算的前提下构建面向区间灰数的灰色预测模型，需要首先将区间灰数序列转换为实数序列，本章主要对区间灰数序列的白化方法进行了研究。通过几何坐标法将区间灰数序列转换成“面积序列”和“坐标序列”；通过信息分解法将区间灰数序列转变成“实部序列”和“灰部序列”；通过灰色属性法将区间灰数序列转换成“核序列”和“灰度序列”。并进一步对转换后得到的实数序列与原区间灰数序列在平移变换及倍乘变换过程中的数据变化关系进行了分析和证明。本章研究成果是本书后面章节构建面向区间灰数序列的灰色预测模型的基础。

5　白化权函数未知的区间灰数预测模型

5.1　研究内容概述

通过区间灰数的白化处理，实现了从区间灰数序列到实数序列的转换，其根本目的在于通过构建基于实数序列的灰色系统预测模型，去推导和构建面向区间灰数序列的灰色预测模型。第 4 章中讨论了区间灰数序列的三种白化方法，即几何坐标法、信息分解法及灰色属性法，并分别得到三类不同的白化序列，本章将根据这三类白化序列构建相应的区间灰数预测模型，主要研究区间灰数预测模型的推导、构建、误差检验、建模流程等问题，并通过算例对模型的建模步骤进行归纳和总结，对不同白化方法所构建的区间灰数预测模型的模拟误差进行了比较和分析，对模型的模拟性能进行综合评价。

5.2　基于几何坐标法的区间灰数预测模型

在第 4 章中，通过几何坐标法将区间灰数序列转换为面积序列与坐标序列，并对原始序列与转换序列的数据变换关系进行了研究。本节将分别构建基于面积序列和坐标序列的 DGM(1，1) 模型，并在此基础上通过几何坐标法的反向推导，实现对区间灰数上界及下界的模拟，进而实现区间灰数预测模型的构建。

设区间灰数序列 $X(\otimes)=(\otimes(t_1),\ \otimes(t_2),\ \cdots,\ \otimes(t_n))=([a_1,$

$b_1]$，$[a_2, b_2]$，…，$[a_n, b_n]$)，根据公式（4.3.2）及定理 4.3.1，可将区间灰数序列 $X(\otimes)$ 转换为面积序列 S 及坐标序列 W

$$X(\otimes)=(\otimes(t_1), \otimes(t_2), \cdots, \otimes(t_n))$$

$$\Rightarrow\begin{cases}S=(s(1), s(2), \cdots, s(n-1)) \\ W=(w(1), w(2), \cdots, w(n-1))\end{cases}$$

其中

$$s(p)=\frac{(b_p-a_p)+(b_{p+1}-a_{p+1})}{2}$$

$$w(p)=\frac{(a_p+b_p)+(a_{p+1}+b_{p+1})}{4}, \quad p=1, 2, \cdots, n-1$$

5.2.1 面积序列的 DGM(1，1) 模型

构建面积序列 $S=(s(1), s(2), \cdots, s(n-1))$ 的 DGM(1，1) 模型。显然，S 为非负序列，其一次累加生成序列为

$$S^{(1)}=(s^{(1)}(1), s^{(1)}(2), \cdots, s^{(1)}(n-1))$$

其中

$$s^{(1)}(k)=\sum_{i=1}^{k} s(i), \quad k=1, 2, \cdots, n-1$$

若 $\hat{\alpha}=(\alpha_1, \alpha_2)^{\mathrm{T}}$ 为参数列，且

$$Y=\begin{bmatrix} s^{(1)}(2) \\ s^{(1)}(3) \\ \vdots \\ s^{(1)}(n-1) \end{bmatrix}, \quad B=\begin{bmatrix} s^{(1)}(1) & 1 \\ s^{(1)}(2) & 1 \\ \vdots & 1 \\ s^{(1)}(n-2) & 1 \end{bmatrix}$$

则灰色微分方程 $s^{(1)}(k+1)=\alpha_1 s^{(1)}(k)+\alpha_2$ 的最小二乘参数列估计满足

$$\hat{\alpha}=(\alpha_1, \alpha_2)^{\mathrm{T}}=(B^{\mathrm{T}}B)^{-1}B^{\mathrm{T}}Y$$

取 $s^{(1)}(1)=s(1)$，则

$$s^{(1)}(k+1)=\alpha_1^k s(1)+\frac{1-\alpha_1^k}{1-\alpha_1}\times\alpha_2, \quad k=1, 2, \cdots, n-2 \quad (5.2.1)$$

累减还原式

$$\hat{s}(k+1)=s^{(1)}(k+1)-s^{(1)}(k)$$

$$=\left[\alpha_1^k s(1)+\frac{1-\alpha_1^k}{1-\alpha_1}\times\alpha_2\right]-\left[\alpha_1^{k-1}s(1)+\frac{1-\alpha_1^{k-1}}{1-\alpha_1}\times\alpha_2\right]$$

$$\Leftrightarrow\hat{s}(k+1)=[\alpha_1^k s(1)-\alpha_1^{k-1}s(1)]+\left[\frac{1-\alpha_1^k}{1-\alpha_1}\times\alpha_2-\frac{1-\alpha_1^{k-1}}{1-\alpha_1}\times\alpha_2\right]$$

$$\Leftrightarrow\hat{s}(k+1)=\alpha_1^{k-1}s(1)\times(\alpha_1-1)+\frac{\alpha_2}{1-\alpha_1}(1-\alpha_1^k-1+\alpha_1^{k-1})$$

$$\Leftrightarrow\hat{s}(k+1)=\alpha_1^{k-1}s(1)\times(\alpha_1-1)+\frac{\alpha_2}{1-\alpha_1}\times\alpha_1^{k-1}(1-\alpha_1)$$

$$\Leftrightarrow\hat{s}(k+1)=\alpha_1^{k-1}s(1)\times(\alpha_1-1)+\alpha_2\alpha_1^{k-1}$$

即

$$\hat{s}(k+1)=[s(1)(\alpha_1-1)+\alpha_2]\alpha_1^{k-1} \tag{5.2.2}$$

令 $C_s=s(1)(\alpha_1-1)+\alpha_2$，则公式（5.2.2）变形为

$$\hat{s}(k+1)=C_s\alpha_1^{k-1} \tag{5.2.3}$$

根据公式（4.3.2）

$$\hat{s}(p)=[(\hat{b}_p-\hat{a}_p)+(\hat{b}_{p+1}-\hat{a}_{p+1})]/2$$

$$\Rightarrow\hat{b}_{p+1}-\hat{a}_{p+1}=2\hat{s}(p)-(\hat{b}_p-\hat{a}_p),\quad p=1,2,\cdots,n-1 \tag{5.2.4}$$

当 $p=1$，$\hat{b}_2-\hat{a}_2=2\hat{s}(1)-(b_1-a_1)=b_2-a_2$；

当 $p=2$，$\hat{b}_3-\hat{a}_3=2\hat{s}(2)-(\hat{b}_2-\hat{a}_2)$；

当 $p=3$，$\hat{b}_4-\hat{a}_4=2\hat{s}(3)-(\hat{b}_3-\hat{a}_3)=2\hat{s}(3)-2\hat{s}(2)+(\hat{b}_2-\hat{a}_2)$；

……

当 $p=k-1$，$\hat{b}_k-\hat{a}_k=2\hat{s}(k-1)-2\hat{s}(k-2)+2\hat{s}(k-3)-2\hat{s}(k-4)+\cdots+(-1)^k(\hat{b}_2-\hat{a}_2)$；（5.2.5）

根据公式（5.2.3），可知公式（5.2.5）的前 $k-2$ 项是一等比数列，其公比 q_s 为

$$q_s=\frac{-2\hat{s}(k-2)}{2\hat{s}(k-1)}=-\frac{C_s\alpha_1^{k-4}}{C_s\alpha_1^{k-3}}=-\alpha_1^{-1}$$

根据等比数列的求和公式，可将公式（5.2.5）变形为

$$\hat{b}_k-\hat{a}_k=\frac{2\hat{s}(k-1)[1-(-\alpha_1^{-1})^{k-2}]}{1-(-\alpha_1^{-1})}+(-1)^k(b_2-a_2)$$

根据公式（5.2.3），$\hat{s}(t_{k+1})=C_s\alpha_1^{k-1}$，故

$$\hat{b}_k-\hat{a}_k=\frac{2C_s\alpha_1^{k-3}[1-(-\alpha_1^{-1})^{k-2}]}{1+\alpha_1^{-1}}+(-1)^k(b_2-a_2) \tag{5.2.6}$$

5.2.2 坐标序列的 DGM(1，1) 模型

构建面积序列 $W=(w(1), w(2), \cdots, w(n-1))$ 的 DGM(1，1) 模型。显然，W 为非负序列，其一次累加生成序列为

$$W^{(1)}=(w^{(1)}(1), w^{(1)}(2), \cdots, w^{(1)}(n-1))$$

其中

$$w^{(1)}(k)=\sum_{i=1}^{k} w(i), \quad k=1, 2, \cdots, n-1$$

若 $\hat{\beta}=(\beta_1, \beta_2)^{\mathrm{T}}$ 为参数列，且

$$Y=\begin{bmatrix} w^{(1)}(2) \\ w^{(1)}(3) \\ \vdots \\ w^{(1)}(n-1) \end{bmatrix}, \quad B=\begin{bmatrix} w^{(1)}(1) & 1 \\ w^{(1)}(2) & 1 \\ \vdots & 1 \\ w^{(1)}(n-2) & 1 \end{bmatrix}$$

则灰色微分方程 $w^{(1)}(k+1)=\beta_1 w^{(1)}(k)+\beta_2$ 的最小二乘参数列估计满足

$$\hat{\beta}=(\beta_1, \beta_2)^{\mathrm{T}}=(B^{\mathrm{T}}B)^{-1}B^{\mathrm{T}}Y$$

取 $w^{(1)}(1)=w(1)$，则

$$w^{(1)}(k+1)=\beta_1^k w(1)+\frac{1-\beta_1^k}{1-\beta_1}\times\beta_2, \quad k=1, 2, \cdots, n-2 \tag{5.2.7}$$

累减还原式

$$\hat{w}(k+1)=[w(1)(\beta_1-1)+\beta_2]\beta_1^{k-1} \tag{5.2.8}$$

令 $C_w=w(1)(\beta_1-1)+\beta_2$，则公式（5.2.8）变形为

$$\hat{w}(k+1)=C_w\beta_1^{k-1} \tag{5.2.9}$$

根据定理 4.3.1，

$$\hat{w}(p)=[(\hat{a}_p+\hat{b}_p)+(\hat{a}_{p+1}+\hat{b}_{p+1})]/4$$

$$\Rightarrow \hat{b}_{p+1}+\hat{a}_{p+1}=4\hat{w}(p)-(\hat{a}_p+\hat{b}_p), \quad p=1, 2, \cdots, n-1 \tag{5.2.10}$$

与面积序列的 DGM(1，1) 建模过程类似，可知公式（5.2.10）的前 $k-2$ 项是一等比数列，其公比 q_w 为

$$q_w=\frac{-4\hat{w}(k-2)}{4\hat{w}(k-1)}=-\frac{C_w\beta_1^{k-4}}{C_w\beta_1^{k-3}}=-\beta_1^{-1}$$

根据等比数列的求和公式，可将公式（5.2.10）变形为

$$\hat{b}_k+\hat{a}_k=\frac{4C_w\beta_1^{k-3}[1-(-\beta_1^{-1})^{k-2}]}{1+\beta_1^{-1}}+(-1)^k(b_2+a_2) \quad (5.2.11)$$

5.2.3　区间灰数几何预测模型

联合公式（5.2.6）和公式（5.2.11），得到如下方程组

$$\begin{cases}\hat{b}_k-\hat{a}_k=\dfrac{2C_s\alpha_1^{k-3}[1-(-\alpha_1^{-1})^{k-2}]}{1+\alpha_1^{-1}}+(-1)^k(b_2-a_2)\\ \hat{b}_k+\hat{a}_k=\dfrac{4C_w\beta_1^{k-3}[1-(-\beta_1^{-1})^{k-2}]}{1+\beta_1^{-1}}+(-1)^k(b_2+a_2)\end{cases} \quad (5.2.12)$$

为简化方程组（5.2.12），将其中的常数项用字母表示，令

$$F_s=\frac{2C_s}{1+\alpha_1^{-1}},\qquad F_w=\frac{4C_w}{1+\beta_1^{-1}}$$

则方程组（5.2.12）简化为

$$\begin{cases}\hat{b}_k-\hat{a}_k=F_s\alpha_1^{k-3}[1-(-\alpha_1^{-1})^{k-2}]+(-1)^k(b_2-a_2)\\ \hat{b}_k+\hat{a}_k=F_w\beta_1^{k-3}[1-(-\beta_1^{-1})^{k-2}]+(-1)^k(b_2+a_2)\end{cases} \quad (5.2.13)$$

解方程组（5.2.13），可得到区间灰数 $\hat{\otimes}(t_k)$ 上界和下界的模拟及预测公式

$$\begin{cases}\hat{a}_k=\dfrac{F_w\beta_1^{k-3}[1-(-\beta_1^{-1})^{k-2}]-F_s\alpha_1^{k-3}[1-(-\alpha_1^{-1})^{k-2}]}{2}+(-1)^k a_2\\ \hat{b}_k=\dfrac{F_s\alpha_1^{-3}[1-(-\alpha_1^{-1})^{k-2}]+F_w\beta_1^{k-3}[1-(-\beta_1^{-1})^{k-2}]}{2}+(-1)^k b_2\end{cases}$$

(5.2.14)

称公式（5.2.14）为基于几何坐标法的区间灰数预测模型，简称为IGPM_G（1，1）模型。

算例 5.2.1　试构建表 5.2.1 中区间灰数的几何预测模型。

表 5.2.1　某监测点 6 个连续监测周期的监测数据

序号	$k=1$	$k=2$	$k=3$	$k=4$	$k=5$	$k=6$
区间灰数	[14.9，31.4]	[52.8，66.4]	[80.3，90.4]	[115.4，129.1]	[153.3，165.0]	[190.6，204.1]

根据表 5.2.1 可知，区间灰数序列

$X(\otimes)=(\otimes(t_1),\ \otimes(t_2),\ \otimes(t_3),\ \otimes(t_4),\ \otimes(t_5),\ \otimes(t_6))$

$$=([14.9,31.4],[52.8,66.4],[80.3,90.4],[115.4,129.1],[153.3,165.0],[190.6,204.1])$$

步骤 1 面积序列与坐标序列的计算。根据公式（4.3.2）可计算，

$$s(1)=\frac{(b_1-a_1)+(b_2-a_2)}{2}=\frac{(31.4-14.9)+(66.4-52.8)}{2}=15.05$$

$$s(2)=\frac{(b_2-a_2)+(b_3-a_3)}{2}=\frac{(66.4-52.8)+(90.4-80.3)}{2}=11.85$$

$$s(3)=\frac{(b_3-a_3)+(b_4-a_4)}{2}=\frac{(90.4-80.3)+(129.1-115.4)}{2}=11.9$$

$$s(4)=\frac{(b_4-a_4)+(b_5-a_5)}{2}=\frac{(129.1-115.4)+(165.0-153.3)}{2}=12.7$$

$$s(5)=\frac{(b_5-a_5)+(b_6-a_6)}{2}=\frac{(165.0-153.3)+(204.1-190.6)}{2}=12.6$$

故面积序列

$$S=(s(1),s(2),s(3),s(4),s(5))=(15.05,11.85,11.9,12.7,12.6)$$

类似地，根据定理 4.3.1 可计算坐标序列

$$W=(w(1),w(2),w(3),w(4),w(5))=(41.375,72.475,103.8,140.7,178.25)$$

步骤 2 面积序列及坐标序列 DGM(1，1) 模型参数的计算。

在区间灰数几何预测模型的构建过程中，需要通过参数 $\hat{\alpha}=(\alpha_1,\alpha_2)^{\mathrm{T}}$ 和 $\hat{\beta}=(\beta_1,\beta_2)^{\mathrm{T}}$ 来模拟或预测区间灰数的上界与下界，因此需要首先确定参数值。$\hat{\alpha}=(\alpha_1,\alpha_2)^{\mathrm{T}}$ 为构建面积序列 S 的 DGM(1，1) 模型参数，按照 5.2.1 小

节中所研究的内容，需要通过面积序列累加生成，矩阵求逆等运算才能实现参数 $\hat{\alpha}=(\alpha_1, \alpha_2)^{\mathrm{T}}$ 的求解，计算量较大，当计算坐标序列 DGM(1，1) 模型参数的时候，仍然需要重复上述步骤。为了减轻计算工作量，本算例中通过灰色系统辅助建模软件来计算模型参数，如图 5.2.1 所示。

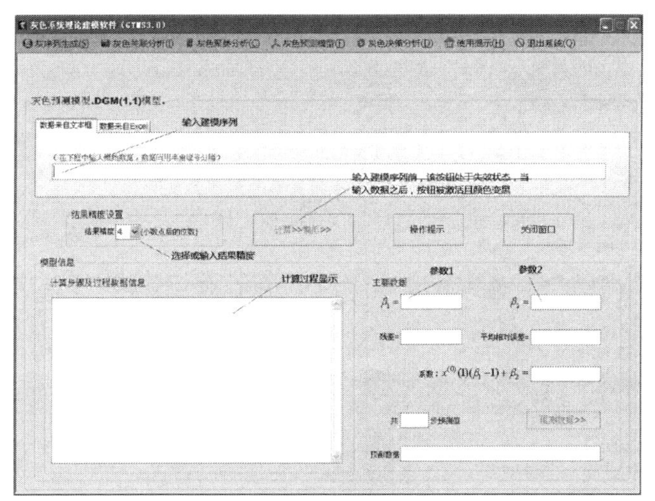

图 5.2.1　灰色系统辅助建模软件之 DGM(1，1) 模型参数的计算

首先在图 5.2.1 所示的灰色系统辅助建模软件上部的长条形方框中，输入建模序列（即面积序列 S），此时“计算≫模拟≫”由灰变黑，处于激活状态；然后设置“结果精度”（默认精度为小数点后面 4 位），完成之后点击“计算≫模拟≫”按钮，此时，计算过程信息、模型参数等内容将自动显示在软件界面的下半部分，如图 5.2.2 所示。

根据图 5.2.2 可知，$\hat{\alpha}=(\alpha_1, \alpha_2)^{\mathrm{T}}=(1.025\,0, 11.435\,3)^{\mathrm{T}}$。

类似地，坐标序列 $W=(41.375, 72.475, 103.8, 140.7, 178.25)$ 的 DGM(1，1) 模型参数为 $\hat{\beta}=(\beta_1, \beta_2)^{\mathrm{T}}=(1.330\,8, 63.333\,9)^{\mathrm{T}}$。

步骤 3　区间灰数几何预测模型的构建。

在区间灰数几何预测模型的建模公式（5.2.14）中，涉及参数 F_s 及 F_w 的计算，

$$F_s=\frac{2C_s}{1+\alpha_1^{-1}}, \qquad F_w=\frac{4C_w}{1+\beta_1^{-1}}$$

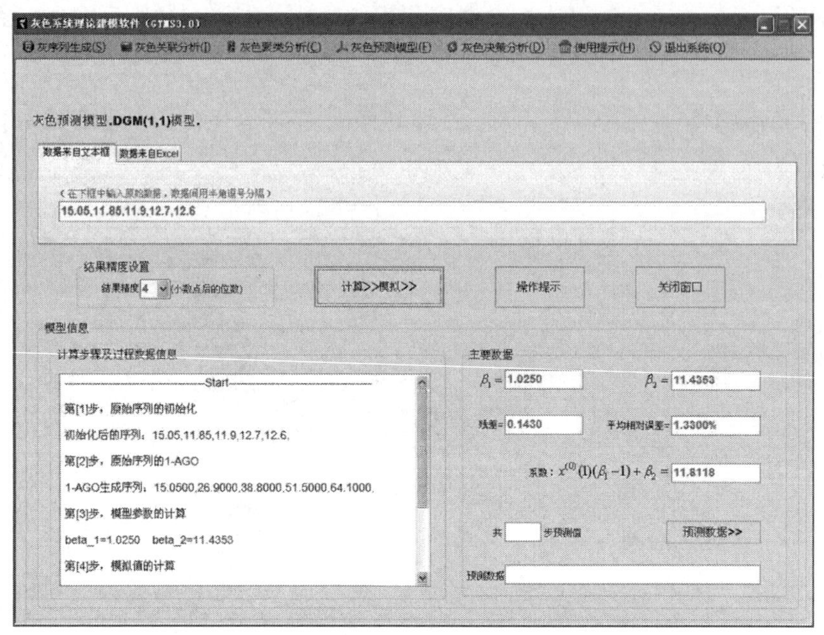

图 5.2.2　面积序列 DGM(1，1) 模型参数的计算结果

其中

$$C_s = s(1)(\alpha_1 - 1) + \alpha_2\,, \qquad s(1) = 15.05$$

$$\hat{\alpha} = (\alpha_1,\ \alpha_2)^{\mathrm{T}} = (1.0250,\ 11.4353)^{\mathrm{T}}$$

$$C_w = w(1)(\beta_1 - 1) + \beta_2\,, \qquad w(1) = 41.375$$

$$\hat{\beta} = (\beta_1,\ \beta_2)^{\mathrm{T}} = (1.330\,8,\ 63.333\,9)^{\mathrm{T}}$$

则 F_s 及 F_w 的计算结果为

$$F_s = \frac{2C_s}{1+\alpha_1^{-1}} = \frac{2\times[15.05(1.025\,0-1)+11.435\,3]}{1+\dfrac{1}{1.025\,0}} = 23.914\,8$$

$$F_w = \frac{4C_w}{1+\beta_1^{-1}} = \frac{4\times[41.375(1.330\,8-1)+63.333\,9]}{1+\dfrac{1}{1.330\,8}} = 175.903\,9$$

将参数 $\hat{\alpha} = (\alpha_1,\ \alpha_2)^{\mathrm{T}} = (1.025\,0,\ 11.435\,3)^{\mathrm{T}}$，$\hat{\beta} = (\beta_1,\ \beta_2)^{\mathrm{T}} = (1.330\,8,\ 63.333\,9)^{\mathrm{T}}$ 及 F_s 及 F_w 代入区间灰数几何预测模型的建模公式（5.2.14），即

$$\begin{cases} \hat{a}_k = \dfrac{\alpha_1^{k-3}F_w\left[1-(-\alpha_1^{-1})^{k-2}\right] - \beta_1^{k-3}F_s\left[1-(-\beta_1^{-1})^{k-2}\right]}{2} + (-1)^k a_2 \\ \hat{b}_k = \dfrac{\beta_1^{k-3}F_s\left[1-(-\beta_1^{-1})^{k-2}\right] + \alpha_1^{k-3}F_w\left[1-(-\beta_1^{-1})^{k-2}\right]}{2} + (-1)^k b_2 \end{cases}$$

$$\Rightarrow\begin{cases}\hat{a}_k=87.9520\times1.3308^{k-3}\left[1-(-0.7514)^{k-2}\right]-11.9574\\ \quad\times1.0250^{k-3}\left[1-(-0.9756)^{k-2}\right]+52.8\times(-1)^k\\ \hat{b}_k=87.9520\times1.3308^{k-3}\left[1-(-0.7514)^{k-2}\right]+11.9574\\ \quad\times1.0250^{k-3}\left[1-(-0.9756)^{k-2}\right]+66.4\times(-1)^k\end{cases}\tag{5.2.15}$$

公式（5.2.15）即为基于序列 $X(\otimes)$ 的区间灰数几何预测模型，建模过程结束。

5.3 基于信息分解法的区间灰数预测模型

在第 4 章中，通过信息分解法将区间灰数进行标准化处理，从而将区间灰数序列转换为实部序列（或称作“白部序列”）与灰部序列，并对原始序列与转换序列的数据变换关系进行了研究。本节将分别构建基于实部序列和灰部序列的 DGM（1，1）模型，并在此基础上通推导区间灰数上界及下界的模拟表达式，实现区间灰数预测模型的构建。

设区间灰数序列 $X(\otimes)=(\otimes(t_1),\ \otimes(t_2),\ \cdots,\ \otimes(t_n))=([a_1,\ b_1],\ [a_2,\ b_2],\ \cdots,\ [a_n,\ b_n])$，根据定义 4.3.2，可将区间灰数序列 $X(\otimes)$ 转换为实部序列 R 及灰部序列 H，即

$$X(\otimes)=(\otimes(t_1),\ \otimes(t_2),\ \cdots,\ \otimes(t_n))\Rightarrow\begin{cases}R=(a_1,\ a_2,\ \cdots,\ a_n)\\ H=(h_1,\ h_2,\ \cdots,\ h_n)\end{cases}$$

其中 $\otimes(t_k)=a_k+h_k\xi$（$h_k=b_k-a_k$，$\xi\in[0,\ 1]$）。

5.3.1 白部序列 DGM(1，1) 模型的构建

区间灰数序列 $X(\otimes)=(\otimes(t_1),\ \otimes(t_2),\ \cdots,\ \otimes(t_n))$ 白部序列为 $R=(a_1,\ a_2,\ \cdots,\ a_n)$，其一次累加生成序列为 $R^{(1)}=(a_1^{(1)},\ a_2^{(1)},\ \cdots,\ a_n^{(1)})$，其中

$$a_k^{(1)}=\sum_{i=1}^{k}a_i,\quad k=1,\ 2,\ \cdots,\ n$$

构建白部序列为 $R=(a_1,\ a_2,\ \cdots,\ a_n)$ 的 DGM(1，1) 模型，如下

$$\hat{a}_{k+1}^{(1)}=\phi_1\hat{a}_k^{(1)}+\phi_2 \tag{5.3.1}$$

其中，若 $\hat{\phi}=(\phi_1, \phi_2)^{\mathrm{T}}$ 为参数列，且

$$Y_a=\begin{bmatrix}a_2^{(1)}\\a_3^{(1)}\\\vdots\\a_n^{(1)}\end{bmatrix},\quad B_a=\begin{bmatrix}a_1^{(1)} & 1\\a_2^{(1)} & 1\\\vdots & \vdots\\a_{n-1}^{(1)} & 1\end{bmatrix}$$

则灰色微分方程 $\hat{a}_{k+1}^1=\phi_1\hat{a}_k^1+\phi_2$ 中参数的最小二乘估计为 $\hat{\phi}=(B_a^{\mathrm{T}}B_a)^{-1}B_a^{\mathrm{T}}Y_a$。

设 B_a，Y_a，$\hat{\phi}$ 如上所述，则

(1) 取 $\hat{a}_1^{(1)}=a_1$

$$\hat{a}_{k+1}^{(1)}=\phi_1^k a_1+\frac{1-\phi_1^k}{1-\phi_1}\phi_2,\qquad k=1, 2, \cdots, n-1 \tag{5.3.2}$$

(2) 还原值

$$\hat{a}_{k+1}=\hat{a}_{k+1}^{(1)}-\hat{a}_k^{(1)}, k=1, 2, \cdots, n-1 \tag{5.3.3}$$

根据公式 (5.3.2) 可得

$$\hat{a}_{k+1}=\hat{a}_{k+1}^{(1)}-\hat{a}_k^{(1)}=a_1\cdot\phi_1^k+\frac{1-\phi_1^k}{1-\phi_1}\phi_2-a_1\cdot\phi_1^{k-1}-\frac{1-\phi_1^{k-1}}{1-\phi_1}\cdot\phi_2$$

$$\Rightarrow\hat{a}_{k+1}=a_1\cdot\phi_1\cdot\phi_1^{k-1}+\frac{\phi_2}{1-\phi_1}-\frac{\phi_1\cdot\phi_2}{1-\phi_1}\phi_1^{k-1}$$

$$-a_1\cdot\phi_1^{k-1}-\frac{\phi_2}{1-\phi_1}+\frac{\phi_2}{1-\phi_1}\cdot\phi_1^{k-1}$$

$$\Rightarrow\hat{a}_{k+1}=(a_1\phi_1)\cdot\phi_1^{k-1}-\frac{\phi_1\cdot\phi_2}{1-\phi_1}\phi_1^{k-1}-a_1\cdot\phi_1^{k-1}+\frac{\phi_2}{1-\phi_1}\cdot\phi_1^{k-1}$$

$$\Rightarrow\hat{a}_{k+1}=\left[a_1\phi_1-\frac{\phi_1\cdot\phi_2}{1-\phi_1}-a_1+\frac{\phi_2}{1-\phi_1}\right]\cdot\phi_1^{k-1}$$

$$\Rightarrow\hat{a}_{k+1}=\left[a_1(\phi_1-1)-\frac{\phi_2}{1-\phi_1}\cdot\phi_1+\frac{\phi_2}{1-\phi_1}\right]\cdot\phi_1^{k-1}$$

$$\Rightarrow\hat{a}_{k+1}=[a_1(\phi_1-1)+\phi_2]\cdot\phi_1^{k-1} \tag{5.3.4}$$

公式 (5.3.4) 为白部（或实部）序列的 DGM(1, 1) 预测模型。

5.3.2 灰部序列 DGM(1, 1) 模型的构建

区间灰数序列 $X(\otimes)=(\otimes(t_1), \otimes(t_2), \cdots, \otimes(t_n))$ 灰部序列为 $H=(h_1, h_2, \cdots, h_n)$，其一次累加生成序列为 $H^{(1)}=(h_1^{(1)}, h_2^{(1)}, \cdots, h_n^{(1)})$，

其中 $h_k^{(1)}=\sum_{i=1}^{k}h_i\ (k=1, 2, \cdots, n)$。

与“白部序列”DGM（1，1）模型的建模过程类似，可以构建“灰部序列”的DGM（1，1）模型，即

$$\hat{h}_{k+1}^{(1)}=\varphi_1\hat{h}_k^{(1)}+\varphi_2 \tag{5.3.5}$$

其中，若 $\hat{\varphi}=(\varphi_1, \varphi_2)^{\mathrm{T}}$ 为参数列，且

$$Y_h=\begin{bmatrix}h_2^{(1)}\\h_3^{(1)}\\\vdots\\h_n^{(1)}\end{bmatrix},\quad B_h=\begin{bmatrix}h_1^{(1)} & 1\\h_2^{(1)} & 1\\\vdots & \vdots\\h_{n-1}^{(1)} & 1\end{bmatrix}$$

则灰色微分方程 $\hat{h}_{k+1}^{(1)}=\varphi_1\hat{h}_k^{(1)}+\varphi_2$ 中参数的最小二乘估计满足 $\hat{\varphi}=(B_h^{\mathrm{T}}B_h)^{-1}B_h^{\mathrm{T}}Y_h$。详细的推导过程略。

设 B_h，Y_h，$\hat{\varphi}$ 如上所述，则有下面的结论。

（1）取 $\hat{h}_1^{(1)}=h_1$

$$\hat{h}_{k+1}^{(1)}=\varphi_1^k h_1+\frac{1-\varphi_1^k}{1-\varphi_1}\varphi_2,\quad k=1, 2, \cdots, n-1 \tag{5.3.6}$$

（2）还原值

$$\hat{h}_{k+1}=\hat{h}_{k+1}^{(1)}-\hat{h}_k^{(1)},\quad k=1, 2, \cdots, n-1 \tag{5.3.7}$$

根据公式（5.3.4）可得，公式（5.3.7）可以变形为

$$\hat{h}_{k+1}=\hat{h}_{k+1}^{(1)}-\hat{h}_k^{(1)}=[h_1(\varphi_1-1)+\varphi_2]\cdot\varphi_1^{k-1} \tag{5.3.8}$$

5.3.3 区间灰数预测模型的推导

根据定义4.3.8，可知

$$\hat{\otimes}(k+1)\in[\hat{a}_{k+1}, \hat{b}_{k+1}]=\hat{a}_{k+1}+\hat{h}_{k+1}\xi$$

其中 $\hat{h}_{k+1}=\hat{b}_{k+1}-\hat{a}_{k+1}$，$\xi\in[0, 1]$。

根据区间灰数“白部”序列的灰色预测模型（5.3.4）及“灰部”序列的灰色预测模型（5.3.8），可做如下推导，

$$\begin{cases}\hat{a}_{k+1}=[a_1(\phi_1-1)+\phi_2]\cdot\phi_1^{k-1}\\\hat{h}_{k+1}=[h_1(\varphi_1-1)+\varphi_2]\cdot\varphi_1^{k-1}\\\hat{h}_{k+1}=\hat{b}_{k+1}-\hat{a}_{k+1}\end{cases}$$

$$\Rightarrow\begin{cases}\hat{a}_{k+1}=[a_1(\phi_1-1)+\phi_2]\cdot\phi_1^{k-1}\\ \hat{b}_{k+1}=[h_1(\varphi_1-1)+\varphi_2]\cdot\varphi_1^{k-1}+[a_1(\phi_1-1)+\phi_2]\cdot\phi_1^{k-1}\end{cases}\tag{5.3.9}$$

则区间灰数 $\hat{\otimes}(k+1)$ 上下界的预测形式如下所示

$$\hat{\otimes}(k+1)\in[a_1\phi_1-1+\phi_2\cdot\phi_1^{k-1},\ -(h_1\varphi_1-1+\varphi_2)\cdot\varphi^{k-1}+(a_1\phi_1-1+\phi_2)\cdot\phi_1^{k-1}]$$

公式（5.3.9）被称为基于信息分解的区间灰数预测模型，简称为 IGPM_D（1，1）模型。

算例 5.3.1 试根据算例 5.2.1 中表 5.2.1 的数据构建区间灰数序列的 IGPM_D（1，1）模型。

根据表 5.2.1 可知，可得区间灰数序列

$$\begin{aligned}X(\otimes)&=(\otimes(t_1),\ \otimes(t_2),\ \otimes(t_3),\ \otimes(t_4),\ \otimes(t_5),\ \otimes(t_6))\\&=([14.9,\ 31.4],[52.8,\ 66.4],[80.3,\ 90.4],\\&\quad[115.4,\ 129.1],[153.3,\ 165.0],[190.6,\ 204.1])\end{aligned}$$

步骤 1 实部序列与灰部序列的计算

根据定义 4.3.2 及公式（4.3.8）可知，

$$\otimes(t_k)=a_k+h_k\xi,\quad h_k=b_k-a_k$$

则可将区间灰数序列 $X(\otimes)$ 中的所有元素进行标准化处理，即将区间灰数分解为实部及灰部两个部分，即

$$\otimes(t_1)=14.9+16.5\xi,\quad \otimes(t_2)=52.8+13.6\xi,$$

$$\otimes(t_3)=80.3+10.1\xi$$

$$\otimes(t_4)=115.4+13.7\xi,\quad \otimes(t_5)=153.3+11.7\xi,$$

$$\otimes(t_6)=190.6+13.5\xi$$

则区间灰数序列 $X(\otimes)$ 的白部序列 R 及灰部序列 H，如下

$$R=(a_1,a_2,a_3,a_4,a_5,a_6)=(14.9,\ 52.8,\ 80.3,\ 115.4,\ 153.3,\ 190.6)$$

$$H=(h_1,h_2,h_3,h_4,h_5,h_6)=(16.5,\ 13.6,\ 10.1,\ 13.7,\ 11.7,\ 13.5)$$

步骤 2 实部序列及灰部序列 DGM(1，1）模型参数的计算。

将实部序列 $R=(14.9,\ 52.8,\ 80.3,\ 115.4,\ 153.3,\ 190.6)$ 输入灰色系统辅助建模软件，点击“计算≫模拟≫”按钮，如图 5.3.1 所示。

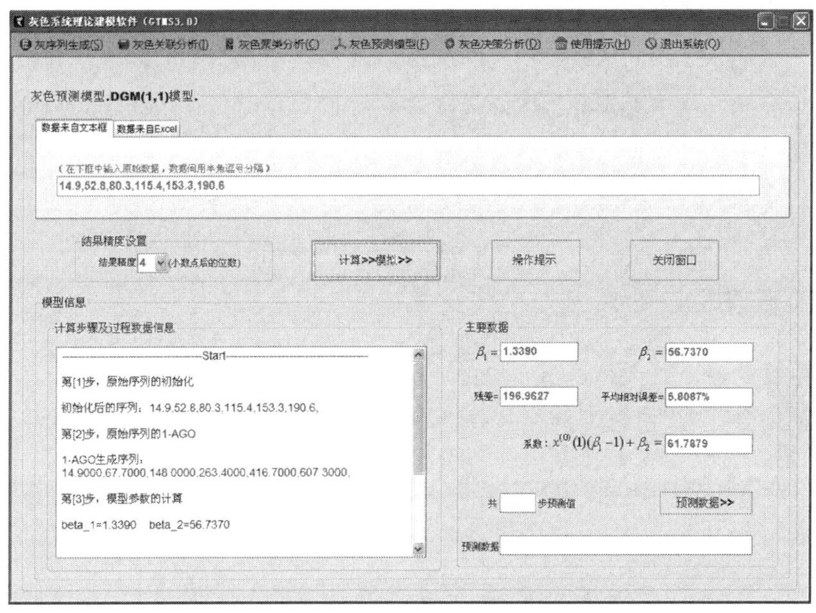

图 5.3.1 实部序列 DGM(1，1) 模型参数的计算

根据图 5.3.1 可知，实部序列 R 的 DGM(1，1) 模型参数为

$$\hat{\phi}=(\phi_1, \phi_2)^{\mathrm{T}}=(1.0250, 11.4353)^{\mathrm{T}}$$

类似地，坐标序列 $W=(41.375, 72.475, 103.8, 140.7, 178.25)$ 的 DGM(1，1) 模型参数为 $\hat{\varphi}=(\varphi_1, \varphi_2)^{\mathrm{T}}=(1.0084, 12.1740)^{\mathrm{T}}$。

步骤 3 IGPM _ D (1，1) 模型的构建。

根据公式 (5.3.9) 可得

$$\begin{cases}\hat{a}_{k+1}=[a_1(\phi_1-1)+\phi_2]\cdot\phi_1^{k-1}\\ \hat{b}_{k+1}=[h_1(\varphi_1-1)+\varphi_2]\cdot\varphi_1^{k-1}+[a_1(\phi_1-1)+\phi_2]\cdot\phi_1^{k-1}\end{cases}$$

$$\Rightarrow\begin{cases}\hat{a}_k=61.7881\times 1.3390^{k-2}\\ \hat{b}_k=12.3126\times 1.0084^{k-2}+61.7881\times 1.3390^{k-2}\end{cases}\tag{5.3.10}$$

公式 (5.3.10) 被称为区间灰数序列 $X(\otimes)$ 的 IGPM _ D (1，1) 模型。

5.4 基于灰色属性法区间灰数预测模型

本节以区间灰数的基本属性——“核”和“灰度”为基础构建区间灰数

预测模型，其基本思路是，通过“核”序列为基础建立 DGM(1，1) 预测模型，实现对未来区间灰数“核”的预测；然后以“灰度不减公理”为理论依据，以“核”为中心拓展得区间灰数的上界和下界，在不破坏区间灰数独立性和完整性的前提下，实现区间灰数的模拟和预测。

设区间灰数序列 $X(\otimes)=(\otimes(t_1),\ \otimes(t_2),\ \cdots,\ \otimes(t_n))=([a_1,\ b_1],\ [a_2,\ b_2],\ \cdots,\ [a_n,\ b_n])$，根据定义 4.3.5，可将区间灰数序列 $X(\otimes)$ 转换为核序列 K 及灰度序列 G，即

$$X(\otimes)=(\otimes(t_1),\ \otimes(t_2),\ \cdots,\ \otimes(t_n))$$

$$\Rightarrow\begin{cases}K=(\tilde{\otimes}(t_1),\ \tilde{\otimes}(t_2),\ \cdots,\ \tilde{\otimes}(t_n))\\G=(g^{\circ}(\otimes(t_1)),\ g^{\circ}(\otimes(t_2)),\ \cdots,\ g^{\circ}(\otimes(t_n)))\end{cases}$$

其中

$$\tilde{\otimes}(t_k)=\frac{a_k+b_k}{2},\qquad g^{\circ}(\otimes(t_k))=\frac{\mu(\otimes(t_k))}{\mu(\Omega)}\times\frac{S_{\mathrm{O}}}{S_{\mathrm{R}}}=\frac{b_k-a_k}{b-a}$$

5.4.1 核序列的 DGM(1，1) 模型

构建区间灰数“核”序列 $X(\tilde{\otimes})=(\tilde{\otimes}(t_1),\ \tilde{\otimes}(t_2),\ \cdots,\ \tilde{\otimes}(t_n))$ 的 DGM(1，1) 模型。$X(\tilde{\otimes})$ 的一次累加生成序列记为 $X^{(1)}(\tilde{\otimes})$

$$X^{(1)}(\tilde{\otimes})=(\tilde{\otimes}^{(1)}(t_1),\ \tilde{\otimes}^{(1)}(t_2),\ \cdots,\ \tilde{\otimes}^{(1)}(t_n))$$

其中

$$\tilde{\otimes}^{(1)}(t_k)=\sum_{i=1}^{k}\tilde{\otimes}^{(1)}(t_i),\qquad k=1,\ 2,\ \cdots,\ n$$

若 $\hat{\beta}=(\beta_1,\ \beta_2)^{\mathrm{T}}$ 为参数列，且

$$Y=\begin{bmatrix}\tilde{\otimes}^{(1)}(t_2)\\\tilde{\otimes}^{(1)}(t_3)\\\vdots\\\tilde{\otimes}^{(1)}(t_n)\end{bmatrix},\quad B=\begin{bmatrix}\tilde{\otimes}^{(1)}(t_1)&1\\\tilde{\otimes}^{(1)}(t_2)&1\\\vdots&1\\\tilde{\otimes}^{(1)}(t_{n-1})&1\end{bmatrix}$$

则灰色微分方程 $\tilde{\otimes}^{(1)}(t_{k+1})=\beta_1\tilde{\otimes}^{(1)}(t_k)+\beta_2$ 的最小二乘参数列估计满足

$$\hat{\beta}=(\beta_1,\ \beta_2)^{\mathrm{T}}=(B^{\mathrm{T}}B)^{-1}B^{\mathrm{T}}Y$$

取 $\tilde{\otimes}^{(1)}(t_1)=\tilde{\otimes}(t_1)$，则

$$\tilde{\otimes}^{(1)}(t_{k+1})=\beta_1^k\tilde{\otimes}(t_1)+\frac{1-\beta_1^k}{1-\beta_1}\times\beta_2,\quad k=1,2,\cdots,n \tag{5.4.1}$$

其累减还原式

$$\hat{\tilde{\otimes}}(t_{k+1})=\hat{\tilde{\otimes}}^{(1)}(t_{k+1})-\hat{\tilde{\otimes}}^{(1)}(t_k)=[\tilde{\otimes}(t_1)(\beta_1-1)+\beta_2]\beta_1^{k-1} \tag{5.4.2}$$

公式（5.4.2）被称为区间灰数“核”序列的 DGM(1，1) 模型。

5.4.2 区间灰数取数域的确定

公理 5.4.1(灰度不减公理) 两个灰度不同的区间灰数进行和、差、积、商运算时，运算结果的灰度不小于灰度较大的区间灰数的灰度。

根据公理 5.4.1，为了简化区间灰数预测模型的构建，将建模序列灰元中灰度较大的区间灰数灰度定义为预测结果的灰度，并将区间灰数序列中最大灰度所对应区间灰数的区间距，作为模拟或预测区间灰数的区间距。因此，需要先从灰度序列中，寻找最大的灰度。

设灰度序列 $G=(g^{\circ}(\otimes(t_1)),g^{\circ}(\otimes(t_2)),\cdots,g^{\circ}(\otimes(t_n)))$，则区间灰数模拟或预测值的灰度 $g^{\circ}(\hat{\otimes}(t_{k+1}))$ 为

$$g^{\circ}(\hat{\otimes}(t_{k+1}))=\max\{g^{\circ}(\otimes(t_1)),g^{\circ}(\otimes(t_2)),\cdots,g^{\circ}(\otimes(t_n))\}$$

$$\Rightarrow g^{\circ}(\hat{\otimes}(t_{k+1}))=g^{\circ}(\otimes(t_x)) \tag{5.4.3}$$

其中 $x=1,2,\cdots,n$，则

$$\hat{b}_{k+1}-\hat{a}_{k+1}=b_x-a_x \tag{5.4.4}$$

5.4.3 模型推导及构建

根据第 3 章核的计算公式（3.3.1）可得

$$\hat{a}_{k+1}+\hat{b}_{k+1}=2\hat{\tilde{\otimes}}(t_{k+1}) \tag{5.4.5}$$

联立公式（5.4.2）、公式（5.4.4）和公式（5.4.5），可得如下方程组

$$\begin{cases}\hat{b}_{k+1}-\hat{a}_{k+1}=b_x-a_x\\ \hat{a}_{k+1}+\hat{b}_{k+1}=2\hat{\tilde{\otimes}}(t_{k+1})\\ \hat{\tilde{\otimes}}(t_{k+1})=[\tilde{\otimes}(t_1)(\beta_1-1)+\beta_2]\beta_1^{k-1}\end{cases}$$

解得

$$\begin{cases}\hat{a}_{k+1}=[\tilde{\otimes}(t_1)(\beta_1-1)+\beta_2]\beta_1^{k-1}-\dfrac{b_x-a_x}{2}\\ \hat{b}_{k+1}=[\tilde{\otimes}(t_1)(\beta_1-1)+\beta_2]\beta_1^{k-1}+\dfrac{b_x-a_x}{2}\end{cases} \tag{5.4.6}$$

即

$$\hat{\otimes}(t_{k+1})\in\left[[\tilde{\otimes}(t_1)(\beta_1-1)+\beta_2]\beta_1^{k-1}-\frac{b_x-a_x}{2},\right.$$
$$\left.[\tilde{\otimes}(t_1)(\beta_1-1)+\beta_2]\beta_1^{k-1}+\frac{b_x-a_x}{2}\right]$$

公式（5.4.6）被称为基于灰色属性的区间灰数预测模型，简称为 IGPM _ P（1，1）模型。

算例 5.4.1 试根据算例 5.2.1 中表 5.2.1 的数据构建区间灰数序列的 IGPM _ P（1，1）模型。其中区间灰数的论域 $\Omega\in[10，210]$。

根据表 5.2.1 可知，可得区间灰数序列

$$\begin{aligned}X(\otimes)&=(\otimes(t_1),\ \otimes(t_2),\ \otimes(t_3),\ \otimes(t_4),\ \otimes(t_5),\ \otimes(t_6))\\&=([14.9,\ 31.4],[52.8,\ 66.4],[80.3,\ 90.4],[115.4,\ 129.1],\\&\quad[153.3,\ 165.0],[190.6,\ 204.1])\end{aligned}$$

步骤 1 核序列与灰度序列的计算。

根据定义 4.3.5 可知，区间灰数序列中各灰元的“核”为

$$\tilde{\otimes}(t_1)=23.15,\quad \tilde{\otimes}(t_2)=59.6,\quad \tilde{\otimes}(t_3)=85.35$$

$$\tilde{\otimes}(t_4)=122.25,\quad \tilde{\otimes}(t_5)=159.15,\quad \tilde{\otimes}(t_6)=197.35$$

故“核”序列 K 为

$$\begin{aligned}K&=(\tilde{\otimes}(t_1),\ \tilde{\otimes}(t_2),\ \tilde{\otimes}(t_3),\ \tilde{\otimes}(t_4),\ \tilde{\otimes}(t_5),\ \tilde{\otimes}(t_6))\\&=(23.15,\ 59.6,\ 85.35,\ 122.25,\ 159.15,\ 197.35)\end{aligned}$$

根据定义 4.3.5 可计算区间灰数序列中各灰元的“灰度”

$$g^{\circ}(\otimes(t_1))=0.0825,\quad g^{\circ}(\otimes(t_2))=0.068$$

$$g^{\circ}(\otimes(t_3))=0.0505,\quad g^{\circ}(\otimes(t_4))=0.0685,$$

$$g^{\circ}(\otimes(t_5))=0.0585,\quad g^{\circ}(\otimes(t_6))=0.0675$$

故“灰度”序列 G 为

$$G=(g^{\circ}(\otimes(t_1)),\ g^{\circ}(\otimes(t_2)),\ g^{\circ}(\otimes(t_3)),\ g^{\circ}(\otimes(t_4)),\ g^{\circ}(\otimes(t_5)),\ g^{\circ}(\otimes(t_6)))$$

$$G=(0.0825,\ 0.068,\ 0.0505,\ 0.0685,\ 0.0585,\ 0.0675)$$

则基于灰色属性法的区间灰数序列 $X(\otimes)$ 的实数序列为

$$X(\otimes)\Rightarrow\begin{cases}K=(\tilde{\otimes}(t_1),\ \tilde{\otimes}(t_2),\ \tilde{\otimes}(t_3),\ \tilde{\otimes}(t_4),\ \tilde{\otimes}(t_5),\ \tilde{\otimes}(t_6))\\ \quad=(23.15,\ 59.6,\ 85.35,\ 122.25,\ 159.15,\ 197.35)\\ G=(g^{\circ}(\otimes(t_1)),\ g^{\circ}(\otimes(t_2)),\ g^{\circ}(\otimes(t_3)),\ g^{\circ}(\otimes(t_4)),\\ \quad g^{\circ}(\otimes(t_5)),\ g^{\circ}(\otimes(t_6)))\\ \quad=(0.0825,\ 0.068,\ 0.0505,\ 0.0685,\ 0.0585,\ 0.0675)\end{cases}$$

步骤 2　核序列 DGM(1，1) 模型参数的计算。

将核序列 $K=(23.15,\ 59.6,\ 85.35,\ 122.25,\ 159.15,\ 197.35)$ 输入灰色系统辅助建模软件，点击“计算≫模拟≫”按钮，如图 5.4.1 所示。

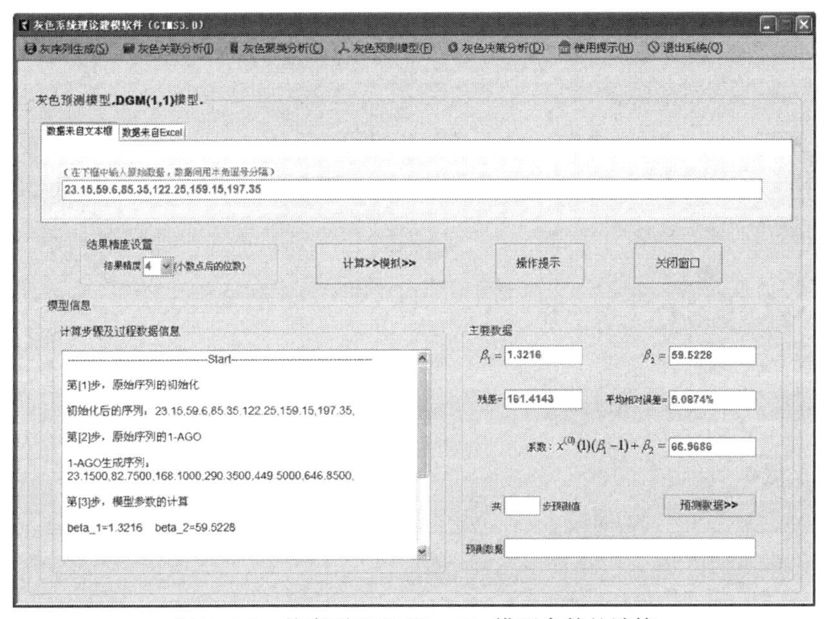

图 5.4.1　核序列 DGM(1，1) 模型参数的计算

根据图 5.4.1 可知，核序列 K 的 DGM(1，1) 模型参数为

$$\hat{\beta}=(\beta_1,\ \beta_2)^{\mathrm{T}}=(1.3216,\ 59.5228)^{\mathrm{T}}$$

则根据公式（5.4.2）可得核序列的 DGM(1，1) 模型

$$\hat{\tilde{\otimes}}(t_{k+1})=[\tilde{\otimes}(t_1)(\beta_1-1)+\beta_2]\beta_1^{k-1}$$

$$\Rightarrow\hat{\tilde{\otimes}}(t_{k+1})=[23.15(1.3216-1)+59.5228]\times 1.3216^{k-1}$$

$$\Rightarrow\hat{\tilde{\otimes}}(t_{k+1})=68.5758\times 1.3216^{k-1} \tag{5.4.7}$$

步骤 3 区间灰数区间距的确定。

根据公式（5.4.3）可知

$$g^{\circ}(\hat{\otimes}(t_{k+1}))=\max\{g^{\circ}(\otimes(t_1)),\ g^{\circ}(\otimes(t_2)),\ \cdots,\ g^{\circ}(\otimes(t_n))\}$$

$$g^{\circ}(\hat{\otimes}(t_{k+1}))=\max\{0.0825,\ 0.068,\ 0.0505,\ 0.0685,\ 0.0585,\ 0.0675\}$$

$$g^{\circ}(\hat{\otimes}(t_{k+1}))=g^{\circ}(\otimes(t_1))=0.0825$$

则根据公式（5.4.5）可知

$$\hat{b}_{k+1}-\hat{a}_{k+1}=b_x-a_x=b_1-a_1=16.5 \tag{5.4.8}$$

步骤 4 IGPM _ P（1，1）模型的构建。

根据公式（5.4.6）可得

$$\begin{cases}\hat{a}_{k+1}=[\tilde{\otimes}(t_1)(\beta_1-1)+\beta_2]\beta_1^{k-1}-\dfrac{b_x-a_x}{2}\\[2ex]\hat{b}_{k+1}=[\tilde{\otimes}(t_1)(\beta_1-1)+\beta_2]\beta_1^{k-1}+\dfrac{b_x-a_x}{2}\end{cases}$$

$$\Rightarrow\begin{cases}\hat{a}_{k+1}=68.5758\times 1.3216^{k-1}-8.25\\ \hat{b}_{k+1}=68.5758\times 1.3216^{k-1}+8.25\end{cases} \tag{5.4.9}$$

公式（5.4.9）被称为区间灰数序列 $X(\otimes)$ 的 IGPM _ P（1，1）模型。

5.5 本章小结

本章根据区间灰数序列的三种白化方法，即几何坐标法、信息分解法及灰色属性法构建三类不同的区间灰数预测模型，主要研究这些区间灰数预测模型的推导方法和建模过程等问题，并通过算例对模型的建模步骤进行归纳。在短期灰代数运算体系难以取得有效突破的情况下，本章的研究成果对拓展传统灰色预测模型的应用范围，推动灰色系统理论体系的发展与完善，具有十分重要的理论意义和应用价值。

6　区间灰数预测模型的比较分析与优化

6.1　引　　言

第 5 章根据区间灰数序列的三种白化方法，推导及构建了三类不同的区间灰数预测模型，实现了灰色预测模型从实数序列到区间灰数序列的拓展。本章将在第 5 章研究内容的基础上，讨论区间灰数预测模型的误差检验方法，比较并分析三类不同区间灰数预测模型的模拟性能，并基于不同区间灰数序列白化方法的优缺点，提出了一种基于核及灰数层面积的区间灰数预测模型。该模型规避了区间灰数几何预测模型误差累积对模拟精度的影响，同时也不存在区间灰数属性法中由于灰数取值范围扩大所导致的预测数据灰度增加的问题，更具合理性。

6.2　区间灰数预测模型的误差检验方法

一个模型需要通过检验才能判定其是否合理，是否有效，只有通过检验的模型才能用于预测；同样地，在使用区间灰数预测模型进行数据预测之前，需要首先对模型进行相关的检验；但区间灰数不同于实数，其误差检验指标比传统的灰色预测模型更加复杂。本节将对区间灰数预测模型的误差检验方法进行研究。

6.2.1 平均相对模拟误差检验

定义 6.2.1 设原始区间灰数序列

$$X(\otimes)=(\otimes(t_1),\ \otimes(t_2),\ \cdots,\ \otimes(t_n))$$
$$=([a_1,\ b_1],\ [a_2,\ b_2],\ \cdots,\ [a_n,\ b_n])$$

相应的区间灰数模拟序列

$$\hat{X}(\otimes)=(\hat{\otimes}(t_1),\ \hat{\otimes}(t_2),\ \cdots,\ \hat{\otimes}(t_n))$$
$$=([\hat{a}_1,\ \hat{b}_1],\ [\hat{a}_2,\ \hat{b}_2],\ \cdots,\ [\hat{a}_n,\ \hat{b}_n])$$

上界及下界原始序列

$$A=(a_1,\ a_2,\ \cdots,\ a_n),\quad B=(b_1,\ b_2,\ \cdots,\ b_n)$$

上界及下界模拟序列

$$\hat{A}=(\hat{a}_1,\ \hat{a}_2,\ \cdots,\ \hat{a}_n),\quad \hat{B}=(\hat{b}_1,\ \hat{b}_2,\ \cdots,\ \hat{b}_n)$$

上界残差序列

$$e_a=(e_a(1),\ e_a(2),\ \cdots,\ e_a(n))=(a_1-\hat{a}_1,\ a_2-\hat{a}_2,\ \cdots,\ a_n-\hat{a}_n)$$

下界残差序列

$$\varepsilon_b=(\varepsilon_b(1),\ \varepsilon_b(2),\ \cdots,\ \varepsilon_b(n))=(b_1-\hat{b}_1,\ b_2-\hat{b}_2,\ \cdots,\ b_n-\hat{b}_n)$$

上界相对误差序列

$$\Delta_a=(\Delta_a(1),\ \Delta_a(2),\ \cdots,\ \Delta_a(n))=\left(\left|\frac{\varepsilon_a(1)}{a_1}\right|,\ \left|\frac{\varepsilon_a(2)}{a_2}\right|,\ \cdots,\ \left|\frac{\varepsilon_a(n)}{a_n}\right|\right)$$

下界相对误差序列

$$\Delta_b=(\Delta_b(1),\ \Delta_b(2),\ \cdots,\ \Delta_b(n))=\left(\left|\frac{\varepsilon_b(1)}{b_1}\right|,\ \left|\frac{\varepsilon_b(2)}{b_2}\right|,\ \cdots,\ \left|\frac{\varepsilon_b(n)}{b_n}\right|\right)$$

(1) 对于 $k\leqslant n$，称 $\Delta_a(k)=\left|\frac{\varepsilon_a(k)}{a_k}\right|$ 为上界序列在第 k 点的模拟相对误差，称 $\bar{\Delta}_a=\frac{1}{n}\sum_{k=1}^{n}\Delta_a(k)$ 为上界序列的平均模拟相对误差；类似地，称 $\Delta_b(k)=\left|\frac{\varepsilon_b(k)}{b_k}\right|$ 为下界序列在第 k 点的模拟相对误差，称 $\bar{\Delta}_b=\frac{1}{n}\sum_{k=1}^{n}\Delta_b(k)$ 为下界序列的平均模拟相对误差。

(2) 称 $\bar{\Delta}=\frac{1}{2}(\bar{\Delta}_a+\bar{\Delta}_b)$ 为模型的综合平均模拟相对误差。

(3) 对给定的 α，当 $\bar{\Delta}<\alpha$，$\Delta_a(n)<\alpha$ 且 $\Delta_b(n)<\alpha$ 时，称该模型为残差合格模型。

6.2.2　灰色关联度检验

定义 6.2.2　序列 $X(\otimes)$，$\hat{X}(\otimes)$，A，B，$\hat{A}$，$\hat{B}$ 如定义 6.2.1 所述，则

$$\gamma_{a\hat{a}}=\frac{1+|s_a|+|s_{\hat{a}}|}{1+|s_a|+|s_{\hat{a}}|+|s_a-s_{\hat{a}}|}$$

其中，

$$|s_a|=\left|\sum_{k=2}^{n-1}(a_k-a_1)+\frac{1}{2}(a_n-a_1)\right|$$

$$|s_{\hat{a}}|=\left|\sum_{k=2}^{n-1}(\hat{a}_k-\hat{a}_1)+\frac{1}{2}(\hat{a}_n-\hat{a}_1)\right|$$

$$|s_a-s_{\hat{a}}|=\left|\sum_{k=2}^{n-1}[(a_k-a_1)-(\hat{a}_k-\hat{a}_1)]+\frac{1}{2}[(a_n-a_1)-(\hat{a}_n-\hat{a}_1)]\right|$$

称 $\gamma_{a\hat{a}}$ 区间灰数上界序列 A 与模拟序列 $\hat{A}$ 的灰色绝对关联度。类似地，

$$\gamma_{b\hat{b}}=\frac{1+|s_b|+|s_{\hat{b}}|}{1+|s_b|+|s_{\hat{b}}|+|s_b-s_{\hat{b}}|}$$

其中，

$$|s_b|=\left|\sum_{k=2}^{n-1}(b_k-b_1)+\frac{1}{2}(b_n-b_1)\right|$$

$$|s_{\hat{b}}|=\left|\sum_{k=2}^{n-1}(\hat{b}_k-\hat{b}_1)+\frac{1}{2}(\hat{b}_n-\hat{b}_1)\right|$$

$$|s_b-s_{\hat{b}}|=\left|\sum_{k=2}^{n-1}[(b_k-b_1)-(\hat{b}_k-\hat{b}_1)]+\frac{1}{2}[(b_n-b_1)-(\hat{b}_n-\hat{b}_1)]\right|$$

$\gamma_{b\hat{b}}$ 为区间灰数上界序列 B 与模拟序列 $\hat{B}$ 的灰色绝对关联度，并称

$$\gamma_{ab}=\frac{\gamma_{a\hat{a}}+\gamma_{b\hat{b}}}{2}$$

为区间灰数原始序列与模拟序列的灰色综合绝对关联度。

定义 6.2.3　序列 $X(\otimes)$，$\hat{X}(\otimes)$，A，B，$\hat{A}$，$\hat{B}$ 及灰色关联度 γ_{ab} 分别如定义 6.2.1 及定义 6.2.2 所述，则对于给定的 $\gamma_0>0$，有 $\gamma_{ab}>\gamma_0$，则称该模型为灰色关联度合格模型。

6.2.3 均方差及小误差概率检验

定义 6.2.4 序列 $X(\otimes)$，$\hat{X}(\otimes)$，A，B，$\hat{A}$，$\hat{B}$，ε_a，ε_b 及灰色关联度 γ_{ab} 分别如定义 6.2.1 及定义 6.2.2 所述，则

$$\bar{a}=\frac{1}{n}\sum_{k=1}^{n}a_k, \quad S_a^2=\frac{1}{n}\sum_{k=1}^{n}(a_k-\bar{a})^2$$

$$\bar{b}=\frac{1}{n}\sum_{k=1}^{n}b_k, \quad S_b^2=\frac{1}{n}\sum_{k=1}^{n}(b_k-\bar{b})^2$$

分别为区间灰数上界序列 A 及下界序列 B 的均值及方差；

$$\bar{\varepsilon}_a=\frac{1}{n}\sum_{k=1}^{n}\varepsilon_a(k), \quad S_{\varepsilon_a}^2=\frac{1}{n}\sum_{k=1}^{n}(\varepsilon_a(k)-\bar{\varepsilon}_a)^2$$

$$\bar{\varepsilon}_b=\frac{1}{n}\sum_{k=1}^{n}\varepsilon_b(k), \quad S_{\varepsilon_b}^2=\frac{1}{n}\sum_{k=1}^{n}(\varepsilon_b(k)-\bar{\varepsilon}_b)^2$$

分别为区间灰数上界残差序列 ε_a 及下界残差序列 ε_b 的均值及方差，则

(1) 称 $C_a=\dfrac{S_a}{S_{\varepsilon_a}}$ 为上界均方差比值，对于给定的 $C_{a_0}>0$，当 $C_a<C_{a_0}$ 时，称该模型为上界均方差合格模型；类似地，$C_b=\dfrac{S_b}{S_{\varepsilon_b}}$ 称为下界均方差比值，对于给定的 $C_{b_0}>0$，当 $C_b<C_{b_0}$ 时，称该模型为下界均方差合格模型。当 $C_a<C_{a_0}$ 且 $C_b<C_{b_0}$ 时，称模型为均方差合格模型。

(2) 称 $p_a=P(|\varepsilon_a(k)-\bar{\varepsilon}_a|<0.674\,5S_a)$ 为小误差概率，对于给定的 p_{a_0}，当 $p_a<p_{a_0}$ 时，称模型为上界小误差概率合格模型；类似地，称 $p_b=P(|\varepsilon_b(k)-\bar{\varepsilon}_b|<0.674\,5S_b)$ 为小误差概率，对于给定的 p_{b_0}，当 $p_b<p_{b_0}$ 时，称模型为下界小误差概率合格模型。当 $p_a<p_{a_0}$ 且 $p_b<p_{b_0}$ 时，称模型为小误差概率合格模型。

上面讨论了区间灰数预测模型误差检验的三种方法，一般情况下最常用的是定义 6.2.1 所讨论的综合模拟相对误差法。

6.3 区间灰数预测模型综合模拟相对误差的比较分析

本节将根据算例 5.2.1、算例 5.3.1 及算例 5.4.1 中分别构建的 IGPM_

G（1，1）模型、IGPM _ D（1，1）模型、IGPM _ P（1，1）模型，计算这三类区间灰数预测模型的综合平均模拟相对误差，并对误差进行比较和分析。第 5 章算例中的建模数据集区间灰数序列如表 6.3.1 所示。

表 6.3.1　某监测点六个连续监测周期的监测数据

序号	$k=1$	$k=2$	$k=3$	$k=4$	$k=5$	$k=6$
区间灰数	[14.9,31.4]	[52.8,66.4]	[80.3,90.4]	[115.4,129.1]	[153.3,165.0]	[190.6,204.1]

$$\begin{aligned}X(\otimes)&=(\otimes(t_1),\ \otimes(t_2),\ \otimes(t_3),\ \otimes(t_4),\ \otimes(t_5),\ \otimes(t_6))\\&=([14.9,\ 31.4],\ [52.8,\ 66.4],\ [80.3,\ 90.4],\ [115.4,\ 129.1],\\&\quad [153.3,\ 165.0],\ [190.6,\ 204.1])\end{aligned}$$

6.3.1　IGPM _ G（1，1）模型模拟误差的计算

根据算例 5.2.1 可知，IGPM _ G（1，1）模型如下

$$\begin{cases}\hat{a}_k=87.9520\times1.3308^{k-3}[1-(-0.7514)^{k-2}]\\ \quad -11.9574\times1.0250^{k-3}[1-(-0.9756)^{k-2}]+52.8\times(-1)^k\\ \hat{b}_k=87.9520\times1.3308^{k-3}[1-(-0.7514)^{k-2}]\\ \quad +11.9574\times1.0250^{k-3}[1-(-0.9756)^{k-2}]+66.4\times(-1)^k\end{cases}\tag{6.3.1}$$

根据公式（6.3.1）可计算基于 IGPM _ G（1，1）模型的区间灰数序列 $X(\otimes)$ 中上界及下界的模拟值、相对误差及综合平均模拟相对误差，如表 6.3.2所示。

表 6.3.2　IGPM _ G（1，1）模型的模拟值及模拟误差

序号＼类别	a_k	$\hat{a}_k$	$\varepsilon_a(k)$	$\Delta_a(k)$	b_k	$\hat{b}_k$	$\varepsilon_b(k)$	$\Delta_b(k)$
$k=3$	80.3	88.8	−8.5	10.59%	90.4	98.8	−8.4	9.29%
$k=4$	115.4	103.4	12.0	10.40%	129.1	117.6	11.5	8.91%
$k=5$	153.3	156.3	−3.0	1.96%	165.0	166.9	−1.9	1.15%
$k=6$	190.6	193.3	−2.7	1.42%	204.1	208.1	−4.0	1.96%
$\Delta_a=6.093\%$，　$\Delta_b=5.328\%$，　$\Delta=(6.093\%+5.328\%)/2=5.710\%$								

6.3.2　IGPM _ D（1，1）模型模拟误差的计算

根据算例 5.3.1 可知，IGPM _ D（1，1）模型如下

$$\begin{cases}\hat{a}_k=61.7881\times1.3390^{k-2}\\ \hat{b}_k=12.3126\times1.0084^{k-2}+61.7881\times1.3390^{k-2}\end{cases}\tag{6.3.2}$$

根据公式（6.3.2）可计算基于 IGPM _ D(1，1）模型的区间灰数序列 $X(\otimes)$ 中上界及下界的模拟值、相对误差及综合平均模拟相对误差，如表 6.3.3 所示。

表 6.3.3　IGPM _ D（1，1）模型的模拟值及模拟误差

序号＼类别	a_k	$\hat{a}_k$	$\varepsilon_a(k)$	$\Delta_a(k)$	b_k	$\hat{b}_k$	$\varepsilon_b(k)$	$\Delta_b(k)$
$k=3$	80.3	82.7	−2.4	3.00%	90.4	95.1	−4.7	5.20%
$k=4$	115.4	110.8	4.6	3.99%	129.1	123.3	5.8	4.50%
$k=5$	153.3	140.3	13.0	8.48%	165.0	161.0	4.0	2.42%
$k=6$	190.6	198.6	−8.0	4.20%	204.1	211.3	−7.2	3.53%
$\Delta_a=4.918\%$，　$\Delta_b=3.913\%$，　$\Delta=(4.918\%+3.913\%)/2=4.416\%$								

6.3.3　IGPM _ P（1，1）模型模拟误差的计算

根据算例 5.4.1 可知，IGPM _ P（1，1）模型如下

$$\begin{cases}\hat{a}_{k+1}=68.5758\times 1.3216^{k-1}-8.25\\ \hat{b}_{k+1}=68.5758\times 1.3216^{k-1}+8.25\end{cases}\tag{6.3.3}$$

根据公式（6.3.3）可计算基于 IGPM _ P(1，1）模型的区间灰数序列 $X(\otimes)$ 中上界及下界的模拟值、相对误差及综合平均模拟相对误差，如表 6.3.4 所示。

表 6.3.4　IGPM _ P（1，1）模型的模拟值及模拟误差

序号＼类别	a_k	$\hat{a}_k$	$\varepsilon_a(k)$	$\Delta_a(k)$	b_k	$\hat{b}_k$	$\varepsilon_b(k)$	$\Delta_b(k)$
$k=3$	80.3	80.3	—	—	90.4	96.8	−6.4	7.08%
$k=4$	115.4	108.7	6.7	5.81%	129.1	125.2	3.9	3.02%
$k=5$	153.3	146.3	7.0	4.57%	165.0	162.8	2.2	1.33%
$k=6$	190.6	196.1	−5.5	2.89%	204.1	212.6	−8.5	4.16%
$\Delta_a=4.423\%$，　$\Delta_b=3.898\%$，　$\Delta=(4.423\%+3.898\%)/2=4.161\%$								

6.3.4　三种模型模拟误差的比较和分析

IGPM _ D（1，1）模型通过对区间灰数进行标准化，将区间灰数序列变换为“实部序列”及“灰部序列”，通过分别构建“实部序列”及“灰部序列”的 DGM(1，1）模型实现对区间灰数序列的模拟与预测，其实质是对区间灰数序列的“下界”及“区间距”的模拟，当区间灰数序列的下界序列存在一定的振荡特征或区间距具有较大的差异时，该方法将出现较大的误差。

IGPM _ G(1，1) 模型通过几何方法，将区间灰数序列转换为等信息量“面积序列”与“坐标序列”，并通过构建“面积序列”与“坐标序列”的DGM(1，1) 模型去推导区间灰数预测模型，由于“面积序列”与“坐标序列”分别由相邻的区间灰数合成，在一定程度上弱化了区间灰数中的极值点对模型精度的影响，具有一定的合理性，但是“坐标序列”推导过程中存在较为严重的误差累积缺陷，当“坐标序列”DGM(1，1) 模型模拟精度较差的时候，会得到非常不理想的区间灰数模拟精度。IGPM _ P (1，1) 模型通过构建“核”序列的DGM(1，1) 模型实现对区间灰数“核”的模拟及预测，通过灰度不减公理确定区间灰数之灰度，这实际上是一种简化的近似处理，并在一定程度上放大了未来区间灰数的取值范围，导致灰数的不确定性增加（表 6.3.5)。

表 6.3.5　三种区间灰数预测模型综合平均模拟相对误差的比较

区间灰数预测模型	IGPM _ D (1，1)	IGPM _ G (1，1)	IGPM _ P (1，1)
综合平均模拟相对误差	4.416%	5.710%	4.161%

6.4　基于核和灰数层的区间灰数预测模型

上述三类区间灰数序列的建模方法都具有一定的合理性，同时也存在缺陷。为了扬长避短，本节提出基于“核及灰数带”的区间灰数预测模型。通过构建区间灰数“核”序列及灰数带面积序列的 DGM(1，1) 模型，得到区间灰数上界及下界的模拟及预测表达式。该方法规避了 IGPM _ G (1，1) 模型误差累积对模拟精度的影响，同时也不存在 IGPM _ P (1，1) 模型中由于区间灰数取值范围扩大所导致预测数据灰度增加的问题，更具合理性。

设区间灰数序列 $X(\otimes)=(\otimes(t_1),\ \otimes(t_2),\ \cdots,\ \otimes(t_n))=([a_1,\ b_1],\ [a_2,\ b_2],\ \cdots,\ [a_n,\ b_n])$，根据定义 4.3.5 及公式 (4.3.2)，可将区间灰数序列 $X(\otimes)$ 转换为“核序列”K 及“面积序列”S，如下所示

$$X(\otimes)=(\otimes(t_1),\ \otimes(t_2),\ \cdots,\ \otimes(t_n))$$

$$\Rightarrow\begin{cases}K=(\tilde{\otimes}(t_1),\ \tilde{\otimes}(t_2),\ \cdots,\ \tilde{\otimes}(t_n))\\ S=(s(1),\ s(2),\ \cdots,\ s(n-1))\end{cases}$$

其中，

$$\tilde{\otimes}(t_k)=\frac{a_k+b_k}{2}, \quad k=1, 2, \cdots, n$$

$$s(p)=\frac{(b_p-a_p)+(b_{p+1}-a_{p+1})}{2}, \quad p=1, 2, \cdots, n-1$$

研究区间灰数预测模型，其主要目的是实现区间灰数上界及下界的预测。在本书中，以 $s(1)$ 为初始值建立序列 S 的 DGM(1，1) 模型，可实现对灰数层面积的模拟或预测，并进一步可根据灰数层面积的预测值推导区间灰数下界与上界之间的差值；通过建立区间灰数“核”序列的 DGM(1，1) 模型，可实现对区间灰数“核”的模拟及预测。在区间灰数上下界差值及核已知的条件下，可实现对区间灰数上界及下界的模拟与预测，从而实现区间灰数预测模型构建，建模流程如图 6.4.1 所示。

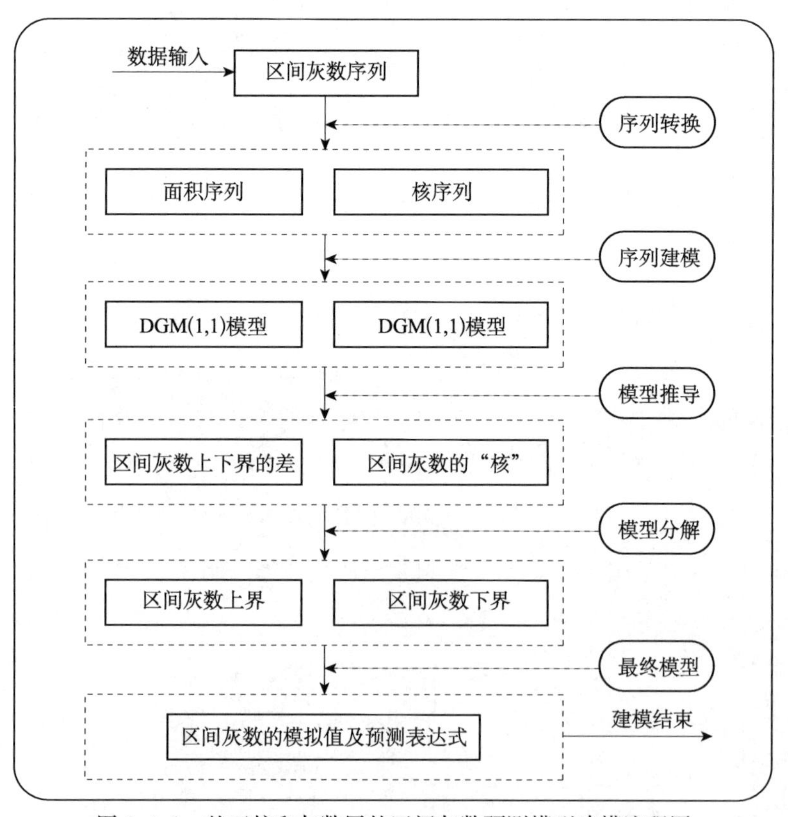

图 6.4.1　基于核和灰数层的区间灰数预测模型建模流程图

6.4.1　"核"的模拟公式

构建区间灰数"核"序列 $X(\tilde{\otimes})=(\tilde{\otimes}(t_1),\ \tilde{\otimes}(t_2),\ \cdots,\ \tilde{\otimes}(t_n))$ 的DGM(1，1）模型。$X(\tilde{\otimes})$ 的一次累加生成序列记为 $X^{(1)}(\tilde{\otimes})$

$$X^{(1)}(\tilde{\otimes})=(\tilde{\otimes}^{(1)}(t_1),\ \tilde{\otimes}^{(1)}(t_2),\ \cdots,\ \tilde{\otimes}^{(1)}(t_n))$$

其中

$$\tilde{\otimes}^{(1)}(t_k)=\sum_{i=1}^{k}\tilde{\otimes}^{(1)}(t_i),\quad k=1,\ 2,\ \cdots,\ n$$

若 $\hat{\beta}=(\beta_1,\ \beta_2)^{\mathrm{T}}$ 为参数列，且

$$Y=\begin{bmatrix}\tilde{\otimes}^{(1)}(t_2)\\ \tilde{\otimes}^{(1)}(t_3)\\ \vdots\\ \tilde{\otimes}^{(1)}(t_n)\end{bmatrix},\quad B=\begin{bmatrix}\tilde{\otimes}^{(1)}(t_1) & 1\\ \tilde{\otimes}^{(1)}(t_2) & 1\\ \vdots & 1\\ \tilde{\otimes}^{(1)}(t_{n-1}) & 1\end{bmatrix}$$

则灰色微分方程 $\tilde{\otimes}^{(1)}(t_{k+1})=\beta_1\tilde{\otimes}^{(1)}(t_k)+\beta_2$ 的最小二乘参数列估计满足

$$\hat{\beta}=(\beta_1,\ \beta_2)^{\mathrm{T}}=(B^{\mathrm{T}}B)^{-1}B^{\mathrm{T}}Y$$

取 $\tilde{\otimes}^{(1)}(t_1)=\tilde{\otimes}(t_1)$，则

$$\tilde{\otimes}^{(1)}(t_{k+1})=\beta_1^k\tilde{\otimes}(t_1)+\frac{1-\beta_1^k}{1-\beta_1}\times\beta_2,\quad k=1,\ 2,\ \cdots,\ n \tag{6.4.1}$$

其累减还原式

$$\hat{\tilde{\otimes}}(t_{k+1})=\hat{\tilde{\otimes}}^{(1)}(t_{k+1})-\hat{\tilde{\otimes}}^{(1)}(t_k)=[\tilde{\otimes}(t_1)(\beta_1-1)+\beta_2]\beta_1^{k-1} \tag{6.4.2}$$

公式（6.4.2）被称为区间灰数"核"的模拟表达式。

6.4.2　区间距的模拟公式

构建面积序列 $S=(s(1),\ s(2),\ \cdots,\ s(n-1))$ 的DGM(1，1）模型。显然，S 为非负序列，其一次累加生成序列为

$$S^{(1)}=(s^{(1)}(1),\ s^{(1)}(2),\ \cdots,\ s^{(1)}(n-1))$$

其中

$$s^{(1)}(k)=\sum_{i=1}^{k}s(i),\quad k=1,2,\cdots,n-1$$

若 $\hat{\alpha}=(\alpha_1,\alpha_2)^{\mathrm{T}}$ 为参数列，且

$$Y=\begin{bmatrix}s^{(1)}(2)\\ s^{(1)}(3)\\ \vdots\\ s^{(1)}(n-1)\end{bmatrix},\quad B=\begin{bmatrix}s^{(1)}(1) & 1\\ s^{(1)}(2) & 1\\ \vdots & 1\\ s^{(1)}(n-2) & 1\end{bmatrix}$$

则灰色微分方程 $s^{(1)}(k+1)=\alpha_1 s^{(1)}(k)+\alpha_2$ 的最小二乘参数列估计满足

$$\hat{\alpha}=(\alpha_1,\alpha_2)^{\mathrm{T}}=(B^{\mathrm{T}}B)^{-1}B^{\mathrm{T}}Y$$

取 $s^{(1)}(1)=s(1)$，则

$$s^{(1)}(k+1)=\alpha_1^k s(1)+\frac{1-\alpha_1^k}{1-\alpha_1}\times\alpha_2,\quad k=1,2,\cdots,n-2 \tag{6.4.3}$$

累减还原式

$$\hat{s}(k+1)=C_s\alpha_1^{k-1} \tag{6.4.4}$$

其中 $C_s=s(1)(\alpha_1-1)+\alpha_2$。

并可进一步推出

$$\hat{b}_k-\hat{a}_k=\frac{2\hat{s}(k-1)\left[1-(-\alpha_1^{-1})^{k-2}\right]}{1-(-\alpha_1^{-1})}+(-1)^k(b_2-a_2)$$

根据公式（6.4.4），$\hat{s}(t_{k+1})=C_s\alpha_1^{k-1}$，故

$$\hat{b}_k-\hat{a}_k=\frac{2C_s\alpha_1^{k-3}\left[1-(-\alpha_1^{-1})^{k-2}\right]}{1+\alpha_1^{-1}}+(-1)^k(b_2-a_2) \tag{6.4.5}$$

公式（6.4.5）被称为区间灰数“区间距”的模拟表达式。

6.4.3 模型推导

结合公式（6.4.2）与公式（6.4.5），可得如下方程组

$$\begin{cases}\hat{\tilde{\otimes}}(t_{k+1})=\dfrac{\hat{a}_{k+1}+\hat{b}_{k+1}}{2}\\ \hat{\tilde{\otimes}}(t_{k+1})=\left[\tilde{\otimes}(t_1)(\beta_1-1)+\beta_2\right]\beta_1^{k-1}\\ \hat{b}_{k+1}-\hat{a}_{k+1}=\dfrac{2C_s\alpha_1^{k-2}\left[1-(-\alpha_1^{-1})^{k-1}\right]}{1+\alpha_1^{-1}}+(-1)^{k+1}(b_2-a_2)\end{cases}$$

$$\Rightarrow\begin{cases}\hat{b}_{k+1}+\hat{a}_{k+1}=2\left[\tilde{\otimes}(t_1)(\beta_1-1)+\beta_2\right]\beta_1^{k-1}\\ \hat{b}_{k+1}-\hat{a}_{k+1}=\dfrac{2C_s\alpha_1^{k-2}\left[1-(-\alpha_1^{-1})^{k-1}\right]}{1+\alpha_1^{-1}}+(-1)^{k+1}(b_2-a_2)\end{cases}$$

$$\Rightarrow\begin{cases}\hat{b}_{k+1}+\hat{a}_{k+1}=\left[\tilde{\otimes}(t_1)(\beta_1-1)+\beta_2\right]\beta_1^{k-1}\\ \qquad\qquad -\dfrac{C_s\alpha_1^{k-2}\left[1-(-\alpha_1^{-1})^{k-1}\right]}{1+\alpha_1^{-1}}+(-0.5)^{k+1}(b_2-a_2)\\ \hat{b}_{k+1}-\hat{a}_{k+1}=\left[\tilde{\otimes}(t_1)(\beta_1-1)+\beta_2\right]\beta_1^{k-1}\\ \qquad\qquad +\dfrac{C_s\alpha_1^{k-2}\left[1-(-\alpha_1^{-1})^{k-1}\right]}{1+\alpha_1^{-1}}+(-0.5)^{k+1}(b_2-a_2)\end{cases}\tag{6.4.6}$$

称公式（6.4.6）为基于核和灰数层的区间灰数预测模型，简称为 IGPM _ KB（1，1）模型。

算例 6.4.1　试根据算例 5.2.1 中表 5.2.1 的数据构建区间灰数序列的 IGPM _ KB（1，1）模型。

根据表 5.2.1 可得区间灰数序列

$$X(\otimes)=(\otimes(t_1),\ \otimes(t_2),\ \otimes(t_3),\ \otimes(t_4),\ \otimes(t_5),\ \otimes(t_6))$$
$$=([14.9,\ 31.4],[52.8,\ 66.4],[80.3,\ 90.4],[115.4,\ 129.1],[153.3,\ 165.0],[190.6,\ 204.1])$$

步骤 1　“核”序列与面积序列的计算。

根据定义 4.3.5 可知，区间灰数序列中各灰元的“核”为

$$\tilde{\otimes}(t_1)=23.15,\quad \tilde{\otimes}(t_2)=59.6,\quad \tilde{\otimes}(t_3)=85.35$$

$$\tilde{\otimes}(t_4)=122.25,\quad \tilde{\otimes}(t_5)=159.15,\quad \tilde{\otimes}(t_6)=197.35$$

故“核”序列 K 为

$$K=(\tilde{\otimes}(t_1),\ \tilde{\otimes}(t_2),\ \tilde{\otimes}(t_3),\ \tilde{\otimes}(t_4),\ \tilde{\otimes}(t_5),\ \tilde{\otimes}(t_6))$$
$$=(23.15,\ 59.6,\ 85.35,\ 122.25,\ 159.15,\ 197.35)$$

根据公式（4.3.2）可计算，

$$s(1)=\frac{(b_1-a_1)+(b_2-a_2)}{2}=15.05$$

$$s(2)=\frac{(b_2-a_2)+(b_3-a_3)}{2}=11.85$$

$$s(3)=\frac{(b_3-a_3)+(b_4-a_4)}{2}=11.9$$

$$s(4)=\frac{(b_4-a_4)+(b_5-a_5)}{2}=12.7$$

$$s(5)=\frac{(b_5-a_5)+(b_6-a_6)}{2}=12.6$$

故面积序列

$$S=(s(1),s(2),s(3),s(4),s(5))=(15.05,11.85,11.9,12.7,12.6)$$

步骤 2 “核”序列与面积序列 DGM(1，1) 模型参数的计算。

将实部序列 $K=(23.15, 59.6, 85.35, 122.25, 159.15, 197.35)$，输入灰色系统辅助建模软件，点击“计算≫模拟≫”按钮，如图 6.4.2 所示。

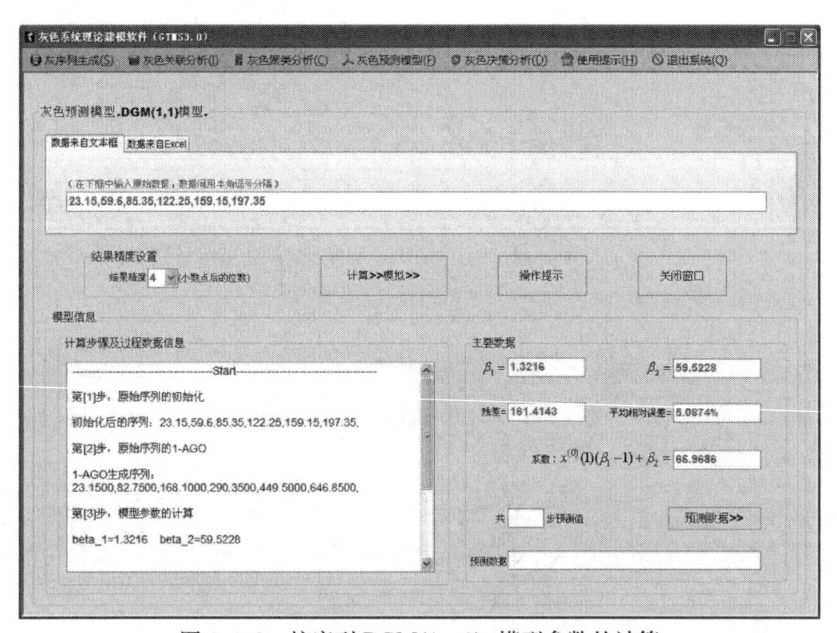

图 6.4.2　核序列 DGM(1，1) 模型参数的计算

根据图 6.4.2 可知，核序列 K 的 DGM(1，1) 模型参数为

$$\hat{\beta}=(\beta_1,\beta_2)^{\mathrm{T}}=(1.3216,59.5228)^{\mathrm{T}}$$

则根据公式（6.4.2）可得核序列的 DGM(1，1) 模型

$$\hat{\tilde{\otimes}}(t_{k+1})=[\tilde{\otimes}(t_1)(\beta_1-1)+\beta_2]\beta_1^{k-1}$$

$$\Rightarrow\hat{\tilde{\otimes}}(t_{k+1})=[23.15(1.3216-1)+59.5228]\times 1.3216^{k-1}$$

$$\Rightarrow\hat{\tilde{\otimes}}(t_{k+1})=68.5758\times 1.3216^{k-1} \tag{6.4.7}$$

类似地，坐标序列 $S=(15.05, 11.85, 11.9, 12.7, 12.6)$ 的 DGM(1, 1) 模型参数为

$$\hat{\alpha}=(\alpha_1, \alpha_2)^{\mathrm{T}}=(1.0250, 11.4353)^{\mathrm{T}}$$

步骤 3 IGPM _ KB（1，1）模型的构建。

根据公式（6.4.6）可得

$$\begin{cases}\hat{b}_{k+1}+\hat{a}_{k+1}=[\tilde{\otimes}(t_1)(\beta_1-1)+\beta_2]\beta_1^{k-1} \\ \qquad -\dfrac{C_s\alpha_1^{k-2}[1-(-\alpha_1^{-1})^{k-1}]}{1+\alpha_1^{-1}}+(-0.5)^{k+1}(b_2-a_2) \\ \hat{b}_{k+1}-\hat{a}_{k+1}=[\tilde{\otimes}(t_1)(\beta_1-1)+\beta_2]\beta_1^{k-1} \\ \qquad +\dfrac{C_s\alpha_1^{k-2}[1-(-\alpha_1^{-1})^{k-1}]}{1+\alpha_1^{-1}}+(-0.5)^{k+1}(b_2-a_2)\end{cases}$$

$$\begin{cases}\hat{a}_k=68.5758\times 1.3216^{k-2}-5.8329[1-(-1.0250)^{k-2}] \\ \qquad \times 1.0250^{k-3}-6.8\times(-1)^k \\ \hat{b}_k=5.8329[1-(-1.0250)^{k-2}]\times 1.0250^{k-3}+68.5758 \\ \qquad \times 1.3216^{k-2}+6.8\times(-1)^k\end{cases} \tag{6.4.8}$$

公式（6.4.8）被称为区间灰数序列 $X(\otimes)$ 的 IGPM _ KB（1，1）模型。

步骤 4 IGPM _ KB（1，1）模型模拟误差的计算（表 6.4.1）。

表 6.4.1 IGPM _ KB（1，1）模型的模拟值及模拟误差

序号＼类别	a_k	$\hat{a}_k$	$\varepsilon_a(k)$	$\Delta_a(k)$	b_k	$\hat{b}_k$	$\varepsilon_b(k)$	$\Delta_b(k)$
$k=3$	80.3	83.5	−3.2	3.99%	90.4	93.5	−3.1	3.43%
$k=4$	115.4	110.5	4.9	4.25%	129.1	123.5	5.6	4.34%
$k=5$	153.3	148.7	4.6	3.00%	165.0	160.5	4.5	2.73%
$k=6$	190.6	198.2	−7.6	3.99%	204.1	210.4	−6.3	3.09%
$\Delta_a=3.808\%$，$\Delta_b=3.398\%$，$\Delta=(3.808\%+3.398\%)/2=3.603\%$								

6.4.4 模拟误差的比较

表 6.4.2 三种区间灰数预测模型综合平均模拟相对误差的比较

区间灰数预测模型	IGPM _ D（1，1）	IGPM _ G（1，1）	IGPM _ P（1，1）	IGPM _ KB（1，1）
综合平均模拟相对误差/%	4.416	5.710	4.161	3.603

从表 6.4.2 不难发现，本章所提出的基于核和灰数层的区间灰数预测模型（IGPM _ KB（1，1））比其他模型具有更小的综合平均模拟相对误差。

6.5 本章小结

本章首先从三个方面，即平均模拟相对误差、灰色关联度、均方差及小误差概率三个角度对区间灰数预测模型的误差检验方法进行了研究；然后，应用平均模拟相对误差检验方法，对 IGPM _ D（1，1）模型、IGPM _ G（1，1）模型、IGPM _ P（1，1）模型的模拟误差进行了计算和比较。发现现有的区间灰数预测模型存在误差累积以及灰度放大等缺陷，而且模型精度容易受到建模数据中极端值的影响，导致模型模拟性能较差。为了解决上述问题，本节通过分别构建核及灰数带面积序列的 DGM(1，1）模型，建立了一个基于区间灰数的新预测模型。该模型通过均值生成弱化了建模数据极端值对模型精度的影响，而且不存在误差累积与灰度放大的缺陷，对丰富与完善灰色预测模型理论体系具有重要意义。

7 基于梯形白化权函数的区间灰数预测模型

7.1 引 言

第 6 章讨论了区间灰数预测模型的误差检验方法，比较并分析三类不同区间灰数预测模型的模拟性能，并提出了一种新的区间灰数预测模型。目前本节所提出的四种区间灰数预测模型，包括 IGPM_D(1，1) 模型、IGPM_G(1，1) 模型、IGPM_P(1，1) 模型及 IGPM_KB(1，1) 模型，这些区间灰数预测模型都有一个共同的特点，其建模对象都是在白化权函数未知前提下的区间灰数序列，当区间灰数的白化权函数为梯形的情况下的区间灰数预测模型的构建方法，是本章将要研究的内容。

白化权函数已知的区间灰数预测模型，不仅需要实现区间灰数上界与下界的模拟或预测，同时还需要实现区间灰数取值分布信息（即白化权函数）的模拟或预测。因此，其建模过程更加复杂，需要考虑更多的因素。本章将对这些问题进行研究。

7.2 基于梯形白化权函数的区间灰数预测模型

7.2.1 基本概念

定义 7.2.1 设等时距区间灰数序列 $X(\otimes)=(\otimes(t_1), \otimes(t_2), \cdots, \otimes(t_n))$，

其中$\otimes(t_k)\in[a_k, b_k]$，$k=1, 2, \cdots, n$；$\otimes(t_k)$的白化权函数记为$f^k[a_k, a'_k, b'_k, b_k]$；将$X(\otimes)$中的所有元素在二维直角平面坐标体系中进行映射，顺次连接相邻区间灰数的起点和止点而围成的图形，称为灰数带；相邻区间灰数之间的灰数带，称为灰数层；顺次连接相邻区间灰数的次起点而得到一条折线L_o，灰数带在折线L_o下方的部分称为区间灰数序列$X(\otimes)$的起点过渡带，起点过渡带中的灰数层称为起点过渡层。类似地，可以定义止点过渡带及止点过渡层，如图 7.2.1 所示。

定义 7.2.2 在图 7.2.1 中，折线L_o与L_u之间的灰数带称为区间灰数$X(\otimes)$的中间带，中间带中的灰数层称为中间层。

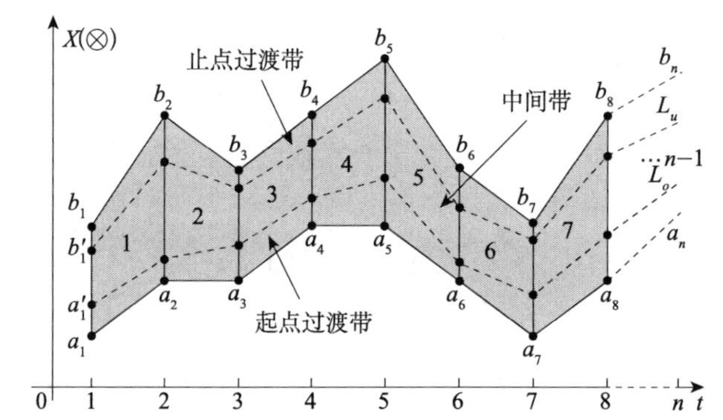

图 7.2.1 区间灰数序列$X(\otimes)$的起点过渡带、中间带及止点过渡带

7.2.2 白化权函数已知的区间灰数序列与实数序列的转换

在白化权函数已知的条件下，区间灰数预测的目的，是对未来区间灰数的取值范围、取值分布信息的预测，即对区间灰数的起（止）点、次起（止）点的预测。由于$X(\otimes)$中的每个元素都是灰数，虽然其起（止）点、次起（止）点在形式上表现为实数，但由于灰数灰度的存在，反映了这些实数与实际情况可能存在偏差；而白化权函数的构造没有固定的范式，主要来自研究者对所掌握信息的定性分析，具有较大的主观性。因此直接根据这些实数组成的序列，构建灰数预测模型毫无意义且可能产生病态。本小节从区间灰数序列的几何意义出发，分别以灰数带的起点过渡层、中间层、止点过渡层为基础，在不损失已有区间灰数及其白化权函数信息的前提下，将区间灰数序列转变成若干实数序列，在一定程度上弱化了区间灰数中的不确定性因素对

模型构造的影响。

1. 中心层面积转换

根据定义 7.2.1 及图 7.2.1 可知，中间带中所有中间层均为梯形，可按照梯形的面积公式，计算中间层的面积 $s_0(p)$，$p=1,2,\cdots,n-1$，即

$$s_0(p)=\frac{(b'_p-a'_p)+(b'_{p+1}-a'_{p+1})}{2}\times(t_{p+1}-t_p)$$

因 $\Delta t_k=t_k-t_{k-1}=1$，故 $t_{p+1}-t_p=1$，可推导出

$$s_0(p)=\frac{(b'_p-a'_p)+(b'_{p+1}-a'_{p+1})}{2}=\frac{l_0(t_p)+l_0(t_{p+1})}{2} \qquad (7.2.1)$$

公式（7.2.1）在形式上表现为中间层 p 的面积，在数值上由区间灰数 $\otimes(t_{p+1})$ 与 $\otimes(t_p)$ 中间距的紧邻均值生成；通过公式（7.2.1），中间带中所有中间层的面积构成一实数序列 S_0，即 $S_0=(s_0(1),s_0(2),\cdots,s_0(n-1))$。

为方便，称通过中间层面积实现的转换为“中间层面积转换”，通过面积转换而得到的实数序列为“中间层面积序列”。

2. 中心层坐标转换

定理 7.2.1 在图 7.2.1 中，设中间层 p 的四个顶点坐标分别为 $M_1(p,a'_p)$，$M_2(p,b'_p)$，$M_3(p+1,b'_{p+1})$ 和 $M_4(p+1,a'_{p+1})$，$p=1,2,\cdots,n-1$，则中间层 p 中位线中点的纵坐标可以记为

$$w_0(p)=\frac{(a'_p+b'_p)+(a'_{p+1}+b'_{p+1})}{4}$$

证明过程与定理 4.3.1 类似，此处略。

根据定理 7.2.1，经过所有中间层中位线中点的纵坐标组成一条实数序列，记为 $W_0=(w_0(1),w_0(2),\cdots,w_0(n-1))$。

为方便，称通过中间层中位线中点纵坐标实现的转换为“中间层坐标转换”，通过坐标转换而得到的实数序列为“中间层坐标序列”。

3. 起/止点过渡层面积转换

根据定义 7.2.2 及图 7.2.1 可知，起点过渡带中所有过渡层均为梯形，可计算其面积 $s_-(p)$，$p=1,2,\cdots,n-1$，

$$s_-(p)=\frac{(a'_p-a_p)+(a'_{p+1}-a_{p+1})}{2}=\frac{l_-(t_p)+l_-(t_{p+1})}{2} \qquad (7.2.2)$$

公式（7.2.2）在形式上表现为起点过渡层 p 的面积，在数值上由区间灰数起始距 $l_{-}(t_p)$ 与 $l_{-}(t_{p+1})$ 的紧邻均值生成；通过公式（7.2.2），起点过渡带中所有过渡层的面积构成一实数序列 S_{-}，即 $S_{-}=(s_{-}(1), s_{-}(2), \cdots, s_{-}(n-1))$。

为方便，称通过起点过渡层面积实现的转换为“起点过渡层面积转换”，通过这种转换而得到的实数序列为“起点过渡层面积序列”。

类似地，止点过渡层面积序列 $S_{-}=(s_{+}(1), s_{+}(2), \cdots, s_{+}(n-1))$，其中

$$s_{+}(p)=\frac{(b_p-b'_p)+(b_{p+1}-b'_{p+1})}{2}=\frac{l_{+}(t_p)+l_{+}(t_{p+1})}{2} \tag{7.2.3}$$

同样地，称通过止点过渡层面积实现的转换为“止点过渡层面积转换”，通过这种转换而得到的实数序列，称为“止点过渡层面积序列”。

区间灰数序列的中间层面积序列、中间层坐标序列、起点过渡层面积序列及止点过渡层面积序列，合称为区间灰数序列的“白化序列”。

7.2.3 白化权函数已知的区间灰数几何预测模型的构建

本小节通过构建区间灰数序列的中间层面积序列、中间层坐标序列、起点过渡层面积序列及止点过渡层面积序列的 DGM(1，1) 预测模型，根据区间灰数序列与其白化序列的函数关系，推导并构建白化权函数已知条件下的区间灰数几何预测模型。

1. 中间层面积序列及坐标序列的 DGM(1，1) 模型

构建中间层面积序列 $S_0=(s_0(1), s_0(2), \cdots, s_0(n-1))$ 的 DGM(1，1) 模型。显然，S_0 为非负序列，其一次累加生成序列为

$$S_0^{(1)}=(s_0^{(1)}(1), s_0^{(1)}(2), \cdots, s_0^{(1)}(n-1))$$

其中

$$s_0^{(1)}(k)=\sum_{i=1}^{k} s_0(i), \quad k=1, 2, \cdots, n-1$$

若 $\hat{\alpha}=(\alpha_1, \alpha_2)^{\mathrm{T}}$ 为参数列，且

$$Y=\begin{bmatrix} s_0^{(1)}(2) \\ s_0^{(1)}(3) \\ \vdots \\ s_0^{(1)}(n-1) \end{bmatrix}, \quad B=\begin{bmatrix} s_0^{(1)}(1) & 1 \\ s_0^{(1)}(2) & 1 \\ \vdots & 1 \\ s_0^{(1)}(n-2) & 1 \end{bmatrix}$$

则灰色微分方程 $s_0^{(1)}(k+1)=\alpha_1 s_0^{(1)}(k)+\alpha_2$ 的最小二乘参数列估计满足

$$\hat{\alpha}=(\alpha_1,\ \alpha_2)^{\mathrm{T}}=(B^{\mathrm{T}}B)^{-1}B^{\mathrm{T}}Y$$

取 $s_0^{(1)}(1)=s_0(1)$，则

$$s_0^{(1)}(k+1)=\alpha_1^k s_0(1)+\frac{1-\alpha_1^k}{1-\alpha_1}\times\alpha_2,\quad k=1,2,\cdots,n-2 \tag{7.2.4}$$

累减还原式

$$\hat{s}_0(k+1)=[s_0(1)(\alpha_1-1)+\alpha_2]\alpha_1^{k-1} \tag{7.2.5}$$

令 $C_{S_0}=s_0(1)(\alpha_1-1)+\alpha_2$，则公式（7.2.5）变形为

$$\hat{s}_0(k+1)=C_{S_0}\alpha_1^{k-1} \tag{7.2.6}$$

根据公式（7.2.1），

$$s_0(p)=\frac{(b'_p-a'_p)+(b'_{p+1}-a'_{p+1})}{2}$$

$$\Rightarrow \hat{b}'_{p+1}-\hat{a}'_{p+1}=2\hat{s}_0(p)-(\hat{b}'_p-\hat{a}'_p),\quad p=1,2,\cdots \tag{7.2.7}$$

根据前面的讨论，可知公式（7.2.7）的前 p 项是一等比数列，其公比 q_{S_0} 为

$$q_{S_0}=\frac{-2\hat{s}_0(k-2)}{2\hat{s}_0(k-1)}=-\frac{C_{S_0}\alpha_1^{k-4}}{C_{S_0}\alpha_1^{k-3}}=-\alpha_1^{-1}$$

根据等比数列的求和公式，当 $k=p-1$ 时，可将公式（7.2.7）变形为

$$\hat{b}'_k-\hat{a}'_k=\frac{2C_{S_0}\alpha_1^{k-3}\left[1-(-\alpha_1^{-1})^{k-2}\right]}{1+\alpha_1^{-1}}+(-1)^k(b'_2-a'_2) \tag{7.2.8}$$

同理，可推导出

$$\hat{b}'_k+\hat{a}'_k=\frac{4C_{W_0}\beta_1^{k-1}\left[1-(-\beta_1^{-1})^{k-2}\right]}{1+\beta_1^{-1}}+(-1)^k(b'_2+a'_2) \tag{7.2.9}$$

其中 $C_{W_0}=w_0(1)(\beta_1-1)+\beta_2$。

2. 起/止点过渡层面积序列的预测公式

构建起点过渡层面积序列 S_- 的 DGM(1，1) 模型，得累减还原式

$$\hat{s}_-(k+1)=[s_-(1)(\delta_1-1)+\delta_2]\delta_1^{k-1} \tag{7.2.10}$$

令 $C_{S_-}=s_-(1)(\delta_1-1)+\delta_2$，则式（7.2.10）变形为

$$\hat{s}_-(k+1)=C_{S_-}\delta_1^{k-1} \tag{7.2.11}$$

根据公式（7.2.2）

$$s_-(p)=\frac{(a'_p-a_p)+(a'_{p+1}-a_{p+1})}{2}$$

$$\Rightarrow \hat{a}'_{p+1}-\hat{a}_{p+1}=2\hat{s}_-(p)-(\hat{a}'_p-\hat{a}_p)$$

当 $p=k-1$，可推导得起始距的预测公式

$$\hat{a}'_k-\hat{a}_k=\frac{2C_{S_-}\delta_1^{k-3}\left[1-(-\delta_1^{-1})^{k-2}\right]}{1+\delta_1^{-1}}+(-1)^k(a'_2-a_2) \quad (7.2.12)$$

同理，可得终止距的预测公式

$$\hat{b}_k-\hat{b}'_k=\frac{2C_{S_+}\varphi_1^{k-3}\left[1-(-\varphi_1^{-1})^{k-2}\right]}{1+\varphi_1^{-1}}+(-1)^k(b_2-b'_2) \quad (7.2.13)$$

其中，$C_{S_+}=s_+(1)(\varphi_1-1)+\varphi_2$。

3. 模型推导

综合公式（7.2.8）、公式（7.2.9）、公式（7.2.12）、公式（7.2.13），可得如下方程组

$$\begin{cases}\hat{b}'_k-\hat{a}'_k=\dfrac{2C_{S_0}\alpha_1^{k-3}\left[1-(-\alpha_1^{-1})^{k-2}\right]}{1+\alpha_1^{-1}}+(-1)^k(b'_2-a'_2)\\ \hat{b}'_k+\hat{a}'_k=\dfrac{4C_{W_0}\beta_1^{k-3}\left[1-(-\beta_1^{-1})^{k-2}\right]}{1+\beta_1^{-1}}+(-1)^k(b'_2+a'_2)\\ \hat{a}'_k-\hat{a}_k=\dfrac{2C_{S_-}\delta_1^{k-3}\left[1-(-\delta_1^{-1})^{k-2}\right]}{1+\delta_1^{-1}}+(-1)^k(a'_2-a_2)\\ \hat{b}_k-\hat{b}'_k=\dfrac{2C_{S_+}\varphi_1^{k-3}\left[1-(-\varphi_1^{-1})^{k-2}\right]}{1+\varphi_1^{-1}}+(-1)^k(b_2-b'_2)\end{cases} \quad (7.2.14)$$

为了简化方程组（7.2.14），将其中的常数项用字母表示，即

$$F_{S_0}=\frac{2C_{S_0}}{1+\alpha_1^{-1}}, \qquad F_{W_0}=\frac{4C_{W_0}}{1+\beta_1^{-1}}$$

$$C_{S_0}=s_0(1)(\alpha_1-1)+\alpha_2, \qquad C_{W_0}=w_0(1)(\beta_1-1)+\beta_2$$

$$F_{S_-}=\frac{2C_{S_-}}{1+\delta_1^{-1}}, \qquad F_{S_+}=\frac{2C_{S_+}}{1+\varphi_1^{-1}}$$

$$C_{S_-}=s_-(1)(\delta_1-1)+\delta_2, \qquad C_{S_+}=s_+(1)(\varphi_1-1)+\varphi_2$$

则方程组（7.2.14）变形为

$$\begin{cases}\hat{b}'_k-\hat{a}'_k=F_{S_0}\alpha_1^{k-3}\left[1-(-\alpha_1^{-1})^{k-2}\right]+(-1)^k(b'_2-a'_2)\\ \hat{b}'_k+\hat{a}'_k=F_{W_0}\beta_1^{k-3}\left[1-(-\beta_1^{-1})^{k-2}\right]+(-1)^k(b'_2+a'_2)\\ \hat{a}'_k-\hat{a}_k=F_{S\_}\delta_1^{k-3}\left[1-(-\delta_1^{-1})^{k-2}\right]+(-1)^k(a'_2-a_2)\\ \hat{b}_k-\hat{b}'_k=F_{S_+}\varphi_1^{k-3}\left[1-(-\varphi_1^{-1})^{k-2}\right]+(-1)^k(b_2-b'_2)\end{cases}\tag{7.2.15}$$

计算得

$$\begin{cases}\hat{a}_k=\hat{a}'_k-F_{S\_}\delta_1^{k-3}\left[1-(-\delta_1^{-1})^{k-2}\right]-(-1)^k(a'_2-a_2)\\ \hat{a}'_k=\dfrac{F_{W_0}\beta_1^{k-3}\left[1-(-\beta_1^{-1})^{k-2}\right]-F_{S_0}\alpha_1^{k-3}\left[1-(-\alpha_1^{-1})^{k-2}\right]}{2}+(-1)^k a'_2\\ \hat{b}'_k=\dfrac{F_{S_0}\alpha_1^{k-3}\left[1-(-\alpha_1^{-1})^{k-2}\right]+F_{W_0}\beta_1^{k-1}\left[1-(-\beta_1^{-1})^{k-2}\right]}{2}+(-1)^k b'_2\\ \hat{b}_k=\hat{b}'_k+F_{S_+}\varphi_1^{k-3}\left[1-(-\varphi_1^{-1})^{k-2}\right]+(-1)^k(b_2-b'_2)\end{cases}\tag{7.2.16}$$

称公式（7.2.16）为梯形白化权函数已知条件下的区间灰数预测模型，即 $\hat{\otimes}(t_k)\in[\hat{a}_k,\hat{b}_k]$，其白化权函数如图 7.2.2 所示。

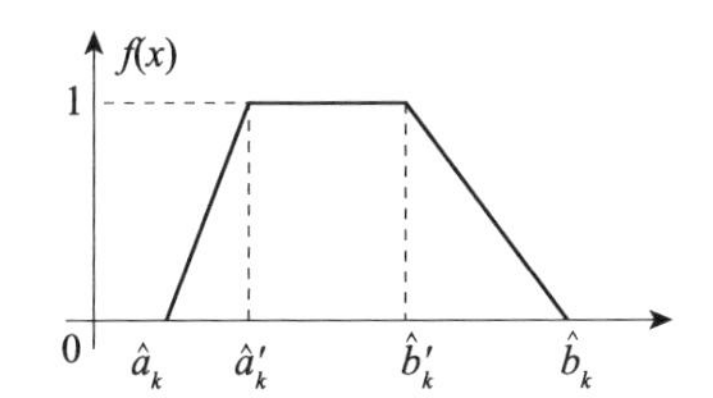

图 7.2.2　区间灰数 $\hat{\otimes}(t_k)\in[\hat{a}_k,\hat{b}_k]$ 的典型白化权函数

7.2.4　白化权函数已知的区间灰数预测模型误差检验方法

白化权函数已知的区间灰数几何预测模型的误差检验过程相对比较繁琐，其中涉及区间灰数取值范围以及区间灰数白化权函数误差的检验。

通常，关于区间灰数预测模型误差检验最容易想到的方法是，直接对区间灰数上界及下界的残差序列分别进行检验，然后综合得到一个误差平均值，进而判断模型是否有效；但是，若区间灰数的下界精度高而上界精度低，此时区间灰数有可能已经从整体上偏离了原来的取值范围，但平均后的模拟精度却不一定低，因此这种方式对模型误差的检验存在一定的片面性，主要原因是破坏了区间灰数的完整性。

在二维直角坐标平面上，区间灰数的“核”定义了该灰数在 x 轴方向最有可能出现的位置，区间灰数取数域的测度定义了该区间灰数取值的变化范围，“核-域”综合定义了一个完整的区间灰数，这里通过计算区间灰数“核”及取数域的平均相对误差，来检验区间灰数预测模型的模拟精度。

设原始区间灰数序列 $X(\otimes)$ 为 $X(\otimes)=(\otimes(t_1), \otimes(t_2), \cdots, \otimes(t_n))$，其中 $\otimes(t_k)\in[a_k, b_k]$，$k=1, 2, \cdots, n$；$X(\otimes)$ 核序列 $X(\tilde{\otimes})$ 及取数域序列 $R(\otimes)$ 分别为 $X(\tilde{\otimes})=(\tilde{\otimes}(t_1), \tilde{\otimes}(t_2), \cdots, \tilde{\otimes}(t_n))$，$R(\otimes)=(r_1, r_2, \cdots, r_n)$。

其中

$$\tilde{\otimes}(t_k)=\frac{a_k+b_k}{2}, \quad r_k=b_k-a_k$$

$X(\otimes)$ 的模拟序列 $X(\hat{\otimes})$ 为 $X(\hat{\otimes})=(\hat{\otimes}(t_1), \hat{\otimes}(t_2), \cdots, \hat{\otimes}(t_n))$ 其中 $\hat{\otimes}(t_k)\in[\hat{a}_k, \hat{b}_k]$，$k=1, 2, \cdots, n$；$X(\hat{\otimes})$ 的核序列 $X(\tilde{\hat{\otimes}})$ 及取数域序列 $R(\hat{\otimes})$ 分别为

$$X(\tilde{\hat{\otimes}})=(\tilde{\hat{\otimes}}(t_1), \tilde{\hat{\otimes}}(t_2), \cdots, \tilde{\hat{\otimes}}(t_n)), \quad R(\hat{\otimes})=(\hat{r}_1, \hat{r}_2, \cdots, \hat{r}_n)$$

其中

$$\tilde{\hat{\otimes}}(t_k)=\frac{\hat{a}_k+\hat{b}_k}{2}, \quad \hat{r}_k=\hat{b}_k-\hat{a}_k$$

1. 核序列残差检验

核残差序列为

$$\begin{aligned}\varepsilon_c&=(\varepsilon_c(1), \varepsilon_c(2), \cdots, \varepsilon_c(n))\\&=(\tilde{\otimes}(t_1)-\tilde{\hat{\otimes}}(t_1), \tilde{\otimes}(t_2)-\tilde{\hat{\otimes}}(t_2), \cdots, \tilde{\otimes}(t_n)-\tilde{\hat{\otimes}}(t_n))\end{aligned}$$

核相对误差序列为

$$\begin{aligned}\Delta_c&=(\Delta_c(1), \Delta_c(2), \cdots, \Delta_c(n))\\&=\left(\left|\frac{\varepsilon_c(1)}{\tilde{\otimes}(t_1)}\right|, \left|\frac{\varepsilon_c(2)}{\tilde{\otimes}(t_2)}\right|, \cdots, \left|\frac{\varepsilon_c(n)}{\tilde{\otimes}(t_n)}\right|\right)\end{aligned}$$

（1）对于 $k \leqslant n$ ，称 $\Delta_c(k)=\dfrac{\varepsilon_c(k)}{\tilde{\otimes}(t_k)}$ 为 $\tilde{\otimes}(t_k)$ 的模拟相对误差，称 $\bar{\Delta}_c=\dfrac{\sum_{k=1}^{n}\Delta_c(k)}{n}$ 为核序列 $X(\tilde{\hat{\otimes}})$ 的平均相对误差；

（2）称 $1-\bar{\Delta}_c$ 为核序列的平均相对精度，$1-\Delta_c(k)$ 和核 $\tilde{\otimes}(t_k)$ 的模拟精度，$k=1, 2, \cdots, n$ ；

（3）给定 α_c ，当 $\bar{\Delta}_c<\alpha_c$ 且 $\Delta_c(n)<\alpha_c$ 成立时，称模型通过核序列残差检验。

2. 取数域残差检验

取数域残差序列为

$\varepsilon_r=(\varepsilon_r(1), \varepsilon_r(2), \cdots, \varepsilon_r(n))=(r_1-\hat{r}_1, r_2-\hat{r}_2, \cdots, r_n-\hat{r}_n)$

取数域相对误差序列为

$$\begin{aligned}\Delta_r&=(\Delta_r(1), \Delta_r(2), \cdots, \Delta_r(n))\\&=\left(\left|\frac{\varepsilon_r(1)}{r_1}\right|, \left|\frac{\varepsilon_r(2)}{r_2}\right|, \cdots, \left|\frac{\varepsilon_r(n)}{r_n}\right|\right)\end{aligned}$$

（1）对 $k \leqslant n$ ，称 $\Delta_r(k)=\dfrac{\varepsilon_r(k)}{r_k}$ 为 $\hat{\otimes}(t_k)$ 的取数域模拟相对误差，称 $\bar{\Delta}_r=\dfrac{\sum_{k=1}^{n}\Delta_r(k)}{n}$ 为 $X(\otimes)$ 取数域序列的平均相对误差；

（2）称 $1-\bar{\Delta}_r$ 为取数域序列的平均相对精度，$1-\Delta_r(k)$ 为 $\hat{\otimes}(t_k)$ 取数域的模拟精度，$k=1, 2, \cdots, n$ ；

（3）给定 α_r ，当 $\bar{\Delta}_r<\alpha_r$ 且 $\Delta_r(n)<\alpha_r$ 成立时，称模型通过取数域序列残差检验。

3. 总检验

只有同时通过核序列残差检验和取数域序列残差检验的区间灰数预测模型，才能被称为“核-域”残差合格模型，才能被应用于数据预测。

7.2.5 白化权函数已知的区间灰数预测模型的建模步骤

1. 建模步骤

步骤 1 序列变换：将区间灰数序列转换成中间层面积序列、中间层坐标序列、起点过渡层面积序列、止点过渡层面积序列。

步骤 2 参数计算：计算步骤 1 中四个序列的 DGM(1，1) 模型参数；

步骤 3 模型构建：将参数代入公式（7.2.16），构建区间灰数预测模型；

步骤 4 数据模拟：根据公式（7.2.16）计算模型模拟值；

步骤 5 误差计算：计算模型的模拟误差；

步骤 6 数据预测：模型通过误差检验后，根据公式（7.2.16）预测数据。

2. 核心算法

白化权函数已知条件下，区间灰数预测模型的建模流程如图 7.2.3 所示；其中包括的核心算法见算法 7.2.1（区间灰数序列与实数序列的转换）、算法 7.2.2（区间灰数灰度、核、起始距及次起始距的计算）及算法 7.2.2（模拟值及模拟误差的计算）。

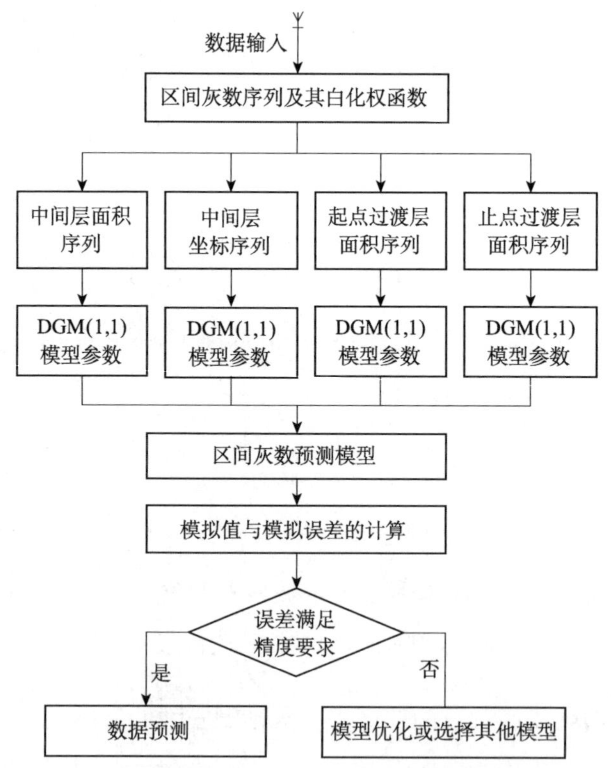

图 7.2.3 白化权函数已知条件下的区间灰数预测模型构建流程

算法 7.2.1 区间灰数序列与面积序列的转换（与其他序列的转换过程类似，不再介绍）

```
public double [] getAreaSequence () {
    int number = upArray. length;
    double areaSequence [] = new double [number - 1];
    double area = 0;
    System. out. print ( "面积序列:");
    for (int i = 0; i < number - 1; i++) {
        area = ( (upArray [i] - downArray [i]) + (upArray [i + 1] - downArray
[i + 1])) / 2;
        areaSequence [i] = area;
        System. out. print (df2. format (area) + ",");
    }
    return areaSequence;
}
```

算法 7.2.2 区间灰数灰度、核、起始距及次起始距的计算

```
public double [] getCore _ Grey _ len (double a, double a _ , double b _ , double b) {
    double res [] = new double [4];
    double core = 0, grey = 0;
start _ end _ len = 0, start _ end _ len _ = 0;
    core = (2 * b - a _ + a + b _ ) * (a _ + b _ - a - b) / 3 - (a _ - b) * (a +
b);
    core = core / (b _ - a _ + b - a);
grey = (b - a + b _ - a _ ) / 2;
    start _ end _ len = (b - a) / 2;
start _ end _ len _ = (b _ - a _ ) / 2;
    res [0] = core;
    res [1] = grey;
    res [2] = start _ end _ len; res [3] = start _ end _ len _ ;
    return res;
}
```

算法 7.2.3 模拟值及模拟误差的计算（预测部分算法类似，此处不再介绍）

```
public void getSimulateAndErrors (int start, int end) {
    double C _ s0 = initial _ s0 * (alpha _ 1 - 1) + alpha _ 2;
    double C _ w0 = initial _ w0 * (beta _ 1 - 1) + beta _ 2;
    double C _ s _ = initial _ s _ * (delta _ 1 - 1) + delta _ 2;
    double C _ s _ _ = initial _ s _ _ * (fai _ 1 - 1) + fai _ 2;
    double F _ s0 = (2 * C _ s0) / (1 + 1 / alpha _ 1);
    double F _ w0 = (4 * C _ w0) / (1 + 1 / beta _ 1);
    double F _ s _ = (2 * C _ s _ ) / (1 + 1 / delta _ 1);
    double F _ s _ _ = (2 * C _ s _ _ ) / (1 + 1 / fai _ 1);
    double [] data _ raw = null, data _ sim = null;
    double core _ error = 0, grey _ error = 0;
    double start _ end _ len = 0, start _ end _ len _ = 0;
System. out. println ( " --------------Start------------");
    for (int k = start; k <= end; k++) {
```

```
        double a_ = F_w0 * Math.pow (beta_1, k - 3) * (1 - Math.pow (-1 / beta_1,
k-2));
            a_ = a_ -F_s0 * Math.pow (alpha_1, k - 3) * (1 - Math.pow (-1 / alpha_1,
k - 2));
                a_ = a_ / 2 + Math.pow ( -1, k) * a2_;
            double b_ = F_w0 * Math.pow (beta_1, k - 3) * (1 - Math.pow ( -1 / beta_1,
k - 2));
                b_ = b_ +F_s0 * Math.pow (alpha_1, k - 3) * (1 - Math.pow ( -1 /
alpha_1, k - 2));
                b_ = b_ / 2 + Math.pow ( -1, k) * b2_;
            double a = a_ - F_s_ * Math.pow (delta_1, k - 3) * (1 - Math.pow ( -1 /
delta_1, k - 2));
                a = a - Math.pow ( -1, k) * (a2_ - a2);
            double b = b_ + F_s__ * Math.pow (fai_1, k - 3) * (1 - Math.pow ( -1/
fai_1, k - 2));
                b = b + Math.pow ( -1, k) * (b2 - b2_);
            data_raw = getCore_Grey_len (downArray [k - 1], downArray_ [k - 1],
upArray_ [k - 1], upArray [k - 1]);
            data_sim = getCore_Grey_len (a, a_, b_, b);
            core_error = core_error + Math.abs ( (data_sim [0] - data_raw [0]) /data_
raw [0]);
            grey_error = grey_error + Math.abs ( (data_sim [1] - data_raw [1]) /data_
raw [1]);
            start_end_len = start_end_len + Math.abs ( (data_sim [2] - data_raw [2]) /
data_raw [2]);
            start_end_len_ = start_end_len_ +Math.abs ( (data_sim [3] - data_raw
[3]) /data_raw [3]);
            System.out.println (" 第" + k +" 个区间灰数：原始值 [" + downArray [k - 1]
+"," +
    downArray_ [k - 1] +"," +upArray_ [k - 1] +"," +upArray [k - 1]
    +"] 核 [" + df2.format (data_raw [0]) +"]；模拟值： [" +df2.format (a) +"," +
df2.format (a_) +"," + df2.format (b_) +"," + df2.format (b) +"]
    核 [" + df2.format (data_sim [0]) + "]");
        }

System.out.println (" ————————————Start————————————");
            System.out.println (" “核”的平均模拟相对误差：" +df3.format (core_error / (end
- start) * 100) + "%");
            System.out.println (" “灰度”平均模拟相对误差：" +df3.format (grey_error / (end
- start) * 100) + "%");
            System.out.println (" “起止距中点”平均模拟相对误差：" +df3.format (start_end
_len / (end - start) * 100) +"%");
            System.out.println (" “次起止距中点”平均模拟相对误差：" +df3.format (start_
end_len_ / (end - start) * 100) +"%");
        }
```

算例 7.2.1　区间灰数序列 $X(\otimes)=(\otimes(t_1),\ \otimes(t_2),\ \otimes(t_3),\ \otimes(t_4),\ \otimes(t_5),\ \otimes(t_6))$ 中区间灰数及其白化权函数信息如表 7.2.1 所示，要求构建 $X(\otimes)$ 的几何预测模型。

表 7.2.1　区间灰数序列 $X(\otimes)$ 中的元素及其取值

灰数	$\otimes(t_1)$	$\otimes(t_2)$	$\otimes(t_3)$	$\otimes(t_4)$	$\otimes(t_5)$	$\otimes(t_6)$
取值	[21，28，36，40]	[31，39，47，54]	[53，60，69，73]	[64，72，81，89]	[84，91，100，105]	[104，112，121，130]

步骤 1　序列变换。

在系统上安装 JDK 1.5（或更高版本），配置 Java 环境变量，在 dos 环境下编译、运行 Java 源代码，运行结果如图 7.2.4 所示。

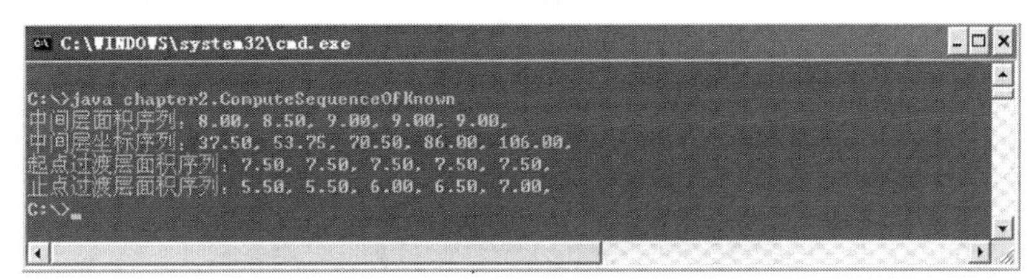

图 7.2.4　区间灰数序列与其白化序列的转换

根据图 7.2.4，可得

中间层面积序列：$S_0=(8.00,\ 8.50,\ 9.00,\ 9.00,\ 9.00)$。

中间层坐标序列：$W_0=(37.50,\ 53.75,\ 70.50,\ 86.00,\ 106.0)$。

起点过渡层面积序列：$S_-=(7.50,\ 7.50,\ 7.50,\ 7.50,\ 7.50)$。

止点过渡层面积序列：$S_+=(5.50,\ 5.50,\ 6.00,\ 6.50,\ 7.00)$。

步骤 2　参数计算。

使用灰色建模软件 V5.0，可计算序列 S_0，W_0，S_-，S_+ 的 DGM(1，1) 模型参数，即

$$S_0:\hat{\alpha}=(\alpha_1,\alpha_2)^{\mathrm{T}}=(1.0168,8.5211)^{\mathrm{T}}$$

$$W_0:\hat{\beta}=(\beta_1,\beta_2)^{\mathrm{T}}=(1.2441,46.2156)^{\mathrm{T}}$$

$$S_-:\delta=(\delta_1,\delta_2)^{\mathrm{T}}=(1.0000,7.5000)^{\mathrm{T}}$$

$$S_+:\varphi=(\varphi_1,\varphi_2)^{\mathrm{T}}=(1.0832,5.0641)^{\mathrm{T}}$$

$$C_{S_0}=8.00\times(1.0168-1)+8.5211=8.6551$$

$$C_{W_0}=37.50\times(1.2441-1)+46.2156=55.3694$$

$$C_{S_-}=7.50\times(1.0000-1)+7.5000=7.5000$$

$$C_{S_+}=5.50\times(1.0832-1)+5.0641=5.5218$$

$$F_{S_0}=\frac{2C_{S_0}}{1+\alpha_1^{-1}}=\frac{2\times 8.6551}{1+\frac{1}{1.0168}}=8.7272$$

$$F_{W_0}=\frac{4C_{W_0}}{1+\beta_1^{-1}}=\frac{4\times 55.3694}{1+\frac{1}{1.2441}}=122.6522$$

$$F_{S_-}=\frac{2C_{S_-}}{1+\delta_1^{-1}}=\frac{2\times 7.500}{1+1}=7.500$$

$$F_{S_+}=\frac{2C_{S_+}}{1+\varphi_1^{-1}}=\frac{2\times 5.5218}{1+\frac{1}{1.0832}}=5.7423$$

步骤 3 模型构建。

根据白化权函数已知条件下的区间灰数预测模型（7.2.16），推导得本例的区间灰数预测模型，如下所示。

$$\begin{cases}\hat{a}_k=\hat{a}_k'-F_{S_-}\delta_1^{k-3}[1-(-\delta_1^{-1})^{k-2}]-(-1)^k(a_2'-a_2)\\ \hat{a}_k'=\dfrac{F_{W_0}\beta_1^{k-3}[1-(-\beta_1^{-1})^{k-2}]-F_{S_0}\alpha_1^{k-3}[1-(-\alpha_1^{-1})^{k-2}]}{2}+(-1)^k a_2'\\ \hat{b}_k'=\dfrac{F_{S_0}\alpha_1^{k-3}[1-(-\alpha_1^{-1})^{k-2}]+F_{W_0}\beta_1^{k-1}[1-(-\beta_1^{-1})^{k-2}]}{2}+(-1)^k b_2'\\ \hat{b}_k=\hat{b}_k'+F_{S_+}\varphi_1^{k-3}[1-(-\varphi_1^{-1})^{k-2}]+(-1)^k(b_2-b_2')\end{cases}$$

$$\Rightarrow\begin{cases}\hat{a}_k=\hat{a}_k'-7.500\times[1-(-1)^{k-2}]-8\times(-1)^k\\ \hat{a}_k'=61.3261\times 1.2441^{k-3}[1-(-0.8038)^{k-2}]\\ \qquad -4.3636\times 1.0168^{k-3}[1-(-0.9835)^{k-2}]+39\times(-1)^k\\ \hat{b}_k'=4.3636\times 1.0168^{k-3}[1-(-0.9835)^{k-2}]\\ \qquad +61.3261\times 1.2441^{k-3}[1-(-0.8038)^{k-2}]+47\times(-1)^k\\ \hat{b}_k=\hat{b}_k'+5.7423\times 1.0832^{k-3}[1-(-0.9232)^{k-2}]+7\times(-1)^k\end{cases}$$

步骤 4 数据模拟及误差计算。

在 dos 环境下编译运行 Java 类文件，运行结果如图 7.2.5 所示。

步骤 5 数据预测。

若给定核、灰度、起止距中点及次起止距中点的平均模拟误差分别为：

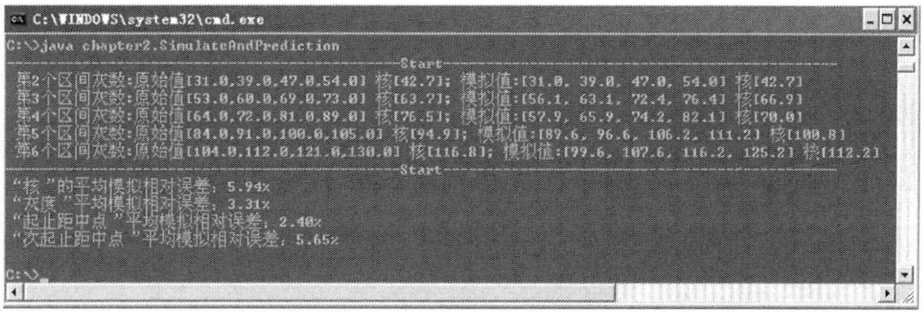

```
C:\WINDOWS\system32\cmd.exe
C:\>java chapter2.SimulateAndPrediction
------------------------------------Start------------------------------------
 第2个区间灰数:原始值[31.0,39.0,47.0,54.0] 核[42.7]; 模拟值:[31.0, 39.0, 47.0, 54.0] 核[42.7]
 第3个区间灰数:原始值[53.0,60.0,69.0,73.0] 核[63.7]; 模拟值:[56.1, 63.1, 72.4, 76.4] 核[66.9]
 第4个区间灰数:原始值[64.0,72.0,81.0,89.0] 核[76.5]; 模拟值:[57.9, 65.9, 74.2, 82.1] 核[70.0]
 第5个区间灰数:原始值[84.0,91.0,100.0,105.0] 核[94.9]; 模拟值:[89.6, 96.6, 106.2, 111.2] 核[100.8]
 第6个区间灰数:原始值[104.0,112.0,121.0,130.0] 核[116.8]; 模拟值:[99.6, 107.6, 116.2, 125.2] 核[112.2]
------------------------------------Start------------------------------------
"核"的平均模拟相对误差: 5.94%
"灰度"平均模拟相对误差: 3.31%
"起止距中点"平均模拟相对误差: 2.40%
"次起止距中点"平均模拟相对误差: 5.65%

C:\>
```

图 7.2.5　模型的模拟值及模拟误差

6%，4%，4%及 6%，则根据图 7.2.6 中的数据，可知所构建的预测模型通过了误差检验，可用于预测，预测结果如图 7.2.6 所示。

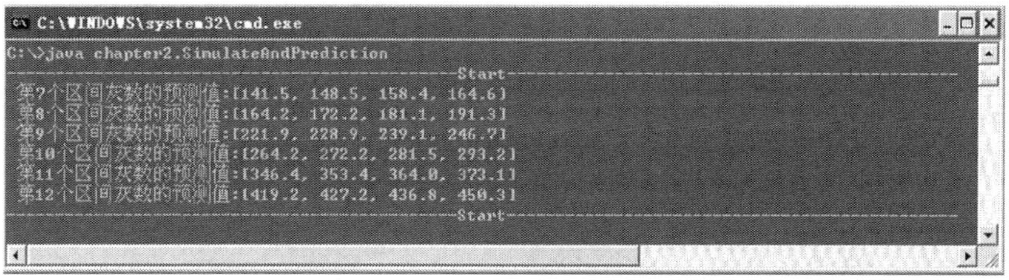

```
C:\WINDOWS\system32\cmd.exe
C:\>java chapter2.SimulateAndPrediction
------------------------------------Start------------------------------------
 第7个区间灰数的预测值:[141.5, 148.5, 158.4, 164.6]
 第8个区间灰数的预测值:[164.2, 172.2, 181.1, 191.3]
 第9个区间灰数的预测值:[221.9, 228.9, 239.1, 246.7]
 第10个区间灰数的预测值:[264.2, 272.2, 281.5, 293.2]
 第11个区间灰数的预测值:[346.4, 353.4, 364.0, 373.1]
 第12个区间灰数的预测值:[419.2, 427.2, 436.8, 450.3]
------------------------------------Start------------------------------------
```

图 7.2.6　区间灰数的预测值

7.3　模型应用举例

7.3.1　研究背景

平板电视（FPD，flat panel display）顾名思义，就是屏幕呈平面的电视，它是相对于传统显像管电视机庞大的身躯而言的一类电视机，主要包括液晶显示（LCD，liquid crystal display）、等离子显示（PDP，plasma display panel）、有机电致发光显示（OLED，organic light-emitting diode）、表面传导电子发射显示（SED，surface-conduction electron-emitter display）等几大技术类型的电视产品。平板显示器与传统的阴极射线管（CRT，cathode ray tube）相比，具有薄、轻、功耗小、辐射低、没有闪烁、有利于人体健康等优点。目前，在全球销售方面，它已超过 CRT，体现了电视机超薄、超轻、高清的电视发展趋势。

近年来，随着人们物质文化水平的提高，再加上各大平板电视厂家都在加强技术进步，平板电视正走进越来越多消费者的家中。在近期的各大展会上，索尼、三星、夏普等知名厂商又一次推出了其新近研发的机型，而国内的 TCL、康佳、创维、海信、长虹等民族厂商也都在创新产品上有上佳表现，尤其在液晶电视创新实用功能拓展方面处于国际领先水平。为了在激烈的市场竞争中占据优势地位，各个家电企业通常需要对来年平板电视的市场需求进行预测，以便提前组织原料采购，更好地安排生产。已知 2004～2008 年度我国平板电视销量的统计数据，如表 7.3.1 所示。

表 7.3.1　2004～2008 年我国平板电视市场销量统计数据

年份/年	2004	2005	2006	2007	2008
产量/万台	39.3	188.4	380.5	788.8	1 305.7

数据来源：赛迪顾问《2008～2009 年中国平板电视市场研究年度报告》，http：//www. ccidconsulting. com/portal/scyj/sdsd/xfdz/webinfo/2009/03/1236334824838086. htm

由于统计数据的准确性受到主客观等多种因素的影响，因此表 7.3.1 中的数据只能比较粗略地反映我国平板电视市场销量的大概情况，换言之，这些数据都是“灰的”。专家依照行业规律，将表 7.3.1 中的数据还原为区间灰数（表 7.3.2），并给出了每个区间灰数对应的白化权函数，如图 7.3.1（a）～（e）所示。

表 7.3.2　2004～2008 年平板电视市场销量的区间灰数

年份/年	2004	2005	2006	2007	2008
灰数	$\otimes(t_1)$	$\otimes(t_2)$	$\otimes(t_3)$	$\otimes(t_4)$	$\otimes(t_5)$
产量/万台	[21.4,63.6]	[196.3,241.6]	[345.2,393.7]	[745.5,796.9]	[1 284.4,134 1.2]

现根据表 7.3.2 中的区间灰数，以及图 7.3.1 中区间灰数的白化权函数，构造我国平板电视的区间灰数预测模型，并预测 2009～2011 年我国平板电视的市场需求量。

7.3.2　模型构建

步骤 1　序列变换。

在系统上安装 Java develop kit1.5（或更高版本），配置 Java 环境变量，

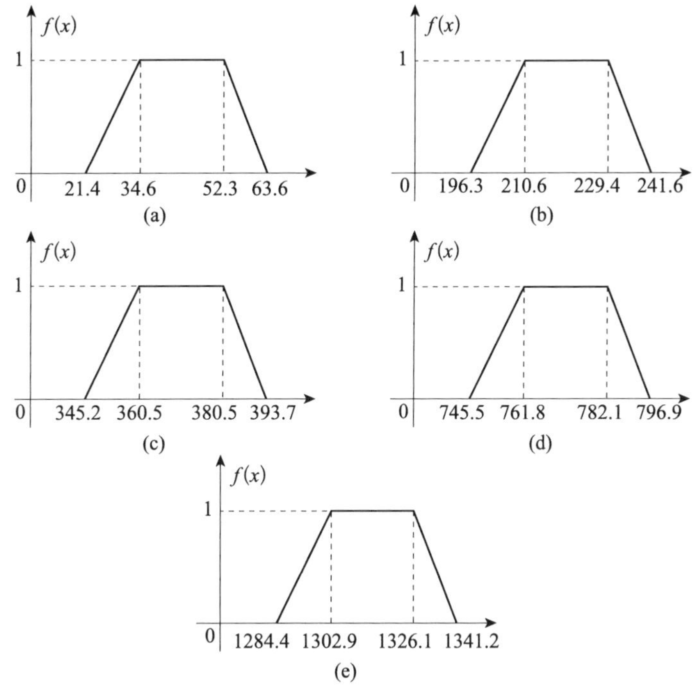

图 7.3.1 区间灰数及其白化权函数

在 dos 环境下编译运行 Java 程序，结果如图 7.3.2 所示。

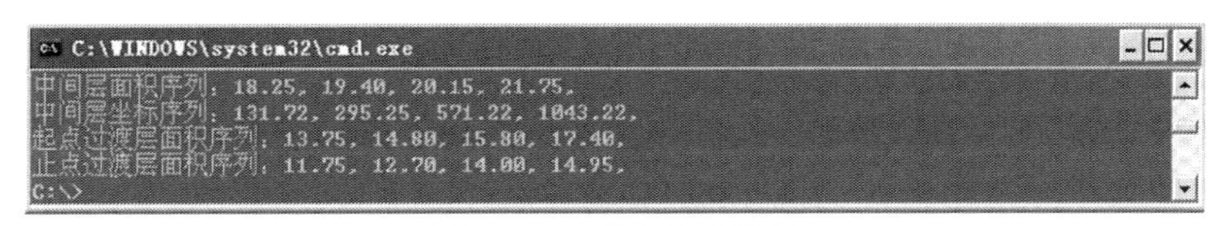

图 7.3.2 序列转换结果

根据图 7.3.2，可得下面的结论。

中间层面积序列：$S_0=(18.25，19.40，20.15，21.75)$；

中间层坐标序列：$W_0=(131.72，295.25，571.22，104\ 3.22)$；

起点过渡层面积序列：$S_-=(13.75，14.80，15.80，17.40)$；

止点过渡层面积序列：$S_+=(11.75，12.70，14.00，14.95)$。

步骤 2 参数计算。

序列 S_0：$\hat{\alpha}=(\alpha_1，\alpha_2)^{\mathrm{T}}=(1.059\ 5，18.176\ 5)^{\mathrm{T}}\overline{\Delta}_{S_0}=0.853\ 4\%$；

序列 W_0：$\hat{\beta}=(\beta_1，\beta_2)^{\mathrm{T}}=(1.858\ 2，191.172\ 7)^{\mathrm{T}}\overline{\Delta}_{W_0}=1.561\ 7\%$；

序列 S_-：$\delta=(\delta_1, \delta_2)^T=(1.0852, 13.5406)^T \overline{\Delta}_{S_-}=0.6907\%$；

序列 S_+：$\varphi=(\varphi_1, \varphi_2)^T=(1.0840, 11.7934)^T \overline{\Delta}_{S_+}=0.7107\%$。

根据序列 S_0，W_0，S_-及 S_+的 DGM(1，1) 模型参数，进一步计算如下参数值

$$C_{S_0}=s_0(t_1)(\alpha_1-1)+\alpha_2=18.25\times(1.05956-1)+18.1765=19.2624$$

$$C_{W_0}=w_0(t_1)(\beta_1-1)+\beta_2=131.72\times(1.8582-1)+191.1727=304.2148$$

$$C_{S_-}=s_-(t_1)(\delta_1-1)+\delta_2=13.75\times(1.0852-1)+13.5406=14.7121$$

$$C_{S_+}=s_+(t_1)(\varphi_1-1)+\varphi_2=11.75\times(1.0840-1)+11.7934=12.7804$$

$$F_{S_0}=\frac{2C_{S_0}}{1+\alpha_1^{-1}}=\frac{2\times19.2624}{1+\frac{1}{1.0595}}=19.8189$$

$$F_{W_0}=\frac{4C_{W_0}}{1+\beta_1^{-1}}=\frac{4\times304.2148}{1+\frac{1}{1.8582}}=791.1160$$

$$F_{S_-}=\frac{2C_{S_-}}{1+\delta_1^{-1}}=\frac{2\times14.7121}{1+\frac{1}{1.0852}}=15.3132$$

$$F_{S_+}=\frac{2C_{S_+}}{1+\varphi_1^{-1}}=\frac{2\times12.7804}{1+\frac{1}{1.0840}}=13.2955$$

7.3.3 模型构建与数据模拟

根据步骤 2 中的参数值，按照公式（7.2.16）建立我国平板电视市场的区间灰数预测模型

$$\begin{cases}\hat{a}_k=\hat{a}'_k-F_{S_-}\delta_1^{k-3}[1-(-\delta_1^{-1})^{k-2}]-(-1)^k(a'_2-a_2)\\ \hat{a}'_k=\dfrac{F_{W_0}\beta_1^{k-3}[1-(-\beta_1^{-1})^{k-2}]-F_{S_0}\alpha_1^{k-3}[1-(-\alpha_1^{-1k-2})]}{2}+(-1)^k a'_2\\ \hat{b}'_k=\dfrac{F_{S_0}\alpha_1^{k-3}[1-(-\alpha_1^{-1})^{k-2}]+F_{W_0}\beta_1^{k-1}[1-(-\beta_1^{-1})^{k-2}]}{2}+(-1)^k b'_2\\ \hat{b}_k=\hat{b}'_k+F_{S_+}\varphi_1^{k-3}[1-(-\varphi_1^{-1})^{k-2}]+(-1)^k(b_2-b'_2)\end{cases}\Rightarrow$$

将参数代入模型，计算得

$$\hat{a}_k=\hat{a}'_k-F_{S_-}\delta_1^{k-3}[1-(-\delta_1^{-1})^{k-2}]-(-1)^k(a'_2-a_2)$$

$$\Rightarrow\hat{a}_k=\hat{a}'_k-15.3132\times1.0852^{k-3}[1-(-0.9215)^{k-2}]-(-1)^k\times14.3$$

$$\hat{a}'_k=\frac{F_{W_0}\beta_1^{k-3}[1-(-\beta_1^{-1})^{k-2}]-F_{S_0}\alpha_1^{k-3}[1-(-\alpha_1^{-1})^{k-2}]}{2}$$

$$+(-1)^k a'_2$$

$$\Rightarrow\hat{a}'_k=395.5580\times1.8582^{k-3}[1-(-0.5382)^{k-2}]-9.9095$$

$$\times1.0595^{k-3}[1-(-0.9438)^{k-2}]+(-1)^k\times210.6$$

$$\hat{b}'_k=\frac{F_{S_0}\alpha_1^{k-3}[1-(-\alpha_1^{-1})^{k-2}]+F_{W_0}\beta_1^{k-1}[1-(-\beta_1^{-1})^{k-2}]}{2}$$

$$+(-1)^k b'_2$$

$$\Rightarrow\hat{b}'_k=9.9095\times1.0595^{k-3}[1-(-0.9438)^{k-2}]+395.5580$$

$$\times1.8582^{k-3}[1-(-0.5382)^{k-2}]+(-1)^k\times229.4$$

$$\hat{b}_k=\hat{b}_k+F_{S_+}\varphi_1^{k-3}[1-(-\varphi_1^{-1})^{k-2}]+(-1)^k(b_2-b'_2)$$

$$\Rightarrow\hat{b}_k=\hat{b}'_k+13.2955\times1.0840^{k-3}$$

$$\times[1-(-0.9225)^{k-2}]+(-1)^k\times14.8$$

即

$$\begin{cases}\hat{a}_k=\hat{a}'_k-15.3132\times1.0852^{k-3}[1-(-0.9215)^{k-2}]-(-1)^k\times14.3\\ \hat{a}'_k=395.5580\times1.8582^{k-3}[1-(-0.5382)^{k-2}]-9.9095\times1.0595^{k-3}\\ \quad\cdot[1-(-0.9438)^{k-2}]+(-1)^k\times210.6\\ \hat{b}_k=9.9095\times1.0595^{k-3}[1-(-0.9438)^{k-2}]+395.5580\times1.8582^{k-3}\\ \quad\cdot[1-(-0.5382)^{k-2}]+(-1)^k\times229.4\\ \hat{b}_k=\hat{b}'_k+13.2955\times1.0840^{k-3}\times[1-(-0.9225)^{k-2}]+(-1)^k\times14.8\end{cases}\tag{7.3.1}$$

根据公式（7.3.1）计算区间灰数及其白化权函数的模拟值及模拟误差，运行结果如图7.3.3所示。

7.3.4　数据预测

若给定核、灰度、起止距中点及次起止距中点的平均模拟误差分别为

```
C:\WINDOWS\system32\cmd.exe
Microsoft Windows XP [版本 5.1.2600]
(C) 版权所有 1985-2001 Microsoft Corp.

C:\Documents and Settings\Administrator>cd c:\

C:\>java chapter2.SimulateAndPrediction
-----------------------------------------Start-----------------------------------------
 第2个区间灰数:原始值[196.3,210.6,229.4,241.6] 核[219.4]; 模拟值:[196.3, 210.6, 229.4, 241.6] 核[219.4]
 第3个区间灰数:原始值[345.2,360.5,380.5,393.7] 核[369.9]; 模拟值:[363.4, 378.6, 398.3, 411.7] 核[387.9]
 第4个区间灰数:原始值[745.5,761.8,782.1,796.9] 核[771.5]; 模拟值:[714.8, 731.6, 752.7, 767.0] 核[741.5]
 第5个区间灰数:原始值[1284.4,1302.9,1326.1,1341.2] 核[1313.5]; 模拟值:[1329.8, 1347.6, 1369.8, 1385.5] 核[1358.1]
-----------------------------------------Start-----------------------------------------
"核"的平均模拟相对误差, 4.05%
"灰度"平均模拟相对误差, 1.94%
"起止距中点"平均模拟相对误差, 1.40%
"次起止距中点"平均模拟相对误差, 3.26%

C:\>
```

图 7.3.3　模拟值及模拟误差

5%，2%，2%及 4%，则根据图 7.3.3 中模型的模拟值及模拟误差，可知所构建的预测模型通过了误差检验，可用于预测，当 $k=6$，7，8 时，可预测 2009～2011 年我国平板电视的市场需求数量，预测结果如图 7.3.4 所示，其白化权函数如图 7.3.5（a）～（c）所示。

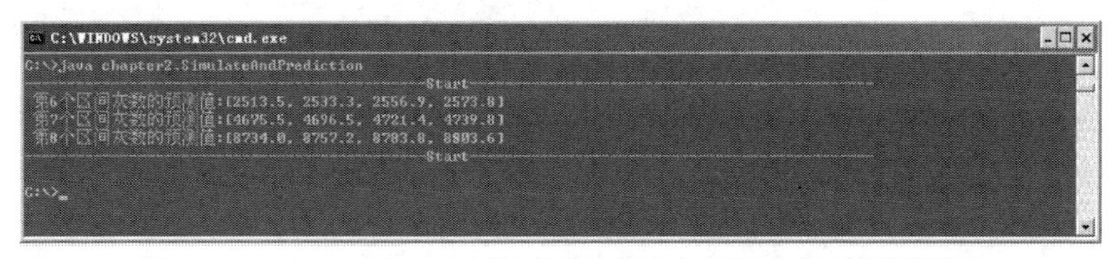

图 7.3.4　2009～2011 年我国平板电视市场需求量的预测结果

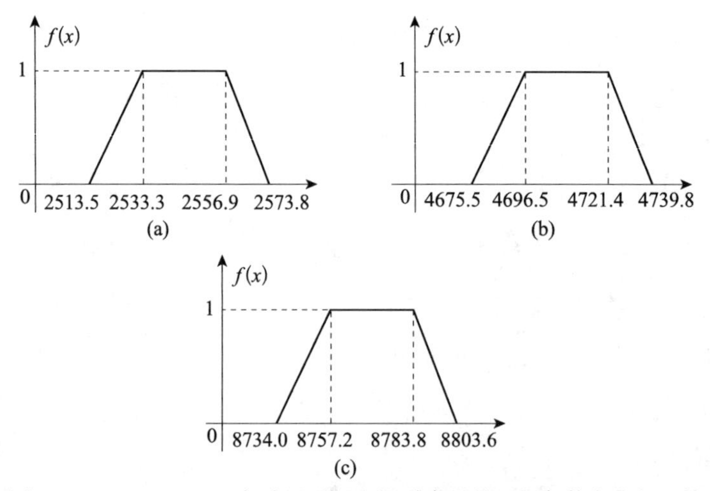

图 7.3.5　2009～2011 年我国平板电视需求量的区间灰数白化权函数

7.3.5 结论

根据图 7.3.4 可知，2009 年我国平板电视的市场需求数量为 $\otimes(t_6)\in[2\ 513.5,2\ 513.8]$，其白化权函数如图 7.3.5(a)，表明在 2 533.3 与 2 556.9这个范围的可能性更大，根据梯形白化权函数已知条件下区间灰数“核”的计算方法，可得

$$\tilde{\otimes}(t_6)=\frac{(2b_6-a_6'+a_6+b_6')(a_6'+b_6'-a_6-b_6)/3-(a_6'-b_6)(a_6+b_6)}{(b_6'-a_6')+(b_6-a_6)}$$

$\Rightarrow\tilde{\otimes}(t_6)=254\ 4.277\ 3$

可知，我国 2009 年平板电视市场需求量大约为 2 544.277 3 万台。而根据奥维咨询公司的调查预测，我国 2009 年平板电视市场需求量在 2 500 万台左右，与本模型的预测结果非常接近。类似地，可预测：

我国 2010 年平板电视市场需求量：$\tilde{\otimes}(t_7)\in[4\ 675.5,4\ 739.8]$，$\tilde{\otimes}(t_7)=4\ 708.185\ 9$。

我国 2011 年平板电视市场需求量：$\tilde{\otimes}(t_8)\in[8\ 734.0,8\ 803.6]$，$\tilde{\otimes}(t_8)=8\ 769.547\ 6$。

7.4 本章小结

本章在白化权函数已知的情况下，通过计算中间层、起（止）点过渡层的面积，以及中间层中位线中点的坐标，将区间灰数序列中所蕴涵的信息完整地转换成实数序列，然后构建了一种新的区间灰数预测模型。应用分析验证了该模型的有效性及实用性。

8　区间灰数的 Verhulst 模型

8.1　研究内容概述

经过 20 多年的发展，灰色预测模型已经在工业、农业、社会、经济、交通等众多领域得到广泛应用，成功地解决了生产、生活和科学研究中的大量实际问题，灰色预测模型也由原始的 GM(1，1) 扩展出 GM(1，N)，GM(2，1)，DGM(1，1)，Verhulst 模型等多种新的预测模型类别，预测类型也拓展到数列预测、区间预测、灾变预测、波形预测、系统预测等，展现出了重要的理论价值和实际应用价值。

Verhulst 模型是灰色预测模型体系的重要组成部分，该模型主要用来描述具有饱和状态的过程，常用于人口预测、生物生长、繁殖预测和产品经济寿命预测等。目前 Verhulst 模型的既有研究成果，只能构建基于实数序列的预测模型，而对于灰色系统理论中更加常见的区间灰数序列，则无能为力。随着科学技术的发展，人类所涉及的系统越来越复杂，表征系统的信息灰度也越来越大，在这样的大背景下，以实数序列为建模对象的传统 Verhulst 模型及其优化模型，已经无法满足系统建模的实际需要。因此，构建面向区间灰数序列的 Verhulst 模型，对丰富灰色预测模型的理论体系具有重要的意义。

8.2 基于核和信息域的区间灰数 Verhulst 模型

8.2.1 基本概念、公理及推论

定义 8.2.1 设灰数$\otimes\in[\underline{a}, \overline{a}]$,$\underline{a}<\overline{a}$,$\underline{a}$ 和$\overline{a}$ 分别称为$\otimes$的上界和下界；在缺乏$\otimes$取值分布信息的情况下：

(1) 若$\otimes$为连续灰数，则称$\tilde{\otimes}=\frac{\underline{a}+\overline{a}}{2}$为灰数$\otimes$的核；

(2) 若$\otimes$为离散灰数，$a_i\in[\underline{a}, \overline{a}]$ ($i=1, 2, \cdots, n$) 为灰数$\otimes$的所有可能取值，则称 $\tilde{\otimes}=\frac{1}{n}\sum_{i=1}^{n}a_i$ 为灰数$\otimes$的核。

在灰数序列 $X(\otimes)=(\otimes_1, \otimes_2, \cdots, \otimes_n)$ 中，由每个灰元的“核”及“灰度”所构成的序列，分别称为 $X(\otimes)$ 的核序列 $X(\tilde{\otimes})$ 及灰度序列 $G^\circ(\otimes)$，记为

$$X(\tilde{\otimes})=(\tilde{\otimes}_1,\tilde{\otimes}_2,\cdots,\tilde{\otimes}_n)$$

$$G^\circ(\otimes)=(g^\circ(\otimes_1), g^\circ(\otimes_2), \cdots, g^\circ(\otimes_n))$$

定义 8.2.2 由区间灰数$\otimes_k\in[a_k, b_k]$, $k=1, 2, \cdots, n$ 构成的序列称为区间灰数序列，记为 $X(\otimes)=(\otimes_1, \otimes_2, \cdots, \otimes_n)$；区间灰数$\otimes_k$ 的上界点b_k 与下界点 a_k 的差值称为区间灰数$\otimes_k$ 的信息域（或区间距），记为 $d_k=b_k-a_k$；区间灰数序列 $X(\otimes)$ 中所有灰元的信息域 d_k 所构成的序列称作 $X(\otimes)$ 的信息域序列，记为

$$X_d=(d_1, d_2, \cdots, d_n)。$$

定义 8.2.3 以区间灰数的“核”序列及“灰度”序列为基础构建的区间灰数 Verhulst 模型，简称为区间灰数的“核-灰”Verhulst 模型。

公理 8.2.1（灰度不减公理） 两个灰度不同的区间灰数进行和、差、积、商运算时，运算结果的灰度不小于灰度较大的区间灰数的灰度。

推论 8.2.1 两个信息域不同的区间灰数进行和、差、积、商运算时，运算结果的信息域不小于信息域较大的区间灰数的信息域。

证明　设区间灰数$\otimes_k \in [a_k, b_k]$产生的背景或论域为Ω，其信息域为d_k，则$\otimes_k$的灰度为$g^\circ(\otimes_k)=d_k/\mu(\Omega)$；类似地，设区间灰数$\otimes_r \in [a_r, b_r]$，其灰度$g^\circ(\otimes_r)=d_r/\mu(\Omega)$；$\otimes_k$与$\otimes_r$的和、差、积、商运算的结果记为$\otimes_{kr}$，则根据公理 8.2.1 可知，

$$
\begin{aligned}
& g^\circ(\otimes_{kr}) \geqslant \max(g^\circ(\otimes_k), g^\circ(\otimes_r)) \\
\Rightarrow & \frac{d_{kr}}{\mu(\Omega)} \geqslant \max\left(\frac{d_k}{\mu(\Omega)}, \frac{d_r}{\mu(\Omega)}\right) \\
\Rightarrow & d_{kr} \geqslant \max(d_k, d_r)
\end{aligned}
$$

推论 8.2.1 得以证明。

与公理 8.2.1 比较，推论 8.2.1 的优点在于：在对区间灰数进行计算时，不必已知区间灰数的论域，这对“小样本、贫信息”的灰色系统而言极具价值。根据推论 8.2.1，为了区间灰数序列 Verhulst 预测模型的构建，通常可将预测结果的信息域定义为建模序列所有灰元中，信息域较大的区间灰数的信息域。

区间灰数序列的 Verhulst 模型，其基本思路是：首先建立基于区间灰数核序列的 Verhulst 模型，实现区间灰数“核”的预测；然后以“核”为基础，以区间灰数序列$X(\otimes)$中信息域较大的区间灰数的信息域作为预测结果的信息域（推论 1），并以此为基础推导区间灰数上界及下界的预测表达式，进而建立区间灰数的 Verhulst 预测模型。

8.2.2　核序列的 Verhulst 模型

设区间灰数序列$X(\otimes)=(\otimes_1, \otimes_2, \cdots, \otimes_n)$，其核序列$X(\tilde{\otimes})=(\tilde{\otimes}_1, \tilde{\otimes}_2, \cdots, \tilde{\otimes}_n)$，根据 Verhulst 模型的建模方法，可得

$$
\hat{\tilde{\otimes}}^{(1)}_{k+1}=\frac{a\tilde{\otimes}_1}{b\tilde{\otimes}_1+(a-b\tilde{\otimes}_1)\mathrm{e}^{ak}} \tag{8.2.1}
$$

参数$\hat{a}=[a, b]^{\mathrm{T}}=(B^{\mathrm{T}}B)^{-1}B^{\mathrm{T}}Y$，其中，

$$
B=\begin{bmatrix} -z^{(1)}(2) & (z^{(1)}(2))^2 \\ -z^{(1)}(3) & (z^{(1)}(3))^2 \\ \vdots & \vdots \\ -z^{(1)}(n) & (z^{(1)}(n))^2 \end{bmatrix}, \quad Y=\begin{bmatrix} \tilde{\otimes}_2 \\ \tilde{\otimes}_3 \\ \vdots \\ \tilde{\otimes}_n \end{bmatrix}
$$

$Z^{(1)}$为 $X(\tilde{\otimes})$ 的紧邻均值生成序列，即

$$z^{(1)}(k)=\sum_{i=1}^{k}\tilde{\otimes}_i,\quad k=1,2,\cdots,n-1$$

8.2.3 信息域的确定

根据推论 8.2.1，通常可将区间灰数序列 $X(\otimes)$ 中信息域较大的区间灰数的信息域作为预测结果的信息域。

设 $X(\otimes)=(\otimes_1,\otimes_2,\cdots,\otimes_n)$，根据定义 8.2.2，其信息域序列 $X_d=(d_1,d_2,\cdots,d_n)$，则区间灰数$\hat{\otimes}(t_{k+1})$ 预测值的信息域 $\hat{d}_{k+1}$为

$$\hat{d}_{k+1}=d_1\vee d_2\vee\cdots\vee d_n \tag{8.2.2}$$

8.2.4 模型推导

设$\hat{\otimes}_{k+1}^{(1)}\in[\hat{a}_{k+1},\hat{b}_{k+1}]$，则可推导出

$$\hat{b}_{k+1}-\hat{a}_{k+1}=\hat{d}_{k+1} \tag{8.2.3}$$

则

$$\hat{\tilde{\otimes}}_{k+1}^{(1)}=\frac{\hat{a}_{k+1}+\hat{b}_{k+1}}{2} \tag{8.2.4}$$

联立公式（8.2.1）、公式（8.2.3）和公式（8.2.4）组合方程组，得

$$\begin{cases}\hat{b}_{k+1}-\hat{a}_{k+1}=\hat{d}_{k+1}\\ \hat{\tilde{\otimes}}_{k+1}^{(1)}=\dfrac{\hat{a}_{k+1}+\hat{b}_{k+1}}{2}\\ \hat{\tilde{\otimes}}_{k+1}^{(1)}=\dfrac{a\tilde{\otimes}_1}{b\tilde{\otimes}_1+(a-b\tilde{\otimes}_1)e^{ak}}\end{cases}$$

$$\Rightarrow\begin{cases}\hat{a}_{k+1}=\dfrac{a\tilde{\otimes}_1}{b\tilde{\otimes}_1+(a-b\tilde{\otimes}_1)e^{ak}}-\dfrac{\hat{d}_{k+1}}{2}\\ \hat{b}_{k+1}=\dfrac{a\tilde{\otimes}_1}{b\tilde{\otimes}_1+(a-b\tilde{\otimes}_1)e^{ak}}+\dfrac{\hat{d}_{k+1}}{2}\end{cases} \tag{8.2.5}$$

公式（8.2.5）称为基于区间灰数的 Verhulst 预测模型。

8.2.5 模型应用：高层住宅沉降量的 Verhulst 预测

本节通过建立某高层住宅工程沉降量的 Verhulst 模型，来演示区间灰数序列 Verhulst 模型的建模步骤，同时验证 Verhulst 模型在解决实际问题时的有效性与实用性。

表 8.2.1 某高层住宅工程沉降观测结果的区间灰数值

观测时间/d	45	90	135	180	225	270	315	360	405
沉降值/mm	[2.9, 3.5]	[5.0, 5.4]	[7.4, 8.2]	[10.4, 10.8]	[14.5, 15.1]	[18.9, 19.7]	[24.5, 25.3]	[28.0, 28.6]	[30.8, 31.6]

根据表 8.2.1，可知

$$\begin{aligned}X(\otimes)&=(\otimes_1, \otimes_2, \otimes_3, \otimes_4, \otimes_5, \otimes_6, \otimes_7, \otimes_8, \otimes_9)\\&=([2.9, 3.5], [5.0, 5.4], [7.2, 8.6],\\&\quad [10.4, 10.8], [14.5, 15.1], [18.9, 19.7],\\&\quad [24.5, 25.3], [28.0, 28.6], [30.8, 31.6])\end{aligned}$$

步骤 1 核序列的生成。

$X(\otimes)$ 的核序列 $X(\tilde{\otimes})$ 为

$$\begin{aligned}X(\tilde{\otimes})&=(\tilde{\otimes}_1, \tilde{\otimes}_2, \tilde{\otimes}_3, \tilde{\otimes}_4, \tilde{\otimes}_5, \tilde{\otimes}_6, \tilde{\otimes}_7, \tilde{\otimes}_8, \tilde{\otimes}_9)\\&=(3.2, 5.2, 7.8, 10.6, 14.8, 19.3, 24.9, 28.3, 31.2)\end{aligned}$$

步骤 2 核序列的 Verhulst 模型。

构建序列 $X(\tilde{\otimes})$ 的 Verhulst 模型，应用笔者开发的灰色建模软件计算模型参数、模型模拟误差以及模型预测值，结果如图 8.2.1 所示。

根据图 8.2.1 可知，核序列的 Verhulst 模型为

$$\hat{\tilde{\otimes}}_{k+1}^{(1)}=\frac{1.5961}{0.0426+0.4561\times e^{-0.4988\times k}} \tag{8.2.6}$$

步骤 3 取数域的确定。

$$\hat{d}_{k+1}=d_1\vee d_2\vee d_3\vee d_4\vee d_5\vee d_6\vee d_7\vee d_8\vee d_9$$

$$\Rightarrow\hat{d}_{k+1}=0.6\vee 0.4\vee 0.8\vee 0.4\vee 0.6\vee 0.4\vee 0.8\vee 0.6\vee 0.8=0.8$$

步骤 4 模型构建。

根据公式（8.2.5），可得

图 8.2.1　应用灰色建模软件计算 Verhulst 模型参数

$$
\begin{cases}
\hat{a}_{k+1}=\dfrac{a\widetilde{\otimes}_1}{b\widetilde{\otimes}_1+(a-b\widetilde{\otimes}_1)\mathrm{e}^{ak}}-\dfrac{\hat{d}_{k+1}}{2} \\
\qquad =\dfrac{1.596\ 1}{0.042\ 6+0.456\ 1\times \mathrm{e}^{-0.498\ 8\times k}}-0.4 \\
\hat{b}_{k+1}=\dfrac{a\widetilde{\otimes}_1}{b\widetilde{\otimes}_1+(a-b\widetilde{\otimes}_1)\mathrm{e}^{ak}}+\dfrac{\hat{d}_{k+1}}{2} \\
\qquad =\dfrac{1.596\ 1}{0.042\ 6+0.456\ 1\times \mathrm{e}^{-0.498\ 8\times k}}+0.4
\end{cases}
\tag{8.2.7}
$$

步骤 5　预测。

根据图 8.2.1 可知，核序列 Verhulst 预测模型的平均相对误差为 2.43%，模型精度接近Ⅰ级，可用于预测，预测结果如表 8.2.2 所示。

表 8.2.2　某高层住宅工程沉降量的预测值

观测时间/d	450	495	540	595	640
核	34.9	35.8	36.4	36.8	37.1
沉降值/mm	[34.5，35.3]	[35.4，36.2]	[36.0，36.8]	[36.4，37.2]	[36.7，37.5]

8.3 基于信息分解的区间灰数 Verhulst 模型

本节根据第 4 章中的研究内容，通过将区间灰数信息分解成基于实数形式的“白部”和“灰部”两个部分；然后通过分别构建“白部”序列的 Verhulst 模型及“灰部”序列的 DGM(1，1) 实现对区间灰数“白部”及“灰部”的模拟及预测，该方法在一定程度上解决了基于灰度不减公理所带来的区间灰数取值范围扩大的问题，对促进区间灰数 Verhulst 模型的发展与完善具有积极意义。

根据定义 4.3.2 可知，区间灰数序列 $X_{\otimes}=(\otimes(1), \otimes(2), \cdots, \otimes(n))$ 可进行标准化处理，并将信息分解为白部序列 W 和灰部序列 G 两个部分，即

$$X_{\otimes}=(\otimes(1), \otimes(2), \cdots, \otimes(n)) \Leftrightarrow \begin{cases} W=(a_1, a_2, \cdots, a_n) \\ G=(c_1, c_2, \cdots, c_n) \end{cases}$$

其中，

$$\otimes(k) \in [a_k, b_k]=a_k+c_k\mu, \quad k=1, 2, \cdots, n$$

8.3.1 白部序列的 Verhulst 模型

W 为区间灰数序列 $X_{\otimes}$ 的白部序列，$W^{(1)}$ 为 W 为的 1 - AGO 序列，$Z_W^{(1)}$ 为 $W^{(1)}$ 的紧邻均值生成序列，即

$$W=(a_1, a_2, \cdots, a_n)$$
$$\Rightarrow W^{(1)}=(a_1^{(1)}, a_2^{(1)}, \cdots, a_n^{(1)})$$
$$\Rightarrow Z_W^{(1)}=(z_w^{(1)}(2), z_w^{(1)}(3), \cdots, z_w^{(1)}(n))$$

其中

$$a_1^{(k)}=\sum_{i=1}^{k} a_i, \quad z_w^{(1)}(k)=\frac{a_k^{(1)}+a_{k-1}^{(1)}}{2}, \quad k=2, 3, \cdots, n$$

则称

$$a_k+az_w^{(1)}(k)=b(z_w^{(1)}(k))^2 \tag{8.3.1}$$

为区间灰数白部序列的灰色 Verhulst 模型。

定理 8.3.1 W，$W^{(1)}$及$Z_W^{(1)}$，如 8.3.1 小节所述，则

$$B=\begin{bmatrix} -z_w^{(1)}(2) & (z_w^{(1)}(2))^2 \\ -z_w^{(1)}(3) & (z_w^{(1)}(3))^2 \\ \vdots & \vdots \\ -z_w^{(1)}(n) & (z_w^{(1)}(n))^2 \end{bmatrix}, \quad Y=\begin{bmatrix} a_2 \\ a_3 \\ \vdots \\ a_n \end{bmatrix}$$

则灰色 Verhulst 模型参数列 $\hat{a}=[a, b]^{\mathrm{T}}$ 的最小二乘估计为

$$\hat{a}=(B^{\mathrm{T}}B)^{-1}B^{\mathrm{T}}Y$$

根据公式（8.2.1），可以推导区间灰数白部序列 Verhulst 模型的时间响应式，如下所述。

$$\hat{a}_{k+1}^{(1)}=\frac{ax^{(1)}(1)}{bx^{(1)}(0)+(a-bx^{(1)}(0))\mathrm{e}^{ak}} \tag{8.3.2}$$

8.3.2 灰部序列的 DGM(1，1) 模型

G 为区间灰数序列 $X_{\otimes}$ 的灰部序列，$G^{(1)}$ 为 G 为的 1-AGO 序列，$Z_G^{(1)}$ 为 $G^{(1)}$ 的紧邻均值生成序列，即

$$G=(c_1, c_2, \cdots, c_n)\Rightarrow G^{(1)}=(c_1^{(1)}, c_2^{(1)}, \cdots, c_n^{(1)})$$

$$\Rightarrow Z_G^{(1)}=(z_g^{(1)}(2), z_g^{(1)}(3), \cdots, z_g^{(1)}(n))$$

其中

$$c_1^{(k)}=\sum_{i=1}^{k}c_i, \quad z_g^{(1)}(k)=\frac{c_k^{(1)}+c_{k-1}^{(1)}}{2}, \quad k=2, 3, \cdots, n$$

定理 8.3.2 设$\hat{\beta}=(\beta_1, \beta_2)^{\mathrm{T}}$，则

$$E=\begin{bmatrix} -z_g^{(1)}(2) & (z_g^{(1)}(2))^2 \\ -z_g^{(1)}(3) & (z_g^{(1)}(3))^2 \\ \vdots & \vdots \\ -z_g^{(1)}(n) & (z_g^{(1)}(n))^2 \end{bmatrix}, \quad F=\begin{bmatrix} c_2 \\ c_3 \\ \vdots \\ c_n \end{bmatrix}$$

则灰色 DGM(1，1) 模型参数列 $\hat{\beta}=(\beta_1, \beta_2)^{\mathrm{T}}$ 的最小二乘估计为

$$\hat{\beta}=(E^{\mathrm{T}}E)^{-1}E^{\mathrm{T}}F$$

根据 DGM(1，1) 模型的建模原理，可推导灰部序列 DGM(1，1) 模型的时间响应式如下

$$\hat{c}_{k+1}^{(1)}=\beta_1^k c_1+\frac{1-\beta_1^k}{1-\beta_1}\beta_2 \tag{8.3.3}$$

灰部序列的 DGM(1，1) 模型的最终还原式为

$$\hat{c}_{k+1}=(\beta_1-1)\left(c_1-\frac{\beta_2}{1-\beta_1}\right)\beta_1^k \tag{8.3.4}$$

8.3.3 区间灰数预测模型

通过组合区间灰数白部序列的 Verhulst 模型及灰部序列的 DGM(1，1) 模型，实现对区间灰数白部及灰部的模拟及预测，进而实现对区间灰数上界及下界的模拟及预测。

在实际问题中，若区间灰数白部序列本身呈 S 形，这是可以省略累加生成过程，直接以原始数据为 $W^{(1)}$ 和 $G^{(1)}$ 建立模型。反之，若区间灰数白部序列经过累加之后才具有饱和状态的 S 形过程，则需要先进行累加生成处理，再建立模型。因此需要分两种情况进行讨论。

1）区间灰数白部序列：饱和 S 形

根据前面的分析可知，若区间灰数白部序列本身呈 S 形，则直接以原始数据为 $W^{(1)}$ 和 $G^{(1)}$ 建立模型。

根据区间灰数的标准化法方法可知，$\hat{c}_{k+1}=\hat{b}_{k+1}-\hat{a}_{k+1}$，故

$$\hat{b}_{k+1}^{(1)}=\hat{c}_{k+1}+\hat{a}_{k+1} \tag{8.3.5}$$

联合公式（8.3.2)、公式（8.3.4）及公式（8.3.5)，可得

$$\begin{cases}\hat{a}_{k+1}^{(1)}=\dfrac{ax^{(1)}(1)}{bx^{(1)}(0)+(a-bx^{(1)}(0))\mathrm{e}^{ak}}\\ \hat{c}_{k+1}^{(1)}=\beta_1^k c_1+\dfrac{1-\beta_1^k}{1-\beta_1}\beta_2\\ \hat{b}_{k+1}^{(1)}=\hat{c}_{k+1}+\hat{a}_{k+1}\end{cases} \tag{8.3.6}$$

解方程组（8.3.6）可得区间灰数$\hat{\otimes}(k+1)\in[\hat{a}_{k+1}^{(1)},\hat{b}_{k+1}^{(1)}]$ 上界及下界的灰色预测模型，

$$\begin{cases}\hat{a}_{k+1}^{(1)}=\dfrac{ax^{(1)}(1)}{bx^{(1)}(0)+(a-bx^{(1)}(0))\mathrm{e}^{ak}}\\ \hat{b}_{k+1}^{(1)}=\beta_1^k c_1+\dfrac{1-\beta_1^k}{1-\beta_1}\beta_2+\dfrac{ax^{(1)}(1)}{bx^{(1)}(0)+(a-bx^{(1)}(0))\mathrm{e}^{ak}}\end{cases} \tag{8.3.7}$$

2）区间灰数白部序列：非饱和 S 形

若区间灰数白部序列是非饱和的 S 形，则首先对白部序列 W 及灰部序列 G 进行累加生成处理，然后在此基础上分别构建序列 $W^{(1)}$ 列 $G^{(1)}$ 的 DGM(1，1）模型及 Verhulst 模型，并通过累减还原实现对白部及灰部序列的模拟。

因 $\hat{a}_{k+1}=\hat{a}_{k+1}^{(1)}-\hat{a}_{k}^{(1)}$，故

$$\hat{a}_{k+1}=\frac{ax^{(1)}(1)}{bx^{(1)}(0)+(a-bx^{(1)}(0))\mathrm{e}^{ak}}-\frac{ax^{(1)}(1)}{bx^{(1)}(0)+(a-bx^{(1)}(0))\mathrm{e}^{a(k-1)}} \tag{8.3.8}$$

因为 $\hat{c}_{k+1}=\hat{b}_{k+1}-\hat{a}_{k+1}$，故

$$\hat{b}_{k+1}=\hat{a}_{k+1}+\hat{c}_{k+1}$$

$$\Rightarrow\hat{b}_{k+1}=\hat{a}_{k+1}+(\beta_1-1)\left(c_1-\frac{\beta_2}{1-\beta_1}\right)\beta_1^k \tag{8.3.9}$$

联合公式（8.3.8）及公式（8.3.9），可得如下方程组

$$\begin{cases}\hat{a}_{k+1}=\dfrac{ax^{(1)}(1)}{bx^{(1)}(0)+(a-bx^{(1)}(0))\mathrm{e}^{ak}}\\ \qquad -\dfrac{ax^{(1)}(1)}{bx^{(1)}(0)+(a-bx^{(1)}(0))\mathrm{e}^{a(k-1)}}\\ \hat{b}_{k+1}=(\beta_1-1)\left(c_1-\dfrac{\beta_2}{1-\beta_1}\right)\beta_1^k+\dfrac{ax^{(1)}(1)}{bx^{(1)}(0)+(a-bx^{(1)}(0))\mathrm{e}^{ak}}\\ \qquad -\dfrac{ax^{(1)}(1)}{bx^{(1)}(0)+(a-bx^{(1)}(0))\mathrm{e}^{a(k-1)}}\end{cases} \tag{8.3.10}$$

8.3.4 模型应用：地面降量的 Verhulst 预测

在我国北方，开采地下水是解决人们生活和工业用水的重要手段之一，然而，过度开采地下水将使得地面发生沉降，并可能导致灾难性的后果。为了科学地制订地下水开采量，建立地面沉降预测预警系统，就需要根据历史监测数据来预测未来一段时间段内的地面沉降量，从而为研究地面沉降解决方案提供数据支撑。

地面沉降过程影响因素复杂，开始阶段缓慢沉降，然后高速沉降，最后由高速沉降进入低速沉降甚至停止，整个沉降过程的变化趋势呈现 S 形。通

常，对某区域地面沉降量的监测是在多个连续的时间周期内进行的，且在每个周期内多次监测地面沉降量的大小，由于存在监测误差或人为因素，相同周期内每次监测到的沉降量监测数据并不相同，且无法确定哪一次的监测数据更加真实可靠。此时，为了不丢失有效信息，通常根据监测数据的最大值与最小值定义一个该点该周期的监测数据区间，如表 8.3.1 所示。

表 8.3.1　某区域地面沉降监测数据

监测周期	$p=1$	$p=2$	$p=3$	$p=4$	$p=5$	$p=6$
数据范围	[6.4,9.3]	[13.1,15.2]	[19.1,21.3]	[21.8,24.1]	[21.6,23.8]	[21.4,23.5]

在本小节，将应用基于信息分解的区间灰数 Verhulst 模型来预测该区域的地面沉降量，并将其模拟精度与基于核和灰度的区间灰数 Verhulst 模型进行比较。表 8.3.1 中的数据构成一区间灰数序列，如下所示，

$$\begin{aligned}X_{\otimes}&=(\otimes(1),\ \otimes(2),\ \otimes(3),\ \otimes(4),\ \otimes(5),\ \otimes(6))\\&=([6.4,\ 9.3],\ [13.1,\ 15.2],\ [19.1,\ 21.3],\\&\quad [21.8,\ 24.1],\ [21.6,\ 23.8],\ [21.4,\ 23.5])\end{aligned}$$

1. 基于信息分解的区间灰数 Verhulst 模型

首先，将区间灰数序列 $X_{\otimes}$ 转换为实部序列 W 及灰部序列 G，如下所示

$$W=(6.4,\ 13.1,\ 19.1,\ 21.8,\ 21.6,\ 21.4)$$

$$G=(2.9,\ 2.1,\ 2.3,\ 2.2,\ 2.1)$$

实部序列 W 及灰部序列 G 的散点折线图如图 8.3.1 所示。

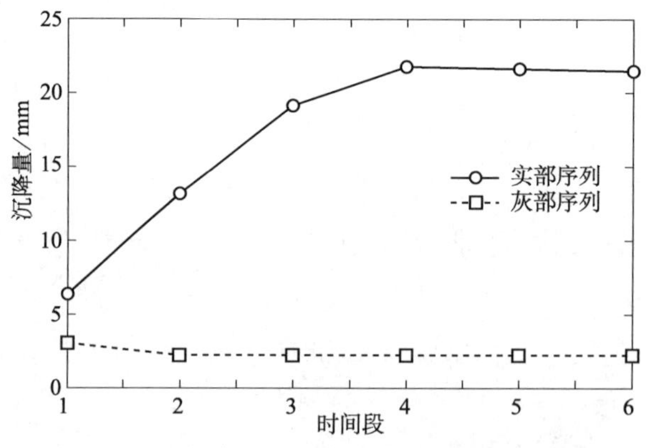

图 8.3.1　实部序列 W 及灰部序列 G 的散点折线图

从图 8.3.1 可知，实部序列本身已经呈现饱和 S 形，灰部序列具有近似指数规律，因此，可以直接建立区间灰数序列 $X_{\otimes}$ 的 Verhulst 模型。

（1）实部序列的 Verhulst 模型。

计算实部序列灰色 Verhulst 模型参数，根据定理 8.3.1 可知，矩阵 B 及 Y 如下所示

$$B=\begin{bmatrix} -9.75 & (9.75)^2 \\ -16.10 & (16.10)^2 \\ -20.45 & (20.45)^2 \\ -21.70 & (21.70)^2 \\ -21.50 & (21.50)^2 \end{bmatrix},\quad Y=\begin{bmatrix} 13.1 \\ 19.1 \\ 21.8 \\ 21.6 \\ 21.4 \end{bmatrix}$$

则

$$\hat{\varphi}=[\varphi_1,\varphi_2]^{\mathrm{T}}=(B^{\mathrm{T}}B)^{-1}B^{\mathrm{T}}Y=[-1.3316,-0.0610]^{\mathrm{T}}$$

则区间灰数序列 $X_{\otimes}$ 实部序列 W 的 Verhulst 为

$$\hat{a}_{k+1}^{(1)}=\frac{\varphi_2 a_1}{\varphi_2 a_1+(\varphi_1-\varphi_2 a_1)\mathrm{e}^{\varphi_1 k}}$$

$$\Rightarrow \hat{a}_{k+1}^{(1)}=\frac{-1.3316\times 6.4}{-0.0610\times 6.4+[-1.3316-(-0.0610\times 6.4)]\mathrm{e}^{-1.3316k}}$$

$$\Rightarrow \hat{a}_{k+1}^{(1)}=\frac{8.5222}{0.3904+0.9412\times \mathrm{e}^{-1.3316k}} \tag{8.3.11}$$

（2）灰部序列的 DGM(1，1) 模型。

计算灰部序列的 DGM(1，1) 模型参数，根据定理 8.3.2 可知，矩阵 F 及 E 如下所示

$$F=\begin{bmatrix} 2.1 \\ 2.2 \\ \vdots \\ 2.1 \end{bmatrix},\quad E=\begin{bmatrix} 2.9 & 1 \\ 2.1 & 1 \\ \vdots & \vdots \\ 2.2 & 1 \end{bmatrix}$$

则

$$\hat{\beta}=(\beta_1,\beta_2)^{\mathrm{T}}=(E^{\mathrm{T}}E)^{-1}E^{\mathrm{T}}F=(-0.1359,\ 2.4981)^{\mathrm{T}}$$

故

$$\hat{c}_{k+1}^{(1)}=\beta_1^k c_1+\frac{1-\beta_1^k}{1-\beta_1}\beta_2=c_1\beta_1^k+\frac{\beta_2}{1-\beta_1}(1-\beta_1^k)$$

$$\Rightarrow\hat{c}_{k+1}^{(1)}=c_1\beta_1^k+\frac{\beta_2}{1-\beta_1}-\frac{\beta_2}{1-\beta_1}\beta_1^k$$

$$\Rightarrow\hat{c}_{k+1}^{(1)}=\left(c_1-\frac{\beta_2}{1-\beta_1}\right)\beta_1^k+\frac{\beta_2}{1-\beta_1}$$

即

$$\hat{c}_{k+1}^{(1)}=\left(2.9-\frac{2.498\,1}{1+0.135\,9}\right)(-0.135\,9)^k+\frac{2.498\,1}{1+0.135\,9}$$

$$\Rightarrow\hat{c}_{k+1}^{(1)}=0.700\,7\times(-0.135\,9)^k+2.199\,2 \tag{8.3.12}$$

（3）地面沉降量的 Verhulst 模型。

$$\begin{cases}\hat{a}_{k+1}^{(1)}=\dfrac{\varphi_1 a_1{}^{(1)}}{\varphi_2 a_1+(\varphi_1-\varphi_2 a_1)\mathrm{e}^{\varphi_1 k}}\\ \hat{b}_{k+1}^{(1)}=\beta_1^k c_1+\dfrac{1-\beta_1^k}{1-\beta_1}\beta_2+\dfrac{\varphi_1 a_1^{(1)}}{\varphi_2 a_1+(\varphi_1-\varphi_2 a_1)\mathrm{e}^{\varphi_1 k}}\end{cases}$$

$$\Rightarrow\begin{cases}\hat{a}_{k+1}^{(1)}=\dfrac{8.522\,2}{0.390\,4+0.941\,2\times\mathrm{e}^{-1.331\,6k}}\\ \hat{b}_{k+1}^{(1)}=0.700\,7\times(-0.135\,9)^k\\ \qquad+\dfrac{8.522\,2}{0.390\,4+0.941\,2\times\mathrm{e}^{-1.331\,6k}}+2.199\,2\end{cases} \tag{8.3.13}$$

2. 基于核和信息域的区间灰数 Verhulst 模型

在 8.2 节中，通过灰度不减公理确定所预测区间灰数的信息域，通过 Verhulst 模型对区间灰数的核进行预测，在此基础上推导区间灰数的 Verhulst 模型。

（1）信息域的确定。

由于 $c_k=b_k-a_k$，即区间灰数的灰部 c_k 即为区间灰数的信息域，根据灰度不减公理可知，可以选择灰部序列中的最大值作为模拟或预测区间灰数的区间距，即

$$c=\max\{c_1,c_2,c_3,c_4,c_5,c_6,c_7,c_8,c_9\}$$

$$\Rightarrow c=\max\{2.9,2.1,2.2,2.3,2.2,2.1\}=2.9$$

（2）核序列的 Verhulst 模型。

首先计算区间灰数序列 $X_{\otimes}$ 的核序列 $X_{\tilde{\otimes}}=(\tilde{\otimes}(1)$，$\tilde{\otimes}(2)$，$\tilde{\otimes}(3)$，$\tilde{\otimes}$

(4)，$\tilde{\otimes}(5)$，$\tilde{\otimes}(6)$)，根据区间灰数核的计算方法，可得

$$X_{\otimes}=(\otimes(1), \otimes(2), \otimes(3), \otimes(4), \otimes(5), \otimes(6))$$

$$\Rightarrow X_{\tilde{\otimes}}=(\tilde{\otimes}(1), \tilde{\otimes}(2), \tilde{\otimes}(3), \tilde{\otimes}(4), \tilde{\otimes}(5), \tilde{\otimes}(6))$$

$$=(7.85, 14.15, 20.20, 22.95, 22.70, 22.45)$$

构建序列 $X_{\tilde{\otimes}}$ 的 Verhulst 模型，其参数为 $\hat{a}=[a,b]^{\mathrm{T}}=[-1.2248, -0.0532]^{\mathrm{T}}$，则核序列的 Verhulst 模型为

$$\hat{\tilde{\otimes}}^{(1)}(k+1)=\frac{\hat{a}_{k+1}+\hat{b}_{k+1}}{2}=\frac{a\tilde{\otimes}(1)}{b\tilde{\otimes}(1)+(a-b\tilde{\otimes}(1))\mathrm{e}^{ak}}$$

$$\Rightarrow\hat{\tilde{\otimes}}^{(1)}(k+1)=\frac{-1.2248\times 7.85}{-0.0532\times 7.85+(-1.2248+0.0532\times 7.85)\mathrm{e}^{-1.2248k}} \tag{8.3.14}$$

(3) 区间灰数序列的 Verhulst 模型。

根据前面的推导，可得

$$\begin{cases}\dfrac{\hat{a}_{k+1}+\hat{b}_{k+1}}{2}=\hat{\tilde{\otimes}}^{(1)}(k+1)\\ c=\hat{b}_{k+1}-\hat{a}_{k+1}\end{cases}$$

$$\Rightarrow\begin{cases}\hat{a}_{k+1}=\dfrac{a\tilde{\otimes}(1)}{b\tilde{\otimes}(1)+(a-b\tilde{\otimes}(1))\mathrm{e}^{ak}}-\dfrac{c}{2}\\ \hat{b}_{k+1}=\dfrac{a\tilde{\otimes}(1)}{b\tilde{\otimes}(1)+(a-b\tilde{\otimes}(1))\mathrm{e}^{ak}}+\dfrac{c}{2}\end{cases}$$

$$\Rightarrow\begin{cases}\hat{a}_{k+1}=\dfrac{-1.2248\times 7.85}{-0.0532\times 7.85+(-1.2248+0.0532\times 7.85)\mathrm{e}^{-1.2248k}}-\dfrac{2.9}{2}\\ \hat{b}_{k+1}=\dfrac{-1.2248\times 7.85}{-0.0532\times 7.85+(-1.2248+0.0532\times 7.85)\mathrm{e}^{-1.2248k}}+\dfrac{2.9}{2}\end{cases}$$

$$\Rightarrow\begin{cases}\hat{a}_{k+1}=\dfrac{-9.6147}{-0.4176-0.8072\times\mathrm{e}^{-1.2248k}}-1.45\\ \hat{b}_{k+1}=\dfrac{-9.6147}{-0.4176-0.8072\times\mathrm{e}^{-1.2248k}}+1.45\end{cases} \tag{8.3.15}$$

3. 两种不同区间灰数 Verhulst 模型模拟误差的比较和分析（表 8.3.2 和表 8.3.3）

表 8.3.2 基于信息分解的区间灰数 Verhulst 模型的模拟误差

序号＼类别	a_p	$\hat{a}_p$	$\varepsilon_a(p)$	$\Delta_a(p)$ /%	b_p	$\hat{b}_p$	$\varepsilon_b(p)$	$\Delta_b(p)$ /%
$p=2$	13.1	13.3	−0.2	1.527	15.2	15.4	−0.2	1.316
$p=3$	19.1	18.7	0.4	2.094	21.3	20.9	−0.6	2.817
$p=4$	21.8	20.9	0.9	4.128	24.1	23.1	1.0	4.149
$p=5$	21.6	21.6	0.0	0.000	23.8	23.8	0.0	0.000
$p=6$	21.4	21.8	−0.4	1.869	23.5	24.0	−0.5	2.128

表 8.3.3 基于核和信息域的区间灰数 Verhulst 模型的模拟误差

序号＼类别	a_p	$\hat{a}_p$	$\varepsilon_a(p)$	$\Delta_a(P)$ /%	b_p	$\hat{b}_p$	$\varepsilon_b(p)$	$\Delta_b(p)$ /%
$p=2$	13.1	13.2	−0.1	0.763	15.2	16.1	−0.9	5.921
$p=3$	19.1	18.3	0.8	4.189	21.3	21.2	0.1	0.469
$p=4$	21.8	20.5	1.3	5.963	24.1	23.4	0.7	2.905
$p=5$	21.6	21.2	0.4	1.852	23.8	24.1	−0.3	1.261
$p=6$	21.4	21.5	−0.1	0.467	23.5	24.4	−0.9	3.830

模拟值与原始值的比较，如图 8.3.2 所示；模拟误差的比较，如表 8.3.4 所示。

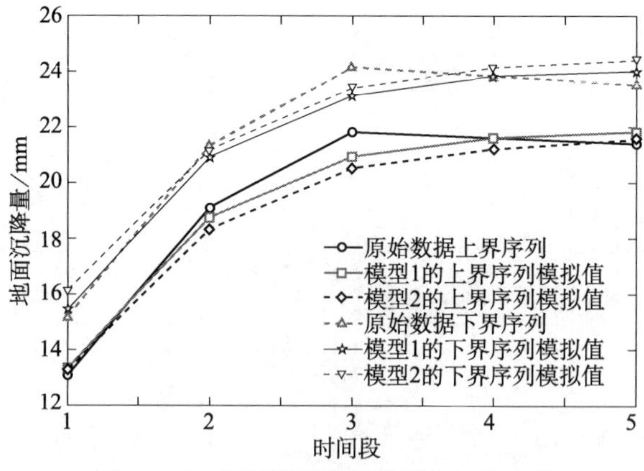

图 8.3.2 不同模型模拟数据之间的比较

模拟误差的比较如表 8.3.4 所示。

表 8.3.4　不同区间灰数 Verhulst 模型模拟误差的比较

区间灰数 Verhulst 模型	基于信息分解的区间灰数 Verhulst 模型		基于核和信息域的区间灰数 Verhulst 模型	
平均模拟相对误差/%	$\Delta_a=1.924$，	$\Delta_b=2.082$	$\Delta_a=2.647$，	$\Delta_b=2.877$
综合平均模拟相对误差/%	$\Delta_1=2.002$，	$\Delta_2=2.762$		

从图 8.3.2 及表 8.3.4 不难看出，本节所提出的基于信息分解及模型组合的区间灰数 Verhulst 模型比 8.2 节中所研究的模型具有更小的模拟误差。

8.4　本章小结

Verhulst 模型是灰色预测模型体系的重要组成部分，该模型主要用来描述具有饱和状态的过程，常用于人口预测、生物生长、繁殖预测和产品经济寿命预测等。本章从两个不同角度对面向区间灰数序列的 Verhulst 模型的建模方法进行了研究，分别构建了基于核和信息域的区间灰数 Verhulst 模型（简称模型 1）及基于信息分解的区间灰数 Verhulst 模型（简称模型 2）。模型 1 通过首先对“灰度不减”公理进行了延伸，并得到“信息域不减”推论，然后构建核序列的 Verhulst 模型，并以信息域不减推论为依据，以核为中心推导区间灰数上（下）界的时间响应式；模型 2 通过将区间灰数信息分解成基于实数形式的“白部”和“灰部”两个部分；通过分别构建“白部”序列的 Verhulst 模型及“灰部”序列的 DGM(1，1) 实现对区间灰数“白部”及“灰部”的模拟及预测，这在一定程度上解决了传统方法所导致的区间灰数取值范围扩大的缺陷。最后通过实例将该模型与传统模型的模拟精度进行了比较，结果表明本节所提出的方法具有更好的模拟性能。

9　离散灰数预测模型

灰色系统中，在某一区间内取有限个值或可数个值的灰数称为离散灰数（刘思峰等，2010b）。离散灰数也是一种常见的灰信息表现形式。如何构建以离散灰数为建模对象的灰色预测模型，是本章将要研究的主要内容。此外，考虑到离散灰数中每个元素的取值可能性不一定均等，通常存在一定的差异，本章还将进一步对这类情况的离散灰数预测模型进行研究。

9.1　标准离散灰数与灰单元格

定义 9.1.1　将离散灰数 $x(\otimes_i)$ 中的元素按从小到大的顺序排列而得到的灰数，称为标准离散灰数，其数学表达形式记为

$$x(\vec{\otimes}_i)\in\{x_{i,1},\ x_{i,2},\ \cdots,\ x_{i,n}\}$$

其中 $x_{i,j+1}>x_{i,j}$ $(j=1,\ 2,\ \cdots,\ n-1)$；由标准离散灰数所组成的序列，称为标准离散灰数序列，记为 $x(\vec{\otimes}_i)$，即

$$X(\vec{\otimes})=(x(\vec{\otimes}_1),x(\vec{\otimes}_2),\cdots,x(\vec{\otimes}_m))$$

定义 9.1.2　设离散灰数 $x(\otimes_i)\in\{x_{i,1},\ x_{i,2},\ \cdots,\ x_{i,n}\}$，则称$x(\tilde{\otimes}_i)$为 $x(\otimes_i)$ 的核（刘思峰等，2008），其中

$$x(\tilde{\otimes}_i)=\frac{1}{n}\sum_{j=1}^{n}x_{i,\ j} \tag{9.1.1}$$

定义 9.1.3　由离散灰数序列 $X(\otimes)=(x(\otimes_1),\ x(\otimes_2),\ \cdots,\ x(\otimes_m))$中每个灰元的“核”所构成的序列，称为 $X(\otimes)$ 的“核”序列，记为$X(\tilde{\otimes})=$

$(x(\widetilde{\otimes}_1), x(\widetilde{\otimes}_2), \cdots, x(\widetilde{\otimes}_m))$。

定义 9.1.4 将标准离散灰数序列 $x(\vec{\otimes}_i)$ 中的每个灰元在二维直角坐标平面体系中进行映射，分别顺次连接相邻灰数的各离散点，如图 9.1.1 所示；其中，相邻灰数对应离散点所连成的图形，称为灰单元格，由灰单元格从左至右组成的长条图形，称为灰单元层；由下至上，灰单元层分别记为灰单元层 1，灰单元层 2，…，灰单元层 $n-1$；灰单元层 j（$j=1, 2, \cdots, n-1$）中的第 i（$i=1, 2, \cdots, n-1$）个灰单元格，记为 $u_{i,j}$（其四个端点分别为 $x_{i,j}$，$x_{i+1,j}$，$x_{i+1,j+1}$，$x_{i,j+1}$）。

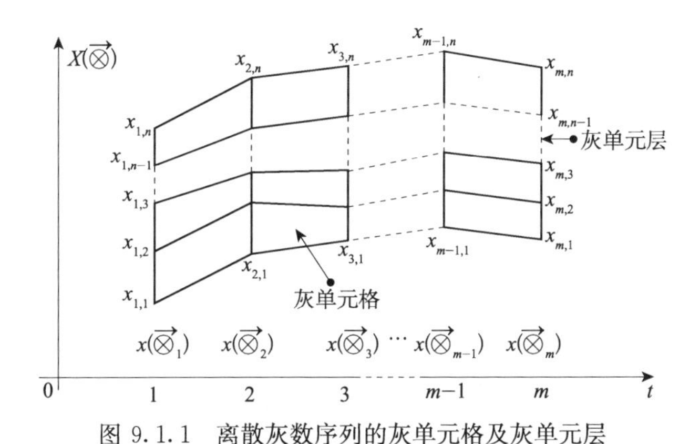

图 9.1.1 离散灰数序列的灰单元格及灰单元层

9.2 元素取值可能性均等条件下的离散灰数预测模型

本节通过构建标准离散灰数“核”序列及“灰单元格”面积序列的 GM(1, 1) 预测模型，综合代数和几何的方法，推导及构建元素取值可能性均等条件下的离散灰数预测模型，该模型简记为 EDGNM(1, 1)（discrete grey number prediction model under the condition of equal value possibility based on GM(1, 1)）。

9.2.1 基于核序列的 GM(1, 1) 模型

根据定义 9.1.3，离散灰数序列 $X(\otimes)$ 的核序列为 $X(\widetilde{\otimes})=(x(\widetilde{\otimes}_1)$，

$x(\tilde{\otimes}_2)$，…，$x(\tilde{\otimes}_m)$)，$X^{(1)}(\tilde{\otimes})$ 为 $X(\tilde{\otimes})$ 的 1-AGO 序列，即 $X^{(1)}(\tilde{\otimes})=(x^{(1)}(\tilde{\otimes}_1), x^{(1)}(\tilde{\otimes}_2), \cdots, x^{(1)}(\tilde{\otimes}_m))$，其中

$$x^{(1)}(\tilde{\otimes}_k)=\sum_{i=1}^{k}x^{(1)}(\tilde{\otimes}_i),\quad k=2, 3, \cdots, m \tag{9.2.1}$$

$Z^{(1)}(\tilde{\otimes})$ 为 $X^{(1)}(\tilde{\otimes})$ 的紧邻均值生成序列，$Z^{(1)}(\tilde{\otimes})=(z^{(1)}(\tilde{\otimes}_2), z^{(1)}(\tilde{\otimes}_3), \cdots, z^{(1)}(\tilde{\otimes}_m))$，其中

$$z^{(1)}(\tilde{\otimes}_k)=\frac{1}{2}(z^{(1)}(\tilde{\otimes}_k)+z^{(1)}(\tilde{\otimes}_{k-1})),\quad k=2, 3, \cdots, m \tag{9.2.2}$$

若 $\hat{a}=[a, b]^{\mathrm{T}}$ 为参数列，且

$$Y=\begin{bmatrix} x(\tilde{\otimes}_2) \\ x(\tilde{\otimes}_3) \\ \vdots \\ x(\tilde{\otimes}_m) \end{bmatrix},\quad B=\begin{bmatrix} -z^{(1)}(\tilde{\otimes}_2) & 1 \\ -z^{(1)}(\tilde{\otimes}_3) & 1 \\ \vdots & \vdots \\ -z^{(1)}(\tilde{\otimes}_m) & 1 \end{bmatrix}$$

则 GM(1，1) 模型 $x(\tilde{\otimes}_k)+az^{(1)}(\tilde{\otimes}_k)=b$ 的最小二乘估计参数列满足 $\hat{a}=(B^{\mathrm{T}}B)^{-1}B^{\mathrm{T}}Y$，其时间响应序列为

$$x^{(1)}(\hat{\tilde{\otimes}}_{k+1})=\left(x(\tilde{\otimes}_1)-\frac{b}{a}\right)\mathrm{e}^{-ak}+\frac{b}{a} \tag{9.2.3}$$

其还原值为

$$x(\hat{\tilde{\otimes}}_{k+1})=x^{(1)}(\hat{\tilde{\otimes}}_{k+1})-x^{(1)}(\hat{\tilde{\otimes}}_k)=(1-\mathrm{e}^{a})\left(x(\tilde{\otimes}_1)-\frac{b}{a}\right)\mathrm{e}^{-ak} \tag{9.2.4}$$

根据离散灰数核的定义，可知

$$\begin{aligned} x(\hat{\tilde{\otimes}}_k)&=\frac{\hat{x}_{k,1}+\hat{x}_{k,2}+\cdots+\hat{x}_{k,n}}{n} \\ &=(1-\mathrm{e}^{a})\left(x(\tilde{\otimes}_1)-\frac{b}{a}\right)\mathrm{e}^{-a(k-1)} \\ \Rightarrow\hat{x}_{k,1}&+\hat{x}_{k,2}+\cdots+\hat{x}_{k,n} \\ &=n\times(1-\mathrm{e}^{a})\left(x(\tilde{\otimes}_1)-\frac{b}{a}\right)\mathrm{e}^{-a(k-1)} \end{aligned} \tag{9.2.5}$$

9.2.2　基于灰单元格面积序列的GM(1，1)模型

根据图9.1.1可知，灰单元格 $u_{i,j}$ 为梯形，其面积记为 $S_{i,j}$，根据梯形的面积公式，可得

$$S_{i,j}=\frac{(x_{i,j+1}-x_{i,j})+(x_{if+1,j+1}-x_{i+1,j})}{2} \tag{9.2.6}$$

其中 $i=1$，2，…，$m-1$，$j=1$，2，…，$n-1$。

根据公式（9.2.6），灰单元层 j 中，所有灰单元格的面积构成序列 $S_j=(s_{1,j}，s_{2,j}，…，s_{m-1,j})$，对序列 S_j 建立GM(1，1)模型，得时间响应序列为

$$\hat{s}_{k,j}^{(1)}=\left(s_{1,j}-\frac{b_j}{a_j}\right)\mathrm{e}^{-a_j(k-1)}+\frac{b_j}{a_j} \tag{9.2.7}$$

还原值为

$$\hat{s}_{k,j}=(1-\mathrm{e}^{a_j})\left(s_{1,j}-\frac{b_j}{a_j}\right)\mathrm{e}^{-a_j(k-1)} \tag{9.2.8}$$

其中 a_j，b_j 为面积序列 $S_j=(s_{1,j}，s_{2,j}，…，s_{m-1,j})$ 的GM(1，1)模型参数。根据式（9.2.6）

$$\begin{aligned}\hat{s}_{k,j}&=(1-\mathrm{e}^{a_j})\left(s_{1,j}-\frac{b_j}{a_j}\right)\mathrm{e}^{-a_j(k-1)}\\&=\frac{(\hat{x}_{k,j+1}-\hat{x}_{k,j})+(\hat{x}_{k+1,j+1}-\hat{x}_{k+1,j})}{2}\\&\Rightarrow(\hat{x}_{k+1,j+1}-\hat{x}_{k+1,j})\\&=2\hat{s}_{k,j}-(\hat{x}_{k,j+1}-\hat{x}_{k,j})\end{aligned}$$

当 $k=1$，$(\hat{x}_{2,j+1}-\hat{x}_{2,j})=2\hat{s}_{1,j}-(\hat{x}_{j+1}-\hat{x}_{1,j})=(x_{2,j+1}-x_{2,j})$；

当 $k=2$，$(\hat{x}_{3,j+1}-\hat{x}_{3,j})=2\hat{s}_{2,j}-(\hat{x}_{2,j+1}-\hat{x}_{2,j})$；

……

当 $k=p-1$，

$$(\hat{x}_{p,j+1}-\hat{x}_{p,j})=2\hat{s}_{p-1,j}-(\hat{x}_{p-1,j+1}-\hat{x}_{p-1,j})$$

$$\Rightarrow(\hat{x}_{p,j+1}-\hat{x}_{p,j})$$

$$=2\hat{s}_{p-1,j}-2\hat{s}_{p-2,j}+\cdots+(-1)^p(a_{2,j+1}-a_{2,j}) \tag{9.2.9}$$

根据公式（9.2.8），

$$\hat{s}_{p-1,j}=(1-\mathrm{e}^{a_j})\left(s_{1,j}-\frac{b_j}{a_j}\right)\mathrm{e}^{-a_j(p-2)}$$

$$\hat{s}_{p-2,j}=(1-\mathrm{e}^{a_j})\left(s_{1,j}-\frac{b_j}{a_j}\right)\mathrm{e}^{-a_j(p-3)}$$

……

可知公式（9.2.9）的前（$p-2$）项是以 $q=-\mathrm{e}^{a_j}$ 为公比的等比数列，根据等比数列的求和公式，可得

$$\hat{x}_{p,j+1}-\hat{x}_{p,j}=\frac{(1-\mathrm{e}^{a_j})\left(s_{1,j}-\frac{b_j}{a_j}\right)\mathrm{e}^{-a_j(p-2)}[1-(-\mathrm{e}^{a_j})^{p-2}]}{1+\mathrm{e}^{a_j}}+(-1)^p(a_{2,j+1}-a_{2,j})=A_j$$

当 $j=1$

$$\hat{x}_{p,2}-\hat{x}_{p,1}=\frac{(1-\mathrm{e}^{a_1})\left(s_{1,1}-\frac{b_1}{a_1}\right)\mathrm{e}^{-a_1(p-2)}[1-(-\mathrm{e}^{a_1})^{p-2}]}{1+\mathrm{e}^{a_1}}+(-1)^p(a_{2,2}-a_{2,1})=A_1 \tag{9.2.10}$$

当 $j=2$，

$$\hat{x}_{p,3}-\hat{x}_{p,2}=\frac{(1-\mathrm{e}^{a_2})\left(s_{1,2}-\frac{b_2}{b_2}\right)\mathrm{e}^{-a_2(p-2)}[1-(-\mathrm{e}^{a_2})^{p-2}]}{1+\mathrm{e}^{a_2}}+(-1)^p(a_{2,3}-a_{2,2})=A_2 \tag{9.2.11}$$

……

当 $j=n-1$，

$$\hat{x}_{p,n}-\hat{x}_{p,n-1}=\frac{(1-\mathrm{e}^{a_{n-1}}\left(s_{1,n-1}-\frac{b_{n-1}}{a_{n-1}}\right)\mathrm{e}^{-a_{n-1(p-2)}}[1-(-\mathrm{e}^{a_{n-1}})^{p-2}]}{1+\mathrm{e}^{a_{n-1}}}+(-1)^p(a_{2,n}-a_{2,n-1})=A_{n-1} \tag{9.2.12}$$

根据公式（9.2.5），当 $k=p$ 时

$$\hat{x}_{p,1}+\hat{x}_{p,2}+\cdots+\hat{x}_{p,n}=n(1-\mathrm{e}^{a})\left(x(\tilde{\otimes}_1)-\frac{b}{a}\right)\mathrm{e}^{-a(p-1)}=A_0 \tag{9.2.13}$$

9.2.3 EDGNM(1，1) 模型的推导及构建

综合公式（9.2.10）~公式（9.2.13），得如下方程组

$$\begin{cases}\hat{x}_{p,1}+\hat{x}_{p,2}+\cdots+\hat{x}_{p,n}=A_0\\ \hat{x}_{p,2}-\hat{x}_{p,1}=A_1\\ \hat{x}_{p,3}-\hat{x}_{p,2}=A_2\\ \cdots\cdots\\ \hat{x}_{p,n}-\hat{x}_{p,n-1}=A_{n-1}\end{cases}$$

设

$$B=\begin{bmatrix}1 & 1 & 1 & \cdots & 1 & 1\\ -1 & 1 & 0 & \cdots & 0 & 0\\ 0 & -1 & 1 & \cdots & 0 & 0\\ \vdots & \vdots & \vdots & \vdots & \vdots & \vdots\\ 0 & 0 & 0 & \cdots & 1 & 0\\ 0 & 0 & 0 & \cdots & -1 & 1\end{bmatrix},\quad Y=\begin{bmatrix}A_0\\ A_1\\ \vdots\\ A_{n-1}\end{bmatrix},\quad \hat{X}=\begin{bmatrix}\hat{x}_{p,1}\\ \hat{x}_{p,2}\\ \vdots\\ \hat{x}_{p,n}\end{bmatrix}$$

则

$$B\hat{X}=Y\Rightarrow B^{\mathrm{T}}B\hat{X}=B^{\mathrm{T}}Y\Rightarrow(B^{\mathrm{T}}B)\hat{X}=B^{\mathrm{T}}Y$$

$$(B^{\mathrm{T}}B)^{-1}(B^{\mathrm{T}}B)\hat{X}=(B^{\mathrm{T}}B)^{-1}B^{\mathrm{T}}Y$$

即

$$\hat{X}=(B^{\mathrm{T}}B)^{-1}B^{\mathrm{T}}Y \tag{9.2.14}$$

称公式（9.2.14）为元素取值可能性均等条件下的离散灰数预测模型。

9.2.4 EDGNM(1，1) 模型的建模步骤

步骤 1 离散灰数序列的标准化：根据定义 9.2.1，将离散灰数序列整理成标准离散灰数序列；

步骤 2 核序列及灰单元格面积序列的计算：根据定义 9.2.1 及定义 9.2.2，计算标准离散灰数序列的核序列及灰单元格面积序列；

步骤 3 序列 GM(1，1) 模型参数的计算：应用灰数建模软件计算核序列及灰单元格面积序列的 GM(1，1) 模型参数；

步骤 4 EDGNM(1，1) 模型的构建：将序列 GM(1，1) 模型参数代入公式（9.2.14），构建元素取值可能性均等条件下的离散灰数预测模型——EDGNM(1，1) 模型；

步骤 5 数据模拟及误差检验：计算模型模拟值，计算并检验模型模拟误差；

步骤 6 数据预测：根据模型预测数据。

EDGNM(1，1) 模型的建模流程，如图 9.2.1 所示。

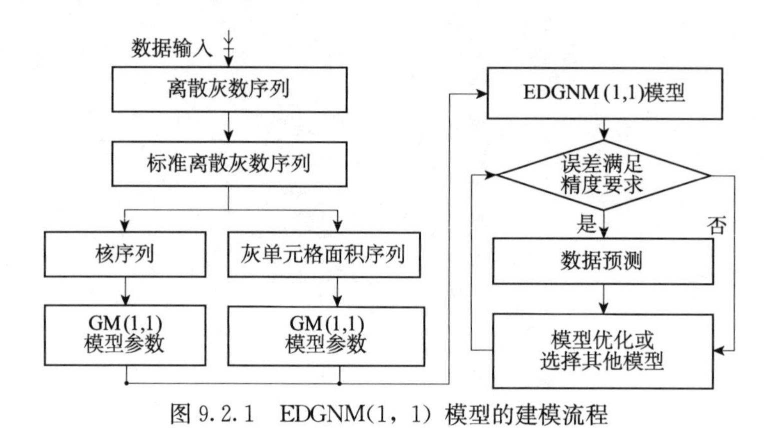

图 9.2.1　EDGNM(1，1) 模型的建模流程

9.2.5　实现 EDGNM(1，1) 模型的关键算法

应用软件实现 EDGNM(1，1) 模型的计算，主要包括离散灰数序列中元素标准化的比较排序算法、实现灰单元格面积序列的算法等内容。下面列出实现建模过程的关键算法，完整的程序代码参考附录。

算法 9.2.1　离散灰数序列的标准化

```
public double [] [] getStandardSequence () {
    double standardSequence [] [] = null;
    try {
        standardSequence = new double [discrete.length] [discrete [0] .length];
        for (int i = 0; i < discrete.length; i++) {
            for (int j = 0; j < discrete [0] .length; j++) {
                standardSequence [i] [j] = discrete [i] [j];
                for (int k = j + 1; k < discrete [0] .length; k++) {
                    if (standardSequence [i] [j] > discrete [i] [k]) {
                        double midValue = standardSequence [i] [j];
                        standardSequence [i] [j] = discrete [i] [k];
                        discrete [i] [k] = midValue;
                    }
                }
            }
        }
    } catch (Exception e) {}
    return standardSequence;
}
```

算法 9.2.2 灰单元格面积序列的计算

```
public String [] [] getAreaSequence () {
        String areaSequence [] [] = null;
        double standardSequence [] [] = getStandardSequence ();
        try {
            areaSequence = new String [discrete [0] .length −1] [discrete. length −1];
            for (int i = 0; i < discrete. length − 1; i++) {
                double area = 0, up = 0, dn = 0;
                for (int j = 0; j < discrete [0] .length − 1; j++) {
                    up = standardSequence [i] [j + 1] − standardSequence [i] [j];
                    dn = standardSequence [i + 1] [j + 1] − standardSequence [i +1]
[j];
                    area = (up + dn) / 2;
                    areaSequence [j] [i] = area + "";
                }
            }
        } catch (java. lang. UnsupportedOperationException e) {
            System. out. println (" 出现异常:" +e. getMessage ());
        }
        return areaSequence;
    }
```

9.2.6 模型应用分析

设某矿岩移动站 3 位观测员记录 2003～2009 年某点的下沉值，如表 9.2.1 所示。试根据表 9.2.1 中的数据，建立该点下沉值的离散灰数动态预测模型。

表 9.2.1 某点 2003～2009 年下沉值观测数据

观测员＼观测时间	2003 年	2004 年	2005 年	2006 年	2007 年	2008 年	2009 年
观测员 1	21	30	43	50	57	70	84
观测员 2	23	28	46	52	60	67	80
观测员 3	18	32	40	47	54	72	78

表 9.2.1 中的数据，构成离散灰数序列

$$X(\otimes)=(x(\otimes_1),\ x(\otimes_2),\ x(\otimes_3),\ x(\otimes_4),\ x(\otimes_5),\ x(\otimes_6),\ x(\otimes_7))$$

其中，

$x(\otimes_1)\in\{21, 23, 18\}$，　$x(\otimes_2)\in\{30, 28, 32\}$

$x(\otimes_3)\in\{43, 46, 40\}$，　$x(\otimes_4)\in\{50, 52, 47\}$

$x(\otimes_5)\in\{57, 60, 54\}$，　$x(\otimes_6)\in\{70, 67, 72\}$

$x(\otimes_7)\in\{84, 80, 78\}$

步骤 1　将 $X(\otimes)$ 转化为标准离散灰数序列 $X(\vec{\otimes})$。

$$X(\vec{\otimes})=(x(\vec{\otimes}_1), x(\vec{\otimes}_2), x(\vec{\otimes}_3), x(\vec{\otimes}_4), x(\vec{\otimes}_5), x(\vec{\otimes}_6), x(\vec{\otimes}_7))$$

其中，

$x(\vec{\otimes}_1)\in\{18, 21, 23\}$，　$x(\vec{\otimes}_2)\in\{28, 30, 32\}$

$x(\vec{\otimes}_3)\in\{40, 43, 46\}$，　$x(\vec{\otimes}_4)\in\{47, 50, 52\}$

$x(\vec{\otimes}_5)\in\{54, 57, 60\}$，　$x(\vec{\otimes}_6)\in\{67, 70, 72\}$

$x(\vec{\otimes}_7)\in\{78, 80, 84\}$

步骤 2　核序列及灰单元层面积序列的计算。

$$X(\tilde{\otimes})=(30, 43, 49, 57, 69, 80)$$

$$S_1=(2.5, 3.0, 3.0, 3.0, 3.0, 2.5)$$

$$S_2=(2.0, 2.5, 2.5, 2.5, 3.0)$$

步骤 3　GM(1，1) 模型参数的计算。

使用开发的灰色建模软件 V5.0，能比较方便地计算 GM(1，1) 模型参数，如下：

(1) 核序列 $X(\tilde{\otimes})$ 的 GM(1，1) 模型参数：$a=-0.160\,0$，$b=33.967\,9$；

(2) 灰单元层面积序列 S_1 的 GM(1，1) 模型参数：$a_1=-0.033\,3$，$b_1=3.231\,5$；

(3) 灰单元层面积序列 S_2 的 GM(1，1) 模型参数：$a_2=-0.040\,0$，$b_2=2.268\,3$。

步骤 4　离散灰数模型的构建。

根据公式 (9.2.14)，可得

$$\begin{cases}\hat{x}_{p,1}+\hat{x}_{p,2}+\hat{x}_{p,3}=107.4764\times e^{0.16(p-1)}=A_0\\ \hat{x}_{p,2}-\hat{x}_{p,1}=0.0418\times[1-(-0.9672)^{p-2}]+2\times(-1)^p=A_1\\ \hat{x}_{p,3}-\hat{x}_{p,2}=0.0403\times[1-(-0.9608)^{p-2}]+2\times(-1)^p=A_2\end{cases}$$

$$\Rightarrow\begin{cases}\hat{x}_{p,1}=\dfrac{A_0-2A_1-A_2}{3}\\ \hat{x}_{p,2}=\dfrac{A_0+2A_1-A_2}{3}\\ \hat{x}_{p,3}=\dfrac{A_0+A_1+2A_2}{3}\end{cases}$$

当 $p=8$，可预测 2010 年的下沉值

$$\hat{x}_{8,1}=107,\quad \hat{x}_{8,2}=110,\quad \hat{x}_{8,3}=112$$

即 $\otimes(t_8)\in\{107,110,112\}$。

9.3 元素取值可能性不均等条件下的离散灰数预测模型

9.2 节研究了建模对象为离散灰数序列的预测模型，对离散灰数中的每个元素考虑的是等可能地取值。然而，通常情况下离散灰数中每个元素的取值可能性存在一定的差异，有的大一些，有的小一些。这就是一个元素取值不均等条件下的离散灰数预测模型构建问题。对这类模型的研究分为两个部分：离散灰数元素的预测及元素取值可能性大小的预测。其中，离散灰数元素预测部分的研究内容与 9.1 节的相同，此处不再介绍；本部分主要研究离散灰数元素取值可能性大小的预测。

为方便，本节将元素取值可能性不均等条件下的离散灰数预测模型，记为 NEDGNM(1，1)（discrete grey number prediction model under the condition of non-equal value possibility based on GM(1，1)）。

9.3.1 离散灰数中元素“取值可能性”预测模型的构建

离散灰数中元素的取值可能性大小，无法通过一套严密的固定程式来进行推演和计算，主要凭经验通过主观判断来进行，具有一定的随意性；在这

样的背景下，离散灰数中元素的取值可能性预测模型也仅能实现一个比较粗略的预测。

在构建离散灰数中元素“取值可能性”预测模型的过程中，同样需要将离散灰数中的元素按从小到大的顺序进行排列，从而得到标准离散灰数 $X(\vec{\otimes}_i)$及标准离散灰数序列 $X(\vec{\otimes})$。

定义 9.3.1 在标准离散灰数序列 $X(\vec{\otimes})$ 中，标准离散灰数 $x(\vec{\otimes}_i)$ 中元素 $x_{i,j}$的取值可能性大小记为 $w(x_{i,j})$ （$i=1，2，\cdots，m$，$j=1，2，\cdots，n$），由 $w(x_{i,j})$ 组成集合 $W(\vec{\otimes}_i)$，记为

$$W(\vec{\otimes}_i)\in\{w(x_{i,1}),\ w(x_{i,2}),\ \cdots,\ w(x_{i,n})\}$$

由序列 $X(\vec{\otimes})$ 中所有标准离散灰数取值可能性集合 $X(\vec{\otimes}_i)$ 构成的序列，称为 $W(\vec{\otimes})$ 的“取值可能性”序列，记为

$$W(\vec{\otimes})=(W(\vec{\otimes}_1),\ W(\vec{\otimes}_2),\ \cdots,\ W(\vec{\otimes}_m))$$

$X(\vec{\otimes})$ 中对应位置的元素构成集合 $X_j\in\{x_{1,j},\ x_{2,j},\ \cdots,\ x_{m,j}\}$，$j=1，2，\cdots，n$，由 X_j 中元素“取值可能性”大小构成序列 $W(X_j)\in\{w(x_{1,j}),\ w(x_{2,j}),\ \cdots,\ w(x_{m,j})\}$，构建 $W(X_j)$ 的 GM(1，1) 模型，实现 X_j 中对应元素的模拟或预测，$\hat{w}(x_{k,j})+a_{wj}z_{k,j}^{(1)}=b_{wj}$ 的时间响应序列为

$$\hat{w}^{(1)}(x_{k+1,j})=\left(\hat{w}(x_{1,j})-\frac{b_{wj}}{a_{wj}}\right)\mathrm{e}^{-a_jk}+\frac{b_{wj}}{a_{wj}} \tag{9.3.1}$$

其还原值为

$$\begin{aligned}\hat{w}(x_{k+1,j})&=\hat{w}^{(1)}(x_{k+1,j})-\hat{w}^{(1)}(x_{k,j})\\&=(1-\mathrm{e}^{a_{wj}})\left(\hat{w}(x_{1,j})-\frac{b_{wj}}{a_{wj}}\right)\mathrm{e}^{-a_{wj}k}\end{aligned} \tag{9.3.2}$$

当 $k=p-1$，

$$\hat{w}(x_{p,j})=(1-\mathrm{e}^{a_{wj}})\left(\hat{w}(x_{1,j})-\frac{b_{wj}}{a_{wj}}\right)\mathrm{e}^{-a_{wj}^{(p-1)}} \tag{9.3.3}$$

其中，a_{wj}，b_{wj}为序列 $W(X_j)$ 的 GM(1，1) 模型参数，并称公式（9.3.3）为标准离散灰数序列 $X(\vec{\otimes})$ 中元素的“取值可能性”预测模型。

9.3.2　NEDGNM(1，1) 模型的构建

根据元素取值可能性均等条件下的离散灰数预测模型，即公式（9.2.15）可实现离散灰数中，各元素大小的预测。

$$\hat{X}=(B^{\mathrm{T}}B)^{-1}B^{\mathrm{T}}Y$$

其中

$$B=\begin{bmatrix}1 & 1 & 1 & \cdots & 1 & 1\\ -1 & 1 & 0 & \cdots & 0 & 0\\ 0 & -1 & 1 & \cdots & 0 & 0\\ \vdots & \vdots & \vdots & \vdots & \vdots & \vdots\\ 0 & 0 & 0 & \cdots & 1 & 0\\ 0 & 0 & 0 & \cdots & -1 & 1\end{bmatrix},\quad Y=\begin{bmatrix}A_0\\ A_1\\ \vdots\\ A_{n-1}\end{bmatrix},\quad \hat{X}=\begin{bmatrix}\hat{x}_{p,1}\\ \hat{x}_{p,2}\\ \vdots\\ \hat{x}_{p,n}\end{bmatrix}$$

组合公式（9.2.15）及公式（9.3.3），可得

$$\begin{cases}\hat{X}=(B^{\mathrm{T}}B)^{-1}B^{\mathrm{T}}Y\\ \hat{w}(x_{p,j})=(1-\mathrm{e}^{a_{wj}})\left(\hat{w}(x_{1,j})-\dfrac{b_{wj}}{a_{wj}}\right)\mathrm{e}^{-a_{wj}^{(p-1)}}\end{cases}\tag{9.3.4}$$

称公式（9.3.4）为元素取值可能性不均等条件下的离散灰数预测模型。

9.3.3　NEDGNM(1，1) 模型的建模步骤与核心算法

NEDGNM(1，1) 模型的建模步骤与核心算法与本章 9.2.4 小节“EDGNM(1，1) 模型的建模步骤”，以及 9.2.5 小节“实现 EDGNM(1，1) 模型的关键算法”部分的内容类似，此处不再赘述。

9.3.4　模型应用分析

某环保站定期派三位工作人员对某监测点进行空气取样，然后据此分别计算空气污染指数（API，air pollution index）。由于取样时间、操作手段、技术水平、误差处理等原因，三位工作人员测算出相同位置点的 API 值并不相同，环保工程师参考历史数据并结合实际情况，认为三位工作人员测得的 API 作为“真值”具有不同的可能性（可以理解为模糊数学中隶属度的含义），有的大一些，有的小一些。由于空气监测点多而环保站人力有限，因此

只能采取轮流对监测点进行取样的方式，来计算该区域的综合API，而对没有取样的监测点只能通过"均值""指数平滑"等方式来比较粗略地近似模拟该监测点的API。工作人员测得的API值，构成该点API值的离散灰数；不同的API值具有作为"真值"的不同可能性，而可能性的大小，没有一套严密的固定程式进行推演和计算，主要凭经验通过主观判断进行。

现利用本节介绍的方法来构造API的离散灰数预测模型，并对预测结果的可能性大小进行预测。表9.3.1显示的是三位工作人员5次测算到的某点API值及其相应的取值可能性。

表9.3.1 某监测点的API值及其相应的取值可能性

类别 \ 人员		工作人员1	工作人员2	工作人员3
第一次	API取值	53	58	50
	可能性/%	60	70	50
第二次	API取值	57	53	55
	可能性/%	80	60	80
第三次	API取值	55	52	60
	可能性/%	80	70	70
第四次	API取值	51	56	54
	可能性/%	70	80	70
第五次	API取值	56	61	57
	可能性/%	80	70	70

根据表9.3.1，可得三位工作人员5次测得某监测点API值的标准离散灰数序列为

$$X(\vec{\otimes})=(\vec{\otimes}(t_1),\ \vec{\otimes}(t_2),\ \vec{\otimes}(t_3),\ \vec{\otimes}(t_4),\ \vec{\otimes}(t_5))$$

$$\Rightarrow X(\vec{\otimes})=(\{50,\ 53,\ 58\},\ \{53,\ 55,\ 57\},\ \{52,\ 55,\ 60\},\ \{51,\ 54,\ 56\},\ \{53,\ 57,\ 61\})$$

对应的"真值"可能性序列为（为计算方便，省略百分号），

$$W(\vec{\otimes})=(W(\vec{\otimes}_1),\ W(\vec{\otimes}_2),\ \cdots,\ W(\vec{\otimes}_m))$$

$$\Rightarrow W(\vec{\otimes})=(\{50,\ 60,\ 70\},\ \{60,\ 80,\ 80\},\ \{70,\ 80,\ 70\},\ \{70,\ 70,\ 80\},\ \{80,\ 70,\ 70\})$$

现构建 $X(\vec{\otimes})$ 在元素取值可能性不均等条件下的离散灰数预测模型，实

现 $X(\overrightarrow{\otimes})$ 中离散灰数及其可能性大小的预测，步骤如下。

步骤 1 核序列与面积序列的灰色模型。

（1）核序列：$X(\tilde{\otimes})=(53.7, 55.0, 55.7, 53.7, 57.0)$

GM(1，1）模型参数：$a_0=-0.0073$，$b_0=54.1543$；平均相对误差：$\bar{\Delta}_0=1.6659\%$，

$$\hat{x}_{p,1}+\hat{x}_{p,2}+\hat{x}_{p,3}=3\times 54.3476\times e^{0.0073\times(p-1)}=A_0$$

（2）面积序列→灰单元层 1：$S_1=(2.5, 2.5, 3.0, 3.5)$

GM(1，1）模型参数：$a_1=-0.1663$，$b_1=1.8915$；平均相对误差：$\bar{\Delta}_1=0.5405\%$，

$$\hat{x}_{p,2}-\hat{x}_{p,1}=\frac{2.1255\times e^{0.1663\times(p-2)}\left[1-(-e^{-0.1663})^{p-2}\right]}{1+e^{-0.1663}}+(-1)^p\times 2=A_1$$

（3）面积序列→灰单元层 2：$S_2=(3.5, 3.5, 3.5, 3.0)$

GM(1，1）模型参数：$a_2=0.0731$，$b_2=3.9671$；平均相对误差：$\bar{\Delta}_2=3.4628\%$，

$$\hat{x}_{p,3}-\hat{x}_{p,2}=\frac{3.8502\times e^{-0.0731\times(p-2)}\left[1-(-e^{0.0731})^{p-2}\right]}{1+e^{0.0731}}+(-1)^p\times 2=A_2$$

根据公式（9.2.14），

$$B=\begin{bmatrix}1 & 1 & 1\\ -1 & 1 & 0\\ 0 & -1 & 1\end{bmatrix},\quad \hat{X}=\begin{bmatrix}\hat{x}_{p,1}\\ \hat{x}_{p,2}\\ \hat{x}_{p,3}\end{bmatrix}$$

$$\begin{cases}\hat{x}_{p,1}+\hat{x}_{p,2}+\hat{x}_{p,3}=3\times 54.3476\times e^{0.0073\times(p-1)}=A_0\\ \hat{x}_{p,2}-\hat{x}_{p,1}=\dfrac{2.1255\times e^{0.1663\times(p-2)}\left[1-(-e^{-0.1663})^{p-2}\right]}{1+e^{-0.1663}}\\ \qquad +(-1)^p\times 2=A_1\\ \hat{x}_{p,3}-\hat{x}_{p,2}=\dfrac{3.8502\times e^{-0.0731\times(p-2)}\left[1-(-e^{0.0731})^{p-2}\right]}{1+e^{0.0731}}\\ \qquad +(-1)^p\times 2=A_2\end{cases}$$

步骤 2 取值可能性序列的灰色模型。

（1）取值可能性序列 1：$W_1=(50, 60, 70, 70, 80)$，

GM(1，1) 模型参数：$a_{w1}=-0.0856$，$b_{w1}=54.3731$；平均相对误差：$\overline{\Delta}_{w1}=2.92\%$，

$$\hat{w}(x_{p,1})=(1-e^{-0.0856})\left(\hat{w}(x_{1,1})-\frac{54.3731}{-0.0856}\right)e^{0.0856\times(p-1)}$$

(2) 取值可能性序列 2：$W_2=$ (60，80，80，70，70)，

GM(1，1) 模型参数：$a_{w2}=0.0533$，$b_{w2}=86.4565$；平均相对误差：$\overline{\Delta}_{w2}=2.67\%$，

$$\hat{w}(x_{p,2})=(1-e^{0.5333})\left(\hat{w}(x_{1,2})-\frac{86.4565}{0.0533}\right)e^{-0.0533\times(p-1)}$$

(3) 取值可能性序列 3：$W_3=$ (70，80，80，70，70)，

GM(1，1) 模型参数：$a_{w3}=0.0533$，$b_{w3}=86.9893$；平均相对误差：$\overline{\Delta}_{w3}=2.67\%$，

$$\hat{w}(x_{p,3})=(1-e^{0.0533})\left(\hat{w}(x_{1,3})-\frac{86.9893}{0.0533}\right)e^{-0.0533\times(p-1)}$$

步骤 3 模拟。

根据步骤 1，步骤 2 中构建的模型及表 9.3.1 中的数据，可计算模型的模拟值与模拟误差，如表 9.3.2 所示。

只有通过检测的模型，才能用于预测。从表 9.3.2 可知，模型的综合误差 3.3%，查 GM(1，1) 模型精度检验等级参照表（刘思峰，谢乃明，2008)，可知模型的精度等级介于 I 级 II 级之间，完全可用于预测。

表 9.3.2 模型的模拟值及模拟误差

类别		工作人员 1			工作人员 2			工作人员 3		
		原始数据	模拟数据	模拟误差	原始数据	模拟数据	模拟误差	原始数据	模拟数据	模拟误差
第二次	API 值	57	56.7	0.5%	53	52.7	0.6%	55	54.7	0.5%
	可能性	80%	81%	1.3%	60%	61%	1.7%	80%	81%	1.3%
第三次	API 值	55	54.8	0.4%	52	54.3	4.4%	60	56.4	6.0%
	可能性	80%	77%	3.8%	70%	67%	4.3%	70%	77%	10.0%
第四次	API 值	51	54.9	7.6%	56	57.2	2.1%	54	55.9	3.5%
	可能性	70%	73%	4.3%	80%	73%	8.8%	70%	73%	4.3%
第五次	API 值	56	53.8	3.9%	61	58.4	4.3%	57	56.9	0.2%
	可能性	80%	79%	1.3%	70%	69%	1.4%	70%	69%	1.4%
平均误差	API 值	3.1%			2.9%			2.6%		
	可能性	2.7%			4.1%			4.3%		
综合误差		3.3%								

步骤 4　预测。

当 $p=2$，3，4，5 时，通过模型的计算得到模型的模拟值(表 9.3.2)；当 $p=6$，7，8，…时，通过模型的计算可得到模型的预测值，这里仅以 $p=6$ 计算模型的预测值，其余情况类似。

$$B=\begin{bmatrix}1 & 1 & 1\\ -1 & 1 & 0\\ 0 & -1 & 1\end{bmatrix},\quad \hat{X}=\begin{bmatrix}\hat{x}_{7,1}\\ \hat{x}_{7,2}\\ \hat{x}_{7,3}\end{bmatrix},\quad Y=\begin{bmatrix}169.1\\ 3.1\\ 1.5\end{bmatrix}$$

根据 $\hat{X}=(B^{T}B)^{-1}B^{T}Y$，可计算得

$$\hat{x}_{7,1}=53.8,\quad \hat{x}_{7,2}=56.9,\quad \hat{x}_{7,3}=58.4$$

即 $x(\widetilde{\otimes}_6)\in\{53.8，56.9，58.4\}$；

根据步骤 2，可计算标准离散灰数中元素取值可能性分别为

$$\hat{w}(\hat{x}_{7,1})=86.25\%,\quad \hat{w}(\hat{x}_{7,2})=65.52\%,\quad \hat{w}(\hat{x}_{7,3})=66.51\%$$

即 $W(\widetilde{\otimes}_6)\in\{86，66，66\}$。

结论：可以预测空气监测点的 API 分别为 54.8，56.9，58.4 且取这三个值的可能性分别为 86.25%，65.52%和 66.51%。

9.4　本章小结

本章提出了“标准离散灰数”及“灰单元格”的概念，通过构建标准离散灰数“核”序列及“灰单元格”面积序列的 GM(1，1) 预测模型，综合代数和几何的方法，推导及构建了基于离散灰数序列的灰色预测模型，实现对离散灰数中元素的预测；通过构建标准离散灰数中元素“取值可能性”序列的灰色模型，实现离散灰数中元素取值可能性大小的预测。最后将模型分别应用于矿岩移动站监测点下沉值及空气监测点 API 的模拟及预测，同时给出了详细的建模步骤。本章的研究成果，对丰富与完善灰色预测模型的理论体系，拓展灰色预测模型的适用范围，具有一定的积极意义。此外，本章仅讨

论了组成离散灰数序列的各个灰元中，元素个数相等这一特殊情况，如何有效地构建元素个数不等条件下的离散灰数预测模型，将是笔者下一步需要深入研究的内容。

10 灰色异构数据预测模型

10.1 引　　言

统计对象的复杂性是导致统计数据不确定性的主要因素，多源信息集结尽管对提高复杂环境下统计数据的可信度具有重要作用，但该方法中信息渠道的多源性极易导致集结信息数据类型不一致、不兼容，形成灰色异构数据序列。如灾害应急救援中，由于自然灾害的非常规性、突发性和不确定性，救援机构在较短时间内难以采集到精确的大样本统计数据，单凭某一途径所获得的有限信息，难以实现对自然灾害发展趋势的全面客观认识。在这样的情况下，通过多源信息集结提高样本数据可信度对灾害应急救援具有重要作用，然而，信息来源的多样性往往造成集结信息数据类型不一致、不兼容，从而形成包含不同数据类型的灰色异构数据序列（图 10.1.1）。

回归分析用来研究一个变量（因变量）与另一个或多个变量（自变量）之间的关系，其主要思想是根据事物之间的因果关系去寻找数据变化的规律性，从而建立因变量的预测模型，实现对未知数据的预测。实践证明，在满足建模要求的情况下，回归模型通常具有较高的预测精度。但是，在进行回归分析时，要求样本量足够大且必须呈典型分布，计算过程复杂，特别是在处理多自变量，且这些自变量与因变量关系非线性的时候，模型的构造十分困难。对于小样本预测，目前主要的方法有马尔可夫模型及灰色预测模型。虽然马尔可夫模型需要的数据量小，但是计算的准确率偏低而存储复杂度偏高。

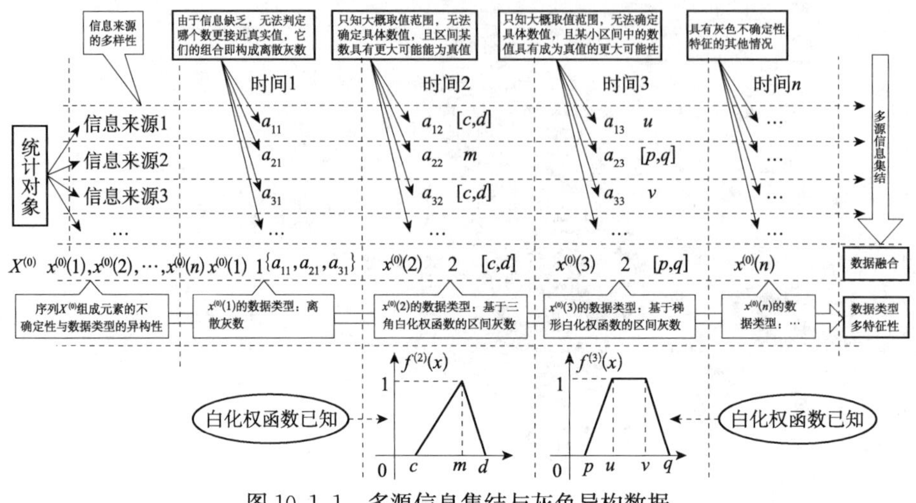

图 10.1.1　多源信息集结与灰色异构数据

1982 年我国著名学者邓聚龙教授基于“灰箱”思想创立了灰色理论，该理论是研究“小样本”“不确定性”预测问题的常用方法。然而，灰色预测模型的既有研究成果，主要围绕以“实数”为建模对象的经典灰色预测模型、以“区间灰数”为建模对象的区间灰数预测模型及以“离散灰数”为建模对象的离散灰数预测模型展开相关研究，对于建模序列中同时包含“实数”“区间灰数”及“离散灰数”等数据类型不一致的“灰色异构数据序列”，尚无有效的建模方法和预测手段。

从图 10.1.2 不难发现，传统灰色预测模型是区间灰数或离散灰数预测模型的特殊情况，当建模序列中的元素从区间灰数白化为实数时，区间灰数预测模型就演变为传统的灰色预测模型；进一步地，当灰色异构数据预测模型中的元素全部由区间灰数组成时，则灰色异构数据预测模型就变成相应的区间灰数预测模型，可见灰色异构数据序列预测模型是既有灰色预测模型的推广和拓展。但由于目前人们还无法处理灰色异构数据序列的预测问题，因此只能将“灰色异构”信息进行“同质化”处理，将灰色异构数据简化为灰色同构数据后建立预测模型，但是该过程将丢失一些已知信息，这有悖于灰色系统“信息充分利用”的思想。

本章试图对灰色异构数据序列预测模型的建模理论和方法展开研究，以期建立更具普适性和通用性的统一灰色系统预测模型。

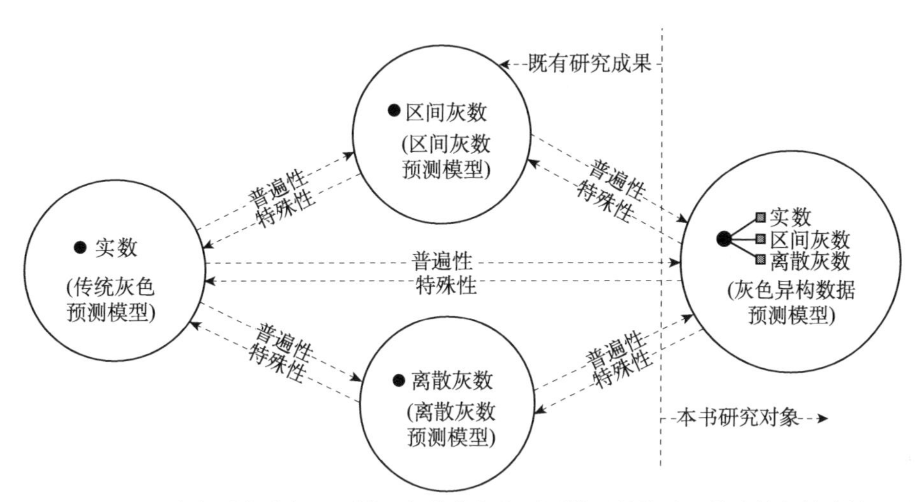

图 10.1.2　灰色异构数据预测模型与其他灰色预测模型的关系（普遍性与特殊性）

10.2　灰色异构数据的概念与灰度不减公理

10.2.1　灰色异构数据的概念

定义 10.2.1　设灰数$\otimes_k=\otimes_m o \otimes_n$，其中$\otimes_m$，$\otimes_n$可能为区间灰数、离散灰数或白数（即实数），$o$为运算关系，$o\in\{+，-，\times，\div\}$，当

（1）$\otimes_m$与$\otimes_n$同为区间灰数，但$\otimes_m$与$\otimes_n$白化权函数类型不一致（三角形、梯形、矩形或其他几何图形）；

（2）$\otimes_m$与$\otimes_n$同为离散灰数，但$\otimes_m$与$\otimes_n$元素个数不相等；

（3）$\otimes_m$与$\otimes_n$分别为：①区间灰数和实数；②离散灰数和实数；

（4）$\otimes_m$与$\otimes_n$分别为区间灰数和离散灰数，

则称$\otimes_m$与$\otimes_n$组成的集合为灰色异构数据集，$\otimes_k=\otimes_m o \otimes_n$为灰色异构数据代数运算。

从定义 10.2.1 不难发现，传统区间灰数代数运算法则只是灰色异构数据代数运算的一个特例，即当$\otimes_m$与$\otimes_n$同为区间灰数且其白化权函数均为矩形时才成立。

定义 10.2.2 设$\tilde{\otimes}(t_k)$为灰数$\otimes(t_k)$的核，g°_k为灰数$\otimes(t_k)$的灰度，则称$\tilde{\otimes}_k(g^{\circ}_k)$为灰数$\otimes(t_k)$的简化形式。

10.2.2 灰度不减公理及其推论

公理 10.2.1(灰度不减公理) 两个灰度不同的区间灰数进行和、差、积、商运算时，运算结果的灰度不小于灰度较大的区间灰数的灰度。

根据公理 10.2.1，可得如下两个推论。

推论 10.2.1 一个实数与一个区间灰数进行和、差、积、商运算时，运算结果的灰度与区间灰数的灰度相同。

推论 10.2.2 两个信息域不同的区间灰数进行和、差、积、商运算时，运算结果的信息域不小于信息域较大的区间灰数的信息域。

10.2.3 灰色异构数据预测模型建模思路

定义 10.2.3 设灰色预测模型建模序列$\overleftrightarrow{X}=(x_1, x_2, \cdots, x_n)$，$\exists i, j\in\{1, 2, \cdots, n\}$，$\forall i, j$对，若$x_i$与$x_j$数据类型（数据类型的概念见定义 10.2.1）相同，则称建模序列$\overleftrightarrow{X}$为灰色同构数据序列，反之则称为灰色异构数据序列。当$\overleftrightarrow{X}$中不同数据类型的个数为 2 时，则称X为灰色双重异构数据序列；当$\overleftrightarrow{X}$中不同数据类型的个数为 3 及其以上时，则称$\overleftrightarrow{X}$为灰色多重异构数据序列。

根据定义 10.2.1 可知，灰色异构数据序列由不同类型的灰数构成，这些灰数可能是区间灰数、离散灰数或其他灰色数据，同时区间灰数所对应的白化权函数种类也可能不一致。根据灰色预测模型建模机理，建模时需要对原始序列进行累加生成以及一系列的矩阵计算，然而当原始序列数据异构时，很难对这些异构数据进行传统意义的代数运算，因为我们难以知道一个区间灰数与一个离散灰数的运算结果究竟应该是什么。

灰色异构数据序列中的元素（区间灰数、离散灰数、实数或其他灰信息）虽然具有不同的数据结构及灰信息特征，但均同属“灰数”范畴（注：实数是灰度为“0”的特殊灰数），都具有“核”和“灰度”这一基本的共同属性，因此可以通过“核”和“灰度”来研究灰色异构数据的预测建模方法。显然，灰色异构数据之间进行加、减、乘、除、开方以及矩阵等运算之后，其运算结果自然也是灰数。因此，构建灰色异构数据预测模型之前，需要首先对灰色异构数据序列进行规范化处理，将其转换为“核”序列与“灰度”序列，然后在此基础上研究灰色异构数据序列的预测建模方法。

根据第 3 章知识，可计算灰色异构数据序列中各个“灰元”的“核”及“灰度”，并构成“核”序列与“灰度”序列。

定义 10.2.4 由灰色异构数据序列 $\overleftrightarrow{X}(\otimes)=(x(t_1), x(t_2), \cdots, x(t_n))$ 中每个灰元的“核”及“灰度”所构成的序列，分别称为 $\overleftrightarrow{X}(\otimes)$ 的“核”序列 $\tilde{\overleftrightarrow{X}}(\otimes)$ 及灰度序列 $G^\circ(\overleftrightarrow{X}(\otimes))$，即

$$\tilde{\overleftrightarrow{X}}(\otimes)=(\tilde{\otimes}(t_1),\tilde{\otimes}(t_2),\cdots,\tilde{\otimes}(t_n))$$

$$G^\circ=(\overleftrightarrow{X}(\otimes))=(g^\circ(\otimes(t_1),\ g^\circ(\otimes(t_2),\ \cdots,\ g^\circ(\otimes(t_n)))$$

从定义 10.6.2 可知，灰色异构数据序列的“核”序列与“灰度”序列，均由“实数”构成。可见，通过对灰色异构数据序列进行规范化处理，将其统一为“实数”序列，从而可以应用传统的灰色预测建模方法来构建以灰色异构数据序列为建模对象的灰色预测模型，有效地规避了直接对灰色异构数据进行代数运算这一难题。

10.3　灰色异构数据代数运算法则及性质

灰色异构数据（区间灰数、离散灰数、实数或其他灰信息）虽然具有不同的数据结构及灰信息特征，但均同属“灰数”范畴（注：实数是灰度为“0”的特殊灰数），都具有“核”和“灰度”这一基本的共同属性，因此可以通过“核”和“灰度”来研究灰色异构数据之间的代数运算法则。显然，灰色异构数据之间进行加、减、乘、除、开方以及矩阵等运算之后，其运算结果自然也是灰数。因此，将灰色异构数据转换为“核”与“灰度”，然后在此

基础上研究基于核和灰度的灰色异构数据之间的代数运算方法。

根据定义 10.2.2，基于灰数的简化形式$\tilde{\otimes}_k(g^{\circ}_k)$，可以得到灰色异构数据代数运算法则如下。

法则 1（加法运算） $\tilde{\otimes}_k(g^{\circ}_k)+\tilde{\otimes}_m(g^{\circ}_m)=(\tilde{\otimes}_k+\tilde{\otimes}_m)(g^{\circ}_k \vee g^{\circ}_m)$。

法则 2（减法运算） $\tilde{\otimes}_k(g^{\circ}_k)-\tilde{\otimes}_m(g^{\circ}_m)=(\tilde{\otimes}_k-\tilde{\otimes}_m)(g^{\circ}_k \vee g^{\circ}_m)$。

法则 3（乘法运算） $\tilde{\otimes}_k(g^{\circ}_k)\times\tilde{\otimes}_m(g^{\circ}_m)=(\tilde{\otimes}_k\times\tilde{\otimes}_m)(g^{\circ}_k \vee g^{\circ}_m)$。

法则 4（除法运算） 设$\tilde{\otimes}_m\neq 0$，$\tilde{\otimes}_k(g^{\circ}_k)\div\tilde{\otimes}_m(g^{\circ}_m)=(\tilde{\otimes}_k\div\tilde{\otimes}_m)(g^{\circ}_k \vee g^{\circ}_m)$。

法则 5（数乘运算） $m\times\tilde{\otimes}_k(g^{\circ}_k)=(m\times\tilde{\otimes}_k)(g^{\circ}_k)$。

法则 6（乘方运算） $(\tilde{\otimes}_k(g^{\circ}_k))^r=(\tilde{\otimes}_k)^r(g^{\circ}_k)$。

当参与运算的灰元均为区间灰数，则其和、差、积、商等运算是法则1～法则 6 的特例，即刘思峰教授论文《基于核和灰度的区间灰数运算法则》中所讨论的内容，可见本节所研究的灰色异构数据代数运算法则是其推广与拓展。

定义 10.3.1 设 $F(\otimes)$ 为一灰色异构数据集，若对任意的$\otimes_i$，$\otimes_j$ 有 $\otimes_i+\otimes_j$，$\otimes_i-\otimes_j$，$\otimes_i\times\otimes_j$，$\otimes_i\div\otimes_j$ （$\tilde{\otimes}_j\neq 0$） 均属于 $F(\otimes)$，则称 $F(\otimes)$ 为灰色异构数据域。

性质 10.3.1 设 $F(\otimes)$ 为灰色异构数据集，$\otimes_i$，$\otimes_j$，$\otimes_k\in F(\otimes)$，其核及灰度分别为$\tilde{\otimes}_i(g^{\circ}_i)$，$\tilde{\otimes}_j(g^{\circ}_j)$，$\tilde{\otimes}_k(g^{\circ}_k)$，则灰色异构数据代数运算法则具有如下性质：

(1) $\tilde{\otimes}_i(g^{\circ}_i)+\tilde{\otimes}_j(g^{\circ}_j)=\tilde{\otimes}_i(g^{\circ}_j)+\tilde{\otimes}_i(g^{\circ}_i)$；

(2) $(\tilde{\otimes}_i(g^{\circ}_i)+\tilde{\otimes}_j(g^{\circ}_j))+\tilde{\otimes}_k(g^{\circ}_k)=\tilde{\otimes}_i(g^{\circ}_i)+(\tilde{\otimes}_j(g^{\circ}_j)+\tilde{\otimes}_k(g^{\circ}_k))$；

(3) $\exists\,\forall\, 0\in F(\otimes)$，使$\tilde{\otimes}_i(g^{\circ}_i)+0=\tilde{\otimes}_i(g^{\circ}_i)$；

(4) 对$\forall\otimes_s\in F(\otimes)$，有$-\otimes_s\in F(\otimes)$ 且使得$-\tilde{\otimes}_s+\tilde{\otimes}_s=0$；

(5) $\tilde{\otimes}_i(g^{\circ}_i)\times(\tilde{\otimes}_j(g^{\circ}_j)\times\tilde{\otimes}_k(g^{\circ}_k))=(\tilde{\otimes}_i(g^{\circ}_i)\times\tilde{\otimes}_j(g^{\circ}_j))\times\tilde{\otimes}_k(g^{\circ}_k)$；

(6) 存在单位元 $1\in F(\otimes)$，使 $1\times\tilde{\otimes}_i(g^{\circ}{}_i)=\tilde{\otimes}_i(g^{\circ}{}_i)\times 1=\tilde{\otimes}_i(g^{\circ}{}_i)$；

(7) $(\tilde{\otimes}_i(g^{\circ}{}_i)+\tilde{\otimes}_j(g^{\circ}{}_j))\times\tilde{\otimes}_k=\tilde{\otimes}_i(g^{\circ}{}_i)\times\tilde{\otimes}_k(g^{\circ}{}_k)+\tilde{\otimes}_j(g^{\circ}{}_j)\times\tilde{\otimes}_k(g^{\circ}{}_k)$；

(8) $\tilde{\otimes}_i(g^{\circ}{}_i)\times(\tilde{\otimes}_j(g^{\circ}{}_j)+\tilde{\otimes}_k(g^{\circ}{}_k))=\tilde{\otimes}_i(g^{\circ}{}_i)\times\tilde{\otimes}_j(g^{\circ}{}_j)+\tilde{\otimes}_i(g^{\circ}{}_i)\times\tilde{\otimes}_k(g^{\circ}{}_k)$。

10.4 区间灰数序列中含一个实参数的灰色异构数据预测模型

10.4.1 基本概念

定义 10.4.1 区间灰数序列 $X(\otimes)=(\otimes(t_1),\ \otimes(t_2),\ \cdots,\ \otimes(t_n))$，其中 $\otimes(t_k)\in[a_k,b_k](k=1,\ 2,\ \cdots,\ n)$；$X(\otimes)$ 中存在唯一的元素 $\otimes(t_m)(m=1,\ 2,\ \cdots,\ n)$ 满足 $\otimes(t_m)=\phi_m(\phi_m\in\mathbf{R})$，则称 $X(\otimes)$ 为含一个实参数的区间灰数序列，简称含实参数的区间灰数序列。根据 ϕ_m 在 $X(\otimes)$ 的位置，可将含实参数的区间灰数序列分为三种情况：

(1) 当 $m=1$，则称 $X(\otimes)$ 为首元素实参数的区间灰数序列，如图 10.4.1 (a) 所示；

(2) 当 $m=n$，则称 $X(\otimes)$ 为尾元素实参数的区间灰数序列，如图 10.4.1 (b) 所示；

(3) 当 $m=2,\ 3,\ \cdots,\ n-1$，则称 $X(\otimes)$ 为中间元素实参数区间灰数序列，如图 10.4.1 (c) 所示。

根据定义 10.2.1 可知，含实参数的区间灰数序列中同时包含“实数”与“区间灰数”，因此属于灰色异构数据。根据第 5 章的研究内容可知，只有当序列 $X(\otimes)$ 中的所有元素均为区间灰数时，才能构建基于 DGM(1，1) 的区间灰数预测模型。然而，对于含实参数的区间灰数序列而言，由于不能实现

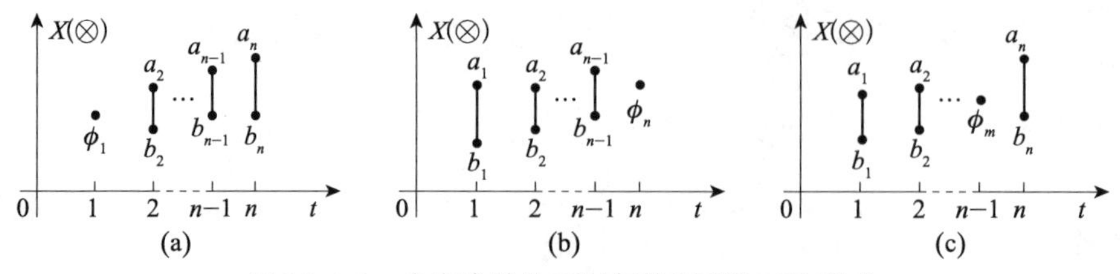

图 10.4.1　含实参数的区间灰数序列的三种形式

它与面积序列 S 及坐标序列 W 的转换，所以，无法使用公式（5.2.14）对含实参数的区间灰数序列建立模型。

为了利用既有的区间灰数预测模型进行建模，需要首先将定义 10.4.1 中的实参数 ϕ 拓展为区间灰数，从而将含实参数的异构数据序列转换为只含区间灰数的同质数据序列，在此基础上应用公式（5.2.14）进行建模。因此，本部分模型构建的思路如图 10.4.2 所示。

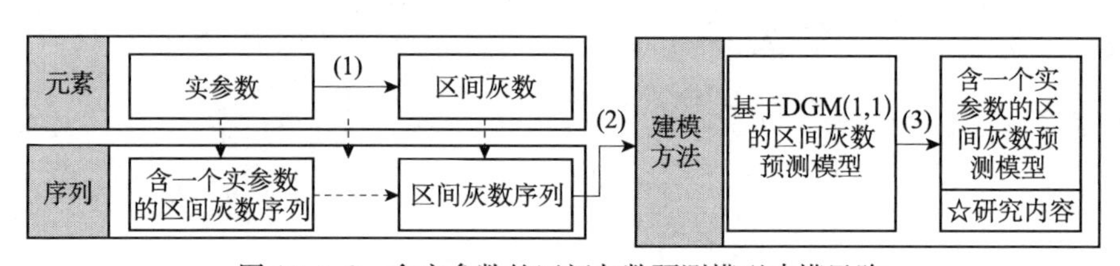

图 10.4.2　含实参数的区间灰数预测模型建模思路

在图 10.4.2 所示的三个步骤中，步骤（2）实际上就是基于区间灰数序列建立预测模型，这类建模方法在第 5 章已详细讨论，实现起来并不复杂；因此，本节主要对步骤（1）和（3）进行重点研究。

10.4.2　实参数边界的拓展

假设 ϕ_m 也是区间灰数，其上界为 a_m，下界为 b_m，那么只要通过推导或计算得 a_m 及 b_m 的值，即实现了实参数 ϕ_m 到区间灰数$\otimes(t_m)\in[a_m, b_m]$ 的拓展。

（1）当 $m=1$ 时

根据定义 10.4.1 可知，当 $m=1$ 时，$X(\otimes)$ 的上界序列 $X_a=(a_2, a_3, \cdots, a_n)$，下界序列 $X_b=(b_2, b_3, \cdots, b_n)$，因此，可以通过建立序列 X_a 及 X_b

的反序灰色预测模型，即可实现区间灰数$\otimes(t_1)$上界a_1及下界b_1的模拟，从而实现实参数ϕ_m的拓展。

设$X_a^{\leftarrow}$为X_a的反序序列，即

$$X_a=(a_2,\ a_3,\ \cdots,\ a_n)\ \Rightarrow X_a^{\leftarrow}=(a_{(n),(1)},\ a_{(n-1),(2)},\ \cdots,\ a_{(2),(n-1)})$$

构建$X_a^{\leftarrow}$的DGM(1，1)模型，可得

$$\hat{a}_{(n-k),(k+1)}=\beta_{1,a,\leftarrow}^{k-1}\times[a_{(n),(1)}\times(\beta_{1,a,\leftarrow}-1)+\beta_{2,a,\leftarrow}] \quad (10.4.1)$$

令$\delta_{a,\leftarrow}=a_{(n),(1)}(\beta_{1,a,\leftarrow}-1)+\beta_{2,a,\leftarrow}$，则

$$\hat{a}_{(n-k),(k+1)}=\delta_{a,\leftarrow}\cdot\beta_{1,a,\leftarrow}^{k-1} \quad (10.4.2)$$

当$k=n-1$时，

$$\hat{a}_{(1),(n)}=\delta_{a,\leftarrow}\cdot\beta_{1,a,\leftarrow}^{n-2}$$

类似地

$$\hat{b}_{(1),(n)}=\beta_{1,b,\leftarrow}^{n-2}[b_{(n),(1)}(\beta_{1,b,\leftarrow}-1)+\beta_{2,b,\leftarrow}] \quad (10.4.3)$$

令$\varphi_{b,\leftarrow}=b_{(n),(1)}(\beta_{1,b,\leftarrow}-1)+\beta_{2,b,\leftarrow}$，则

$$\hat{b}_{(1),(n)}=\varphi_{b,\leftarrow}\cdot\beta_{1,b,\leftarrow}^{n-2} \quad (10.4.4)$$

即$\phi_1\Rightarrow\otimes(t_1)\in[\hat{a}_{(1),(n)},\ \hat{b}_{(1),(n)}]$。因此，当$m=1$时，拓展后的上界序列与下界序列分别为

$$X_a=(\hat{a}_{(1),(n)},\ a_2,\ a_3,\ \cdots,\ a_n),\quad X_b=(\hat{b}_{(1),(n)},\ b_2,\ b_3,\ \cdots,\ b_n)$$

(2) 当$m=n$时

当$m=n$时，直接建立序列X_a及X_b的灰色预测模型，即可实现对区间灰数$\otimes(t_n)$上界a_n及下界b_n的模拟，从而实现实参数ϕ_n的拓展。

$$X_a=(a_1,\ a_2,\ \cdots,\ a_{n-1})\Rightarrow\hat{a}_n=\beta_{1,a}^{n-2}[a_1(\beta_{1,a}-1)+\beta_{2,a}]$$

$$X_b=(b_1,\ b_2,\ \cdots,\ b_{n-1})\Rightarrow\hat{b}_n=\beta_{1,b}^{n-2}[b_1(\beta_{1,b}-1)+\beta_{2,b}]$$

因此，当$m=n$时，拓展后的上界序列与下界序列分别为

$$X_a=(a_1,\ a_2,\ \cdots,\ \hat{a}_n),\quad X_b=(b_1,\ b_2,\ \cdots,\ \hat{b}_n)$$

(3) 当$m=2,\ 3,\ \cdots,\ n-1$时

由于实参数ϕ_m位于$X(\otimes)$中间的某个位置，从而将区间灰数的上界序列和下界序列分隔为两段（图10.4.3），考虑到灰色预测模型是小样本建模$(n\geqslant4)$，建模序列中元素比较少，被分隔后的序列无法满足灰色预测模型的建模条件，因此$m=2,\ 3,\ \cdots,\ n-1$时，不能按照$m=1$及$m=n$的思路来

拓展实参数 ϕ_m 的上界与下界。本节考虑取 ϕ_m 的非紧邻均值来实现计算 ϕ_m 的上界与下界。

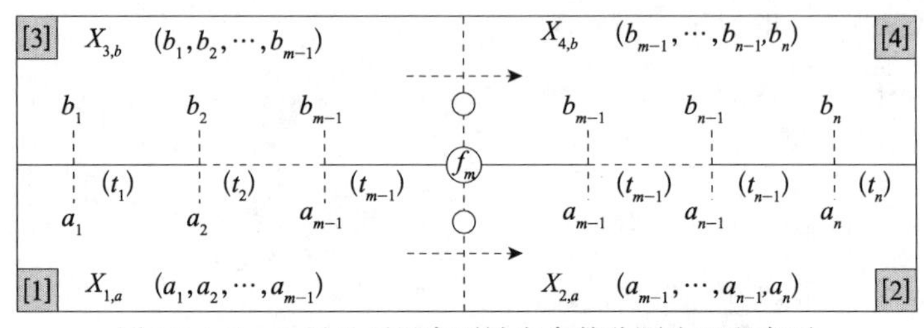

图 10.4.3 上界及下界序列被实参数分隔为四段序列

根据紧邻均值的定义，可以得到填充后的上界及下界序列，

$$X_a=(a_1, a_2, \cdots, a_{m-1}, \hat{a}_m, a_{m+1}\cdots, a_n)$$

$$X_b=(b_1, b_2, \cdots, b_{m-1}, \hat{b}_m, b_{m+1}\cdots, b_n)$$

其中

$$\hat{a}_m=\frac{a_{m-1}+a_{m+1}}{2}, \quad \hat{b}_m=\frac{b_{m-1}+b_{m+1}}{2}$$

根据上述三种情况对参数 ϕ_m 进行拓展，拓展后实参数的位置如图 10.4.4 所示。

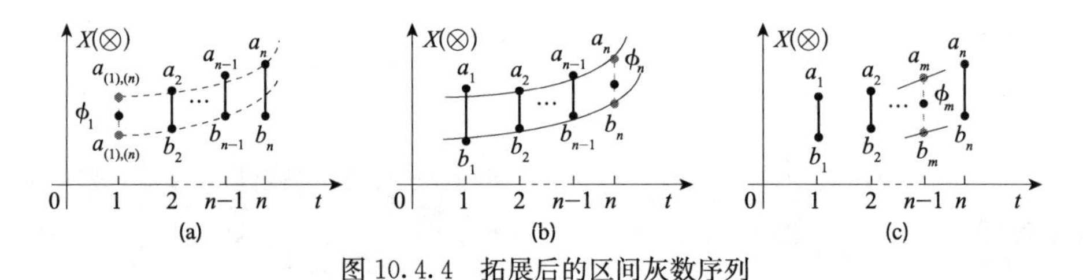

图 10.4.4 拓展后的区间灰数序列

10.4.3 区间灰数序列的 DGM(1，1) 模型

通过将拓展实参数的边界，将 ϕ_m 拓展为具有上界 $\hat{a}_m$ 及下界 $\hat{b}_m$ 的区间灰数，从而将含一个实参数的灰色异构数据序列转换为一个只包含区间灰数的同质数据序列，在此基础上就可以根据公式（5.2.14）来建立区间灰数模型，如下所示。

$$\begin{cases}\hat{a}_k=\dfrac{F_w\times\alpha_1^{k-3}[1-(-\alpha_1^{-1})^{k-2}]-F_s\times\beta_1^{k-3}[1-(-\beta_1^{-1})^{k-2}]}{2}\\\qquad+(-1)^k a_2\\\hat{b}_k=\dfrac{F_s\times\beta_1^{k-3}[1-(-\beta_1^{-1})^{k-2}]+F_w\times\alpha_1^{k-3}[1-(-\alpha_1^{-1})^{k-2}]}{2}\\\qquad+(-1)^k b_2\end{cases}\tag{10.4.5}$$

其中

$$F_s=\frac{2[s(t_1)\times(\beta_1-1)+\beta_2]}{1+\beta_1^{-1}},\quad F_w=\frac{4[w(t_1)\times(\alpha_1-1)+\alpha_2]}{1+\alpha_1^{-1}}$$

10.4.4　含实参数的区间灰数预测模型

对实参数进行边界拓展的目的，是为了形成结构完整的区间灰数上界序列与下界序列，从而构建灰色模型以实现对未知信息边界的预测，然而该过程中将实数拓展为灰数，将确定信息演变为不确定信息，这增加了预测系统的不精确性。如何充分开发和利用已占有的“最少信息”是灰色理论解决问题的基本思路。因此，在实现对未知信息进行边界预测的基础上，如何以实参数为基础建立预测模型，实现对未知信息的最大可能值的预测，是提高系统模拟及预测性能的关键。

灰数的“核”是灰色理论中的一个重要概念，是灰数的基本属性之一，它指的是在充分考虑已知信息的条件下，最有可能代表灰数“白化值”的实数。根据前面的研究可知，对分布规律未知的区间灰数$\otimes(t_k)\in[a_k,b_k]$，其核$\tilde{\otimes}(t_k)$的计算方法为$\tilde{\otimes}(t_k)=(a_k+b_k)/2$，由于实数可以理解为上界等于下界的灰数，因此实数的核即实数本身。因此，可以将含实参数的区间灰数序列转变为基于“核”的实数序列$\tilde{X}(\otimes)$，记为

$$\tilde{X}(\otimes)=(\tilde{\otimes}(t_1),\tilde{\otimes}(t_2),\cdots,\tilde{\otimes}(t_n))$$

构建$\tilde{X}(\otimes)$的DGM(1，1）模型，可以确定未知区间信息中的最大可能值，即

$$\hat{\tilde{\otimes}}(t_k)=[(\beta_{1,\tilde{\otimes}}-1)\times\tilde{\otimes}^{(1)}(t_1)+\beta_{2,\tilde{\otimes}}]\times\beta_{1,\tilde{\otimes}}^{k-2}\tag{10.4.6}$$

则根据公式（10.4.5)及公式（10.4.6）可知，含实参数的区间灰数预测模型最终表达式为

$$\begin{cases}\hat{\tilde{\otimes}}(t_k)=[(\beta_{1,\tilde{\otimes}}-1)\times\tilde{\otimes}^{(1)}(t_1)+\beta_{2,\tilde{\otimes}}]\times\beta_{1,\tilde{\otimes}}^{k-2}\\ \hat{a}_k=\dfrac{F_w\times\alpha_1^{k-3}[1-(-\alpha_1^{-1})^{k-2}]-F_s\times\beta_1^{k-3}[1-(-\beta_1^{-1})^{k-2}]}{2}\\ \quad+(-1)^k a_2\\ \hat{b}_k=\dfrac{F_s\times\beta_1^{k-3}[1-(-\beta_1^{-1})^{k-2}]+F_w\times\alpha_1^{k-3}[1-(-\alpha_1^{-1})^{k-2}]}{2}\\ \quad+(-1)^k b_2\end{cases}$$

（10.4.7）

当实参数 ϕ_m 在区间灰数序列 $X(\otimes)$ 中的位置不同时，参数 F_s 及 F_w 计算结果也不相同，因此需要根据 ϕ_m 的位置，对参数 F_s 及 F_w 进行讨论，如下

（1）当 $m=1$ 时

$$s(t_1)=\frac{(\hat{b}_{(1),(n)}-\hat{a}_{(1),(n)})+(b_2-a_2)}{2}$$

$$w(t_1)=\frac{(\hat{a}_{(1),(n)}+\hat{b}_{(1),(n)})+(a_2+b_2)}{4}$$

$$F_s=\frac{2[s(t_1)\times(\beta_1-1)+\beta_2]}{1+\beta_1^{-1}}=\frac{[(\hat{b}_{(1),(n)}-\hat{a}_{(1),(n)})+(b_2-a_2)]\times(\beta_1-1)+2\beta_2}{1+\beta_1^{-1}}$$

（10.4.8）

$$F_w=\frac{4[w(t_1)\times(\alpha_1-1)+\alpha_2]}{1+\alpha_1^{-1}}=\frac{[(\hat{a}_{(1),(n)}+\hat{b}_{(1),(n)})+(a_2+b_2)]\times(\alpha_1-1)+4\alpha_2}{1+\alpha_1^{-1}}$$

（10.4.9）

（2）当 $m=2,3,\cdots,n$ 时

$$F_s=\frac{[(b_1-a_1)+(b_2-a_2)]\times(\beta_1-1)+2\beta_2}{1+\beta_1^{-1}}\qquad(10.4.10)$$

$$F_w=\frac{[(a_1+b_1)+(a_2+b_2)]\times(\alpha_1-1)+4\alpha_2}{1+\alpha_1^{-1}}\qquad(10.4.11)$$

根据上面的讨论，含实参数的区间灰数预测模型的最终形式为

$$
\begin{array}{l}
\tilde{\otimes}(t_k)\in \\
[\hat{a}_k,\ \hat{b}_k]
\end{array}
\Leftarrow
\begin{cases}
\hat{\tilde{\otimes}}(t_k)=[(\beta_{1,\tilde{\otimes}}-1)\times\tilde{\otimes}^{(1)}(t_1)+\beta_{2,\tilde{\otimes}}]\times\beta_{1,\tilde{\otimes}}^{k-2} \\
\hat{a}_k=\dfrac{F_w\times\alpha_1^{k-3}[1-(-\alpha_1^{-1})^{k-2}]-F_s\times\beta_1^{k-3}[1-(-\beta_1^{-1})^{k-2}]}{2} \\
\qquad +(-1)^k a_2 \\
\hat{b}_k=\dfrac{F_s\beta_1^{k-3}[1-(-\beta_1^{-1})^{k-2}]+F_w\times\alpha_1^{k-3}[1-(-\alpha_1^{-1})^{k-2}]}{2} \\
\qquad +(-1)^k b_2 \\
\left.\begin{array}{l}
F_s=\dfrac{[(\hat{b}_{(1),(n)}-\hat{a}_{(1),(n)})+(b_2-a_2)]\times(\beta_1-1)+2\beta_2}{1+\beta_1^{-1}} \\
F_w=\dfrac{[(\hat{a}_{(1),(n)}+\hat{b}_{(1),(n)})+(a_2+b_2)]\times(\alpha_1-1)+4\alpha_2}{1+\alpha_1^{-1}}
\end{array}\right\}\Leftarrow m=1 \\
\left.\begin{array}{l}
F_s=\dfrac{[(b_1-a_1)+(b_2-a_2)]\times(\beta_1-1)+2\beta_2}{1+\beta_1^{-1}} \\
F_w=\dfrac{[(a_1+b_1)+(a_2+b_2)]\times(\alpha_1-1)+4\alpha_2}{1+\alpha_1^{-1}}
\end{array}\right\}\Leftarrow m=2,3,\cdots,n
\end{cases}
\tag{10.4.12}
$$

公式（10.4.12）称为基于DGM(1，1）的含一个实参数的区间灰数预测模型，简称为IGRM（1，1，ϕ_{m}）模型。

10.4.5 IGNPM（1，1，ϕ_m）与其他模型的关系

本小节主要讨论IGRM（1，1，ϕ_m）与IGM(1，1)（区间灰数预测模型）及DGM(1，1）模型的关系。DGM(1，1）模型的建模对象为实数序列，而IGRM（1，1，ϕ_m）的建模对象是含一个实参数的区间灰数序列，随着信息的补充，当IGRM（1，1，ϕ_m）模型中的区间灰数白化为实数时，则IGRM（1，1，ϕ_m）模型建模对象的上界序列及下界序列集中到一点，此时序列

$$S=(S(t_1),\ S(t_2),\ \cdots,\ S(t_{n-1}))=(0,\ 0,\ \cdots,\ 0)$$

只能根据核序列 $\tilde{X}(\otimes)=(\tilde{\otimes}(t_1),\ \tilde{\otimes}(t_2),\ \cdots,\ \tilde{\otimes}(t_n))$ 建立灰色预测模型，即

$$\hat{\tilde{\otimes}}(t_k)=[(\beta_{1,\tilde{\otimes}}-1)\times\tilde{\otimes}^{(1)}(t_1)+\beta_{2,\tilde{\otimes}}]\times\beta_{1,\tilde{\otimes}}^{k-2}$$

该模型即为传统的DGM(1，1）模型。因此，IGRM（1，1，ϕ_m）模型

是传统 DGM(1，1) 的推广与拓展，他们之间存在一般和特殊的关系。类似地，当 IGRM（1，1，ϕ_m）模型中的实参数变为区间灰数时，IGRM（1，1，ϕ_m）就是一个标准的区间灰数预测模型，与公式（5.2.14）结构完全一样。他们之间的关系如图 10.4.5 所示。

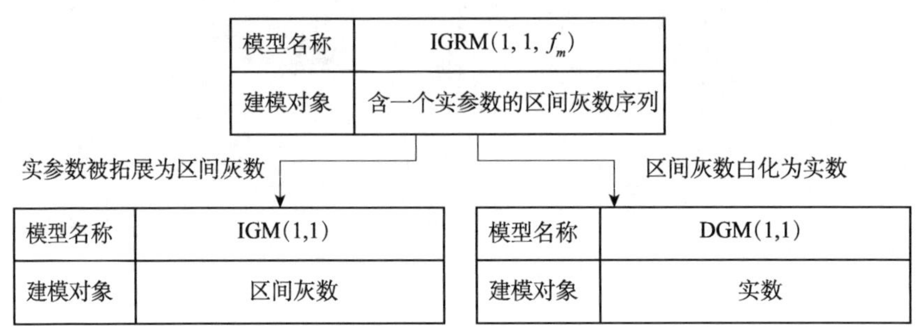

图 10.4.5　IGRM(1，1，ϕ_m)、IGM(1，1) 及 DGM(1，1) 之间的关系

注：IGM(1，1) 是区间灰数预测模型的简称

10.4.6　模型应用：基于 IGNPM（1，1，ϕ_m）模型的空气 DDT 含量预测

持久性有机污染物（persistent organic pollutants，POPs）是具有毒性、难以降解、可在生物体内蓄积的物质，可通过空气、水和迁徙物种及产品传输并沉积在远离其排放地点的地区，可长期在生态系统中累积，即使暴露在非常低剂量的 POPs 中也有可能引发癌症、损害中枢和外围神经系统、引发免疫系统疾病、生殖紊乱以及干扰婴幼儿的正常发育，直接威胁人类生存繁衍和可持续发展的有机化学品。POPs 具有典型的“疏水性”和较大的“脂溶性”以及在大气中具有长距离的搬运能力，从而广泛分布在世界各个角落的环境介质中。至今列入《关于持久性有机污染物的斯德哥尔摩公约》的持久性有机污染物（POPs）已有 22 种，其中 12 种属于有机氯农药（OCPs）。近几年有关 OCPs 的研究已成为环境化学研究领域的热点。滴滴涕（DDT）是 OCPs 中常见污染物之一，在我国使用时间较长累计产量较多，本节将应用 IGRM（1，1，ϕ_m）模型对 DDT 的变化趋势进行动态预测。设我国某城市的 DDT 含量如表 10.4.1 所示。

表 10.4.1　我国南方某城市大气中 DDT 含量　（单位：ng・m^{-3}）

监测时点	TR—1（k=1）	TR—2（k=2）	TR—3（k=3）	TR—4（k=4）
灰色信息	[110.2，140.4]	[102.3，133.5]	[92.4，128.8]	[87.3，121.8]
监测时点	TR—5（k=5）	TR—6（k=6）	TR—7（k=7）	TR—8（k=8）
灰色信息	[82.1，117.3]	[78.3，115.3]	[72.2，110.3]	73.2

数据说明：表 10.4.1 中的监测数据并非来自某个时点，而是来自若干个连续监测时段。每个监测时段又分成了若干监测时点。由于在不同的监测时点所测得的 DDT 含量值可能不同，而且也无法判定哪个监测值更加准确，因此，只能由这些监测值的上限及下限组成 DDT 含量的取值范围——区间灰数（TR—1～7）。当某个时段在各个监测时点的监测值趋于某一实数时，则该实数即为该时段的监测值（TR—8）。

显然表 10.4.1 中的数据构成一个含实参数的区间灰数序列 $X(\otimes)$：

$$X(\otimes)=([110.2, 140.4], [102.3, 133.5], [92.4, 128.8], [87.3, 121.8], [82.1, 117.3], [78.3, 115.3], [72.2, 110.3], 73.2)$$

现应用 IGRM（1，1，ϕ_m）模型构建大气中 DDT 含量的灰色动态预测模型，建模过程如下。

1. 实参数边界的拓展

$X(\otimes)$ 中的最后一个元素为实数，即 $\phi_8=73.2$，现在对 ϕ_8 进行拓展，即 $\phi_8\Rightarrow\otimes(t_8)\in[a_8, b_8]$，

根据表 10.4.1 可知，$X(\otimes)$ 的上界序列及下界序列分别为

$$X_a=(110.2, 102.3, 92.4, 87.3, 82.1, 78.3, 72.2)$$

$$X_b=(140.4, 133.5, 128.8, 121.8, 117.3, 115.3, 110.3)$$

分别构建序列 X_a 及 X_b 的 DGM(1，1) 模型，

$$X_a=(a_1, a_2, \cdots, a_{n-1})\Rightarrow\hat{a}_n=\beta_{1,a}^{n-2}[a_1(\beta_{1,a}-1)+\beta_{2,a}]$$

$$X_b=(b_1, b_2, \cdots, b_{n-1})\Rightarrow\hat{b}_n=\beta_{1,b}^{n-2}[b_1(\beta_{1,b}-1)+\beta_{2,b}]$$

序列 X_a 的 DGM(1，1) 模型参数 $\beta_a=[\beta_{1,a}, \beta_{2,a}]^{\mathrm{T}}=[0.935\,6, 107.742\,9]^{\mathrm{T}}$，平均相对误差 $\Delta_a=1.071\,3\%$；序列 X_b 的 DGM(1，1) 模型参

数 $\beta_b=[\beta_{1,b},\ \beta_{2,b}]^{\mathrm{T}}=[0.9625,\ 138.2729]^{\mathrm{T}}$，平均相对误差 $\Delta_b=0.7648\%$，则 ϕ_8 的上界 $\hat{b}_8$ 及下界 $\hat{a}_8$ 预测值为

$$\hat{a}_8=\beta_{1,a}^{8-2}[a_1\times(\beta_{1,a}-1)+\beta_{2,a}]=67.5$$

$$\hat{b}_8=\beta_{1,b}^{8-2}[b_1\times(\beta_{1,b}-1)+\beta_{2,b}]=105.8$$

即 $\otimes(t_8)\in[a_8,\ b_8]=[67.5,\ 105.8]$，则拓展后的区间灰数序列为 $X'(\otimes)$

$$\begin{aligned}X(\otimes)\Rightarrow X'(\otimes)=(&[110.2,\ 140.4],\ [102.3,\ 133.5],\\&[92.4,\ 128.8],\ [87.3,\ 121.8],\\&[82.1,\ 117.3],\ [78.3,\ 115.3],\\&[72.2,\ 110.3],\ [67.5,\ 105.8])\end{aligned}$$

2\. $X'(\otimes)$ 区间灰数预测模型的构建

计算 $X'(\otimes)$ 的面积序列 S 和坐标序列 W：

$$\begin{aligned}S&=(s(t_1),\ s(t_2),\ \cdots,\ s(t_7))\\&=(30.7,\ 33.8,\ 36.0,\ 34.9,\ 36.1,\ 37.5,\ 38.2)\end{aligned}$$

$$\begin{aligned}W&=(w(t_1),\ w(t_2),\ \cdots,\ w(t_7))\\&=(121.6,\ 114.3,\ 107.6,\ 102.1,\ 98.3,\ 94.0,\ 89.0)\end{aligned}$$

建立序列 S 和 W 的 DGM(1，1) 模型，可得模型参数及平均相对误差分别如下。

序列 S 的 DGM(1，1) 模型参数：$\beta_1=1.0222$，$\beta_2=33.4525$，平均相对误差 1.365 7%；

序列 W 的 DGM(1，1) 模型参数：$\alpha_1=0.9525$，$\alpha_2=119.3146$，平均相对误差 0.474 4%，

则 IGRM (1，1，ϕ_m) 模型参数 F_s 及 F_w 分别为

$$F_s=\frac{[(b_1-a_1)+(b_2-a_2)]\times(\beta_1-1)+2\beta_2}{1+\beta_1^{-1}}$$

$$=\frac{61.4\times(1.0222-1)+2\times33.4525}{1+1.0222^{-1}}=34.5$$

$$F_w=\frac{[(a_1+b_1)+(a_2+b_2)]\times(\alpha_1-1)+4\alpha_2}{1+\alpha_1^{-1}}$$

$$=\frac{486.4\times(0.9525-1)+4\times119.3146}{1+0.9525^{-1}}=221.6$$

将 F_s 及 F_w 代入公式（10.4.12）可得

$$\begin{cases}\hat{a}_k=\dfrac{221.6\times0.9525^{k-3}[1-(-0.9525^{-1})^{k-2}]-34.5\times10022\,2^{k-3}[1-(-1.0222^{-1})^{k-2}]}{2}\\ \quad+(-1)^k\times102.3\\ \hat{b}_k=\dfrac{34.5\times1.0222^{k-3}[1-(-1.0222^{-1})^{k-2}]+221.6\times0.9525^{k-3}[1-(-0.9525^{-1})^{k-2}]}{2}\\ \quad+(-1)^k\times133.5\end{cases}$$

（10.4.13）

公式（10.4.13）即为大气中 DDT 含量的区间灰数预测模型。

3. 大气 DDT 含量的 IGRM（1，1，ϕ_m）预测模型

首先建立区间灰数"核"（最大可能值）序列的 DGM(1，1）模型。拓展后的区间灰数序列 $X'(\otimes)$ 如下所示，

$$X(\otimes)\Rightarrow X'(\otimes)=([110.2,140.4],[102.3,133.5],[92.4,128.8],[87.3,121.8],[82.1,117.3],[78.3,115.3],[72.2,110.3],[67.5,105.8])$$

$X'(\otimes)$ 的核序列为

$$\tilde{X}(\otimes)=(125.3,117.9,110.6,104.6,98.7,96.8,91.3,73.2)$$

建立 $\tilde{X}(\otimes)$ 的 DGM(1，1) 模型，

$$\hat{\tilde{\otimes}}(t_k)=[(\beta_{1,\tilde{\otimes}}-1)\times\tilde{\otimes}^{(1)}(t_1)+\beta_{2,\tilde{\otimes}}]\times\beta_{1,\tilde{\otimes}}^{k-2}$$

可得 $\beta_{1,\tilde{\otimes}}=0.9379$，$\beta_{2,\tilde{\otimes}}=126.8616$，平均相对误差 3.281 8%，则

$$\begin{aligned}\hat{\tilde{\otimes}}(t_k)&=[(\beta_{1,\tilde{\otimes}}-1)\times\tilde{\otimes}^{(1)}(t_1)+\beta_{2,\tilde{\otimes}}]\times\beta_{1,\tilde{\otimes}}^{k-2}\\&=119.0753\times0.9379^{k-2}\end{aligned}\quad(10.4.14)$$

然后，组合公式（10.4.13）、公式（10.4.14）可得

$$
\begin{cases}
\hat{\bar{\otimes}}(t_k)=119.0753\times 0.9379^{k-2} \\
\hat{a}_k=\dfrac{221.6\times 0.9525^{k-3}[1-(-0.9525^{-1})^{k-2}]-34.5\times 1.0222^{k-3}[1-(-1.0222^{-1})^{k-2}]}{2} \\
\quad +(-1)^k\times 102.3 \\
\hat{b}_k=\dfrac{34.5\times 1.0222^{k-3}[1-(-1.0222^{-1})^{k-2}]+221.6\times 0.9525^{k-3}[1-(-0.9525^{-1})^{k-2}]}{2} \\
\quad +(-1)^k\times 133.5
\end{cases}
\tag{10.4.15}
$$

公式（10.4.15）称为大气中DDT含量的IGRM(1，1，ϕ_m）预测模型，这是一个动态的预测模型，可以根据k值预测该区域DDT含量的边界及最大可能值。

4．预测$k=9$，10，11时的大气中DDT含量的边界及最大可能值

预测就是通过对系统发展的历史规律进行分析和总结，并假定系统会按照该规律继续发展下去，进而去推测和了解未来。因此，一个模型是否能够真实地反映系统的发展规律，是评价该模型预测效果好坏的主要因素。所以，在应用模型对系统发展趋势进行预测之前，需要首先对该模型的模拟精度进行检验，只有通过检测的模型才能被应用于预测。在灰色预测模型中，常用的检测方法是平均相对模拟误差检验。

本节从三个方面对模型进行检验，分别是上界序列、下界序列及核序列的模拟误差，检验结果如表10.4.2所示。

表10.4.2　上界模拟值及模拟误差

类别 时间点	原始值 a_k	模拟值 $\hat{a}_k$	残差 $\varepsilon_k=a_k-\hat{a}_k$	模拟相对误差/% $\Delta_k=\lvert\varepsilon_k\rvert/a_k$
TR－1（$k=1$）	110.2	102.8	7.4	6.7151
TR－2（$k=2$）	102.3	102.3	0.0	0.0000
TR－3（$k=3$）	92.4	90.7	1.7	1.8398
TR－4（$k=4$）	87.3	90.8	－3.5	4.0091
TR－5（$k=5$）	82.1	79.7	2.4	2.9233
TR－6（$k=6$）	78.3	80.2	－1.9	2.4266
TR－7（$k=7$）	72.2	69.5	2.7	3.7396
TR－8（$k=8$）	67.5	70.5	－3.0	4.4444
平均模拟相对误差 $\Delta=\frac{1}{8}\sum_{k=1}^{8}\Delta_k$				3.2622

表 10.4.3 下界模拟值及模拟误差

类别 时间点	原始值 b_k	模拟值 $\hat{b}_k$	残差 $\varepsilon_k=b_k-\hat{b}_k$	模拟相对误差/% $\Delta_k=\mid\varepsilon_k\mid/b_k$
TR－1 (k=1)	140.4	138.3	2.1	1.495 7
TR－2 (k=2)	133.5	133.5	0.0	0.000 0
TR－3 (k=3)	128.8	127.8	1.0	0.776 40
TR－4 (k=4)	121.8	123.5	－1.7	1.395 7
TR－5 (k=5)	117.3	118.2	－0.9	0.767 3
TR－6 (k=6)	115.3	114.5	0.8	0.693 8
TR－7 (k=7)	110.3	109.7	0.6	0.544 0
TR－8 (k=8)	105.8	106.4	－0.6	0.567 1
平均模拟相对误差 $\Delta_b=\frac{1}{8}\sum_{k=1}^{8}\Delta_k$				0.780 0

表 10.4.4 核的模拟值及模拟误差

类别 时间点	原始值 b_k	模拟值 $\hat{b}_k$	残差 $\varepsilon_k=b_k-\hat{b}_k$	模拟相对误差/% $\Delta_k=\mid\varepsilon_k\mid/b_k$
TR－1 (k=1)	125.3	125.3	0.0	0.000 0
TR－2 (k=2)	117.9	119.1	－1.2	1.017 8
TR－3 (k=3)	110.6	111.7	－1.1	0.009 9
TR－4 (k=4)	104.6	104.7	－0.1	0.095 6
TR－5 (k=5)	98.7	98.2	0.5	0.005 1
TR－6 (k=6)	96.8	92.1	4.7	4.855 4
TR－7 (k=7)	91.3	86.4	4.9	5.366 9
TR－8 (k=8)	73.2	81.0	－7.8	10.655 8
平均模拟相对误差 $\Delta_{ke}=\frac{1}{8}\sum_{k=1}^{8}\Delta_k$				2.750 8

模拟值及模拟值的比较，如图 10.4.6 所示。

最后计算大气 DDT 含量 IGRM（1，1，ϕ_m）预测模型的综合模拟误差为

$$\Delta=\frac{1}{3}(\Delta_a+\Delta_b+\Delta_{ke})=2.264\ 3\%$$

根据灰色预测模型精度等级参照表，可知 IGRM（1，1，ϕ_m）模型的精度在 1 级和 2 级之间，可以应用于中期和短期预测。当 k=9，10，11 时，预测值如表 10.4.5 所示。

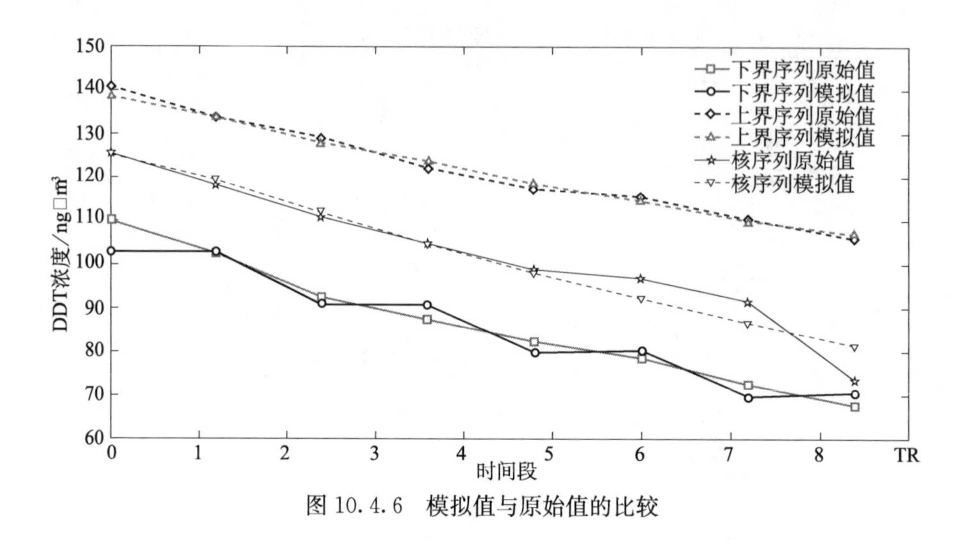

图 10.4.6 模拟值与原始值的比较

表 10.4.5 我国南方某城市大气中 DDT 含量的预测值

（单位：ng · m^{-3}）

时间点	TR－9（k=9）	TR－10（k=10）	TR－11（k=11）
区间信息	$\hat{\tilde{\otimes}}(t_9)\in$ [60.2，102.1]	$\hat{\tilde{\otimes}}(t_{10})\in$ [61.5，99.2]	$\hat{\tilde{\otimes}}(t_{11})\in$ [51.7，95.3]
最大可能取值（“核”）	$\hat{\tilde{\otimes}}(t_9)=82.2$	$\hat{\tilde{\otimes}}(t_{10})=78.2$	$\hat{\tilde{\otimes}}(t_{11})=74.4$

本节对含一个实参数的区间灰数序列的预测建模方法展开了研究。首先对实参数在区间灰数序列中的位置进行了讨论；然后，根据实参数的位置通过 DGM(1，1) 模型或非紧邻均值生成的方法，将实参数拓展为区间灰数；其次，对含一个实参数的区间灰数序列的灰色预测模型进行了推导，建立了区间灰数的最大可能值（核）的灰色预测模型；最后，将上述研究成果应用于大气 DDT 含量的预测，验证了本节所研究模型（IGRM（1，1，ϕ_m）模型）的有效性与实用性。本节研究的是区间灰数序列中含一个实参数的情况，但是对区间灰数序列中实参数个数为 $n>1$ 时，同样具有参考和借鉴意义。此时，可通过紧邻或非紧邻均值生成的方法对实参数进行拓展即可。

10.5 多重灰色异构数据预测建模

本小节在已有区间灰数预测模型基础上，以“灰数灰度不减公理”为依据，通过灰数“核”及“灰度”的计算方法，构建基于灰色异构数据的灰色预测模型；并将该模型应用于预测自然灾害应急物资发放量。

设区间灰数序列 $X(\otimes)=(\otimes(t_1),\ \otimes(t_2),\ \cdots,\ \otimes(t_n))$，$\Delta t_k=t_k-t_{k-1}=1$，$\otimes(t_k)\in[a_k,\ b_k]$，$k=1,\ 2,\ \cdots,\ n$，$\otimes(t_k)$ 的白化权函数可能为三角形或梯形，根据第 3 章公式区间灰数核与灰度的计算方法，可得 $X(\otimes)$ 的核序列 $X(\tilde{\otimes})$ 及灰度序列 $G^{\circ}(\otimes)$，如下

$$X(\tilde{\otimes})=(\tilde{\otimes}(t_1),\ \tilde{\otimes}(t_2),\ \cdots,\ \tilde{\otimes}(t_n))$$

$$G^{\circ}(\otimes)=(g^{\circ}(\otimes(t_1)),\ g^{\circ}(\otimes(t_2)),\ \cdots,\ g^{\circ}(\otimes(t_n)))$$

10.5.1 区间灰数上下界的模拟及预测

根据公式（5.2.14），可直接得 $X(\otimes)=(\otimes(t_1),\ \otimes(t_2),\ \cdots,\ \otimes(t_n))$ 上界及下界的预测模型，

$$\begin{cases}\hat{a}_k=\dfrac{F_w\times\alpha_1^{k-3}[1-(-\alpha_1^{-1})^{k-2}]-F_s\times\beta_1^{k-3}[1-(-\beta_1^{-1})^{k-2}]}{2}\\ \qquad+(-1)^k a_2\\ \hat{b}_k=\dfrac{F_s\times\beta_1^{k-3}[1-(-\beta_1^{-1})^{k-2}]+F_w\times\alpha_1^{k-3}[1-(-\alpha_1^{-1})^{k-2}]}{2}\\ \qquad+(-1)^k b_2\end{cases}\tag{10.5.1}$$

其中

$$F_s=\frac{2[s(1)\times(\beta_1-1)+\beta_2]}{1+\beta_1^{-1}},\qquad F_w=\frac{4[w(1)\times(\alpha_1-1)+\alpha_2]}{1+\alpha_1^{-1}}$$

通过公式（10.5.1），可以实现区间灰数上界及下界的模拟或预测。

10.5.2 区间灰数信息域的确定

区间灰数信息域的确定方法与 5.4.2 小节相同，此处不再赘述。确定后

的信息域为

$$\hat{b}_k - \hat{a}_k = b_x - a_x \tag{10.5.2}$$

其中

$$g^{\circ}(\hat{\otimes}(t_k)) = \max\{g^{\circ}(\otimes(t_1)),\ g^{\circ}(\otimes(t_2)),\ \cdots,\ g^{\circ}(\hat{\otimes}(t_n))\}$$

$$\Rightarrow g^{\circ}(\otimes(t_k)) = g^{\circ}(\otimes(t_x)) \in [a_x,\ b_x]$$

10.5.3 区间灰数核的预测

区间灰数核的预测与5.4.1小节相同，此处不再赘述，直接给出最终表达式，即

$$\hat{\tilde{\otimes}}(t_k) = \hat{\tilde{\otimes}}^{(1)}(t_k) - \hat{\tilde{\otimes}}^{(1)}(t_{k-1}) = [\tilde{\otimes}(t_1)(\beta_1 - 1) + \beta_2]\beta_1^{k-2} \tag{10.5.3}$$

公式（10.5.3）被称为核序列的DGM(1，1）模型的最终还原式，由于$\tilde{\otimes}(t_1)(\beta_1 - 1) + \beta_2$为一常数，设$C_{\otimes} = \tilde{\otimes}(t_1)(\beta_1 - 1) + \beta_2$，则公式（10.5.3）变形为

$$\hat{\tilde{\otimes}}(t_k) = C_{\otimes}\beta_1^{k-2} \tag{10.5.4}$$

根据公式（10.5.4）可知，DGM(1，1）模型的最终还原式与GM(1，1）模型一样，仍旧表现为齐次指数函数；并称公式（10.5.4）为核序列的DGM(1，1）预测模型。

10.5.4 多重灰色异构数据预测模型的推导

整理公式（10.5.1）、公式（10.5.2）、公式（10.5.4），可得

$$\begin{cases} \hat{a}_k = \dfrac{F_w \times \alpha_1^{k-3}[1 - (-\alpha_1^{-1})^{k-2}] - F_s \times \beta_1^{k-3}[1 - (-\beta_1^{-1})^{k-2}]}{2} + (-1)^k a_2 \\ \hat{b}_k = \dfrac{F_s \times \beta_1^{k-3}[1 - (-\beta_1^{-1})^{k-2}] + F_w \times \alpha_1^{k-3}[1 - (-\alpha_1^{-1})^{k-2}]}{2} + (-1)^k b_2 \\ \hat{b}_k - \hat{a}_k = b_x - a_x \\ \hat{\tilde{\otimes}}(t_k) = C_{\otimes}\beta_1^{k-2} \end{cases} \tag{10.5.5}$$

公式（10.5.5）被称为具有不同类型白化权函数的区间灰数预测模型。

10.6　灰色异构数据预测模型在灾害应急物资需求预测中的应用

当自然灾害发生之后，如何将有限的人力和物力资源实时有效地进行配置和调度是提高救援效率的关键，而紧急条件下对应急物资需求种类和数量的快速预测则是提高自然灾害应急救援质量的前提。由于自然灾害的非常规性、突发性和不确定性，在较短时间内难以采集到精确的大样本统计数据，而常常通过多源信息集结方法获得一些具有灰色不确定性特征的小样本数据序列。因此，应用本节的前期理论研究成果，构建基于不同类型白化权函数的自然灾害应急物资需求预测模型，从而实现应急物资需求的实时预测，为救援机构实施应急资源调度提供参考依据，以尽可能减少自然灾害对我国经济社会发展和人民生命财产安全所带来的损失。如地震发生后，需要向灾区发放救援食品，但由于时间紧、通信与交通不畅，信息有限，从各个方面搜集汇总得到的统计数据存在较大差异性，这些数据常常是位于某一范围的区间灰数，而且在该区间内的不同位置具有不同的取值可能性，因此形成了不同类型的白化权函数。下面分别从建模对象的三种不同类型来研究灰色异构数据建模方法的应用。

(1) 建模对象均为区间灰数，但不同的区间灰数具有不同类型的白化权函数；

(2) 建模对象中同时包括区间灰数和实数，同时区间灰数的白化权函数未知；

(3) 建模对象中同时包括区间灰数、离散灰数和实数，且区间灰数的白化权函数已知，但类型不一定相同。

10.6.1　自然灾害食品发放量预测：建模对象具有不同类型白化权函数

设自然灾害发生后，某食品发放量在 6 个等间距时间点的统计数据如表 10.6.1 所示。

表 10.6.1 食品发放量统计数据的区间灰数及其白化权函数

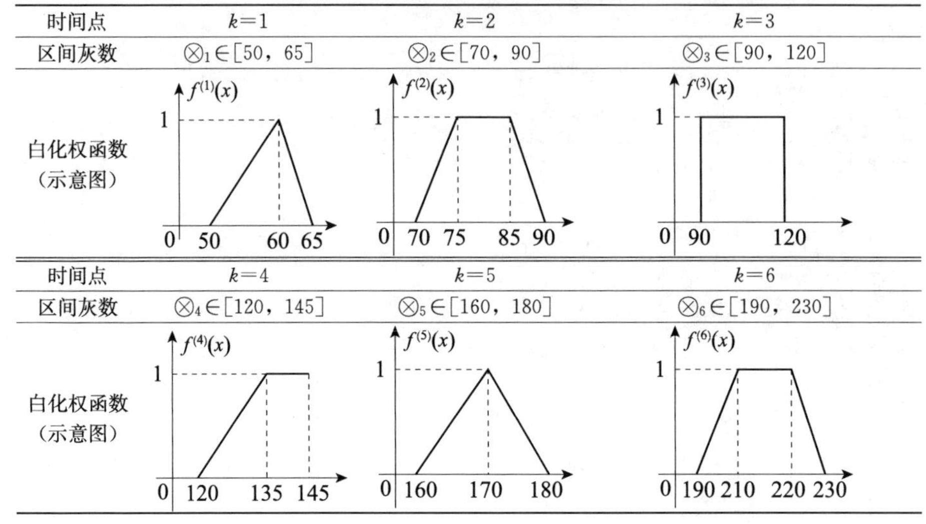

时间点	$k=1$	$k=2$	$k=3$
区间灰数	$\otimes_1\in[50,65]$	$\otimes_2\in[70,90]$	$\otimes_3\in[90,120]$
白化权函数（示意图）	$f^{(1)}(x)$: 0, 1, 50, 60, 65	$f^{(2)}(x)$: 0, 1, 70, 75, 85, 90	$f^{(3)}(x)$: 0, 1, 90, 120
时间点	$k=4$	$k=5$	$k=6$
区间灰数	$\otimes_4\in[120,145]$	$\otimes_5\in[160,180]$	$\otimes_6\in[190,230]$
白化权函数（示意图）	$f^{(4)}(x)$: 0, 1, 120, 135, 145	$f^{(5)}(x)$: 0, 1, 160, 170, 180	$f^{(6)}(x)$: 0, 1, 190, 210, 220, 230

试根据表 10.6.1 中的区间灰数及其白化权函数信息，构建食品发放量的区间灰数预测模型，并对 $k=7$，8，9 时的发放量进行预测。根据表 10.6.1 可知，区间灰数序列 $X(\otimes)$ 为

$$X(\otimes)=(\otimes_1,\otimes_2,\otimes_3,\otimes_4,\otimes_5,\otimes_6)$$

1. 区间灰数预测模型的构建

根据表 10.6.1，可知面积序列 S 及坐标序列 W 分别为

$$S=(17.5,25,27.5,22.5,30)$$

$$W=(68.75,92.5,118.75,151.25,190)$$

根据 S 及 W，根据公式（10.5.1）建立区间灰数上界及下界预测表达式，如下：

$$\hat{a}_k=\frac{F_w\times\alpha_1^{k-3}[1-(-\alpha_1^{-1})^{k-2}]-F_s\times\beta_1^{k-3}[1-(-\beta_1^{-1})^{k-2}]}{2}+(-1)^k a_2$$

$$=\frac{208.8534\times1.2688^{k-3}\times\left[1-\left(-\frac{1}{1.2688}\right)^{k-2}\right]-25.3104\times1.0362^{k-3}\times\left[1-\left(-\frac{1}{1.0362}\right)^{k-2}\right]}{2}$$

$$+70\times(-1)^k$$

$$\hat{b}_k=\frac{F_s\times\beta_1^{k-3}[1-(-\beta_1^{-1})^{k-2}]+F_w\times\alpha_1^{k-3}[1-(-\alpha_1^{-1})^{k-2}]}{2}+(-1)^k b_2$$

$$=\frac{25.3104\times1.0362^{k-3}\times\left[1-\left(-\frac{1}{1.0362}\right)^{k-2}\right]+208.8534\times1.2688^{k-3}\times\left[1-\left(-\frac{1}{1.2688}\right)^{k-2}\right]}{2}$$

$$+90\times(-1)^k$$

其中

$$F_s=\frac{2[s(1)\times(\beta_1-1)+\beta_2]}{1+\beta_1^{-1}}=25.3104,$$

$$F_w=\frac{4[w(1)\times(\alpha_1-1)+\alpha_2]}{1+\alpha_1^{-1}}=208.8534$$

2. 区间灰数“核”的确定

区间灰数序列 $X(\otimes)$ 的核序列 $\hat{\otimes}(t_k)$ 为

$$\hat{\otimes}(t_k)=(58.3333,\ 80,\ 105,\ 135.7143,\ 170,\ 212)$$

建立 $X(\otimes)$ 的 DGM(1，1) 模型，运用笔者开发的灰色建模软件计算模型参数，如图 10.6.1 所示。

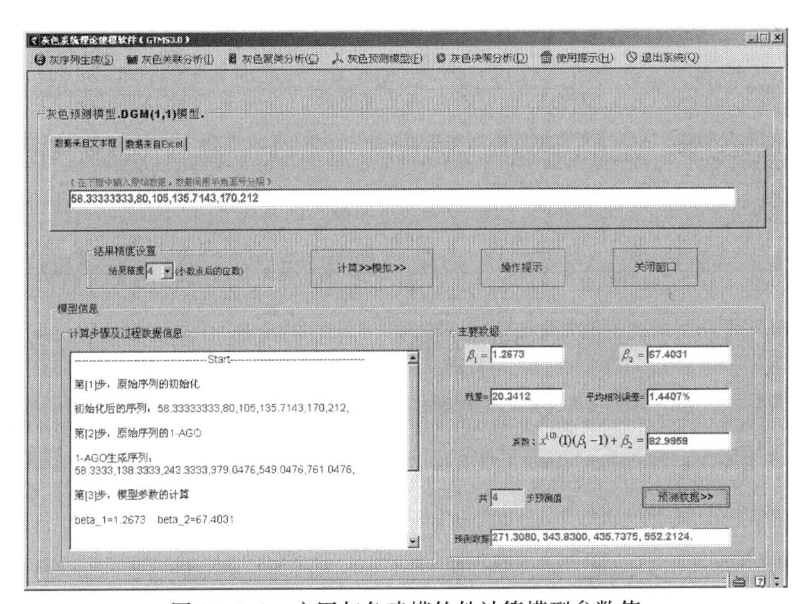

图 10.6.1 应用灰色建模软件计算模型参数值

得 $\delta_1=1.2673$，$\delta_2=67.4031$，计算 $C_\otimes$ 为

$$C_\otimes=\tilde{\otimes}(t_1)\ (\delta_1-1)\ +\delta_2$$

$$\Rightarrow C_\otimes$$

$$=58.33333\times(1.2673-1)+67.4031$$

$$=82.9956$$

根据公式（10.5.4），得“核”序列的预测模型为

$$\hat{\tilde{\otimes}}(t_k)=82.995\,6\times1.267\,3^{k-2}$$

3. 区间灰数信息域的确定

计算区间灰数序列 $X(\otimes)$ 的核序列 $G^{\circ}(\otimes)$ 为

$$G^{\circ}(\otimes)=(g^{\circ}(\otimes(t_1)),\ g^{\circ}(\otimes(t_2)),\ \cdots,\ g^{\circ}(\otimes(t_6)))$$
$$=(0.041\,67,\ 0.083\,33,\ 0.166\,67,\ 0.097\,22,\ 0.055\,56,\ 0.138\,89)$$
$$g^{\circ}(\hat{\otimes}(t_k))=g^{\circ}(\otimes(t_1))\vee g^{\circ}(\otimes(t_2))\vee\cdots\vee g^{\circ}(\otimes(t_n))=0.166\,667$$
$$\hat{b}_k-\hat{a}_k=120-90$$

根据公式（10.5.2）可得下面的结论。

4. 模型的最终形式

$$\begin{cases}\hat{\tilde{\otimes}}(t_k)=82.995\,6\times1.267\,3^{k-2}\\ \hat{a}_k=\dfrac{208.853\,4\times1.268\,8^{k-3}\times\left[1-\left(-\dfrac{1}{1.268\,8}\right)^{k-2}\right]-25.310\,4\times1.036\,2^{k-3}\times\left[1-\left(-\dfrac{1}{1.036\,2}\right)^{k-2}\right]}{2}\\ \qquad+70\times(-1)^{k+1}\\ \hat{b}_k=\dfrac{25.310\,4\times1.036\,2^{k-3}\times\left[1-\left(-\dfrac{1}{1.036\,2}\right)^{k-2}\right]+208.853\,4\times1.268\,8^{k-3}\times\left[1-\left(-\dfrac{1}{1.268\,8}\right)^{k-2}\right]}{2}\\ \qquad+90\times(-1)^{k+1}\\ \hat{b}_k-\hat{a}_k=120-90\end{cases}\tag{10.6.1}$$

$k=7$，8，9 时食品发放量的预测

$$\hat{\otimes}(t_7)\in[256.136\,0,\ 289.741\,4],\quad \hat{\tilde{\otimes}}(t_7)=271.307\,9$$
$$g^{\circ}(\hat{\otimes}(t_7))\ =0.166\,7$$

$$\hat{\otimes}(t_8)\in[328.173\,7,\ 353.983\,0],\quad \hat{\tilde{\otimes}}(t_8)=343.829\,9$$
$$g^{\circ}(\hat{\otimes}(t_8))\ =0.166\,7$$

$$\hat{\otimes}(t_9)\in[420.108\,4,\ 455.864\,6],\quad \hat{\tilde{\otimes}}(t_9)=435.737\,5$$
$$g^{\circ}(\hat{\otimes}(t_9))=0.166\,7$$

10.6.2 自然灾害药品发放量预测：建模对象包括实数与区间灰数

表 10.6.2 某药品在不同时点的需求数量

时点	1	2	3	4	5	6
数据	[30，50]	60	[70，80]	[85，105]	110	130

试根据表 10.6.2，构建灰色异构数据的灰色预测模型，并预测时点 7 的药品需求数量。

1. $\overleftrightarrow{X}$ “核”序列的计算，及其 DGM(1，1) 模型的构建

$\overleftrightarrow{X}$ 的核序列 $\overleftrightarrow{X}$ 为

$$\overleftrightarrow{X}=(40, 60, 75, 95, 110, 130)$$

$X(\tilde{\otimes})$ 的 DGM(1，1) 模型还原式为

$$\hat{\tilde{x}}_{k+1}=\overleftrightarrow{C}\times\beta_1^{k-1}=62.8592\times1.2035^{k-1}$$

其中，$\beta_1=1.2035$，$\beta_2=54.7179$。核序列平均相对误差 $\overline{\Delta}=0.4624\%$，对照灰色系统预测模型的精度检验等级参照表可知，模型的平均相对误差小于 1%，表明该模型可用于灰色异构数据核的预测。

2. 信息域的确定

$\overleftrightarrow{X}$ 的信息域序列为 $X_d=(d_1, d_2, d_3, d_4, d_5, d_6)=(20, 0, 10, 20, 0, 0)$，则

$$\hat{d}_{k+1}=d_1\vee d_2\vee d_3\vee d_4\vee d_5\vee d_6=20\vee0\vee10\vee20\vee0\vee0=20$$

3. 模型的建立

构建基于实数与区间灰数的双重异构数据序列预测模型，如下：

$$\begin{cases}\hat{a}_{k+1}=\overleftrightarrow{C}\times\beta_1^{k-1}-\dfrac{\hat{d}_{k+1}}{2}\\ \hat{b}_{k+1}=\overleftrightarrow{C}\times\beta_1^{k-1}+\dfrac{\hat{d}_{k+1}}{2}\end{cases}\Rightarrow\begin{cases}\hat{a}_{k+1}=62.8592\times1.2035^{k-1}-10\\ \hat{b}_{k+1}=62.8592\times1.2035^{k-1}+10\end{cases}$$

预测时点 7 的药品需求数量人数，即当 $k=6$ 时，

$$\hat{a}_7=148.7,\quad \hat{b}_6=168.7$$

即 $\hat{x}_7\in[148.7, 168.7]$，$\hat{\tilde{x}}_7=\dfrac{a_7+b_7}{2}=158.7$。

10.6.3　自然灾害帐篷发放量预测：建模对象包括实数、区间及离散灰数

设某地震灾害中帐篷发放量在以下 6 个等间距时间点的统计数据，如

表 10.6.3所示。

表 10.6.3　帐篷发放量统计数据的灰色信息

时间点	$k=1$	$k=2$	$k=3$
灰色信息	$\otimes_1\in[190,230]$	$\otimes_2\in\{160,170,180\}$	$\otimes_3\in[120,145]$
时间点	$k=4$	$k=5$	$k=6$
灰色信息	$\otimes_4\in\{95,100,108,112\}$	$\otimes_5=80$	$\otimes_6\in[50,65]$

其中区间灰数$\otimes_1$，$\otimes_3$，$\otimes_6$ 的白化权函数如图 10.6.2 所示。

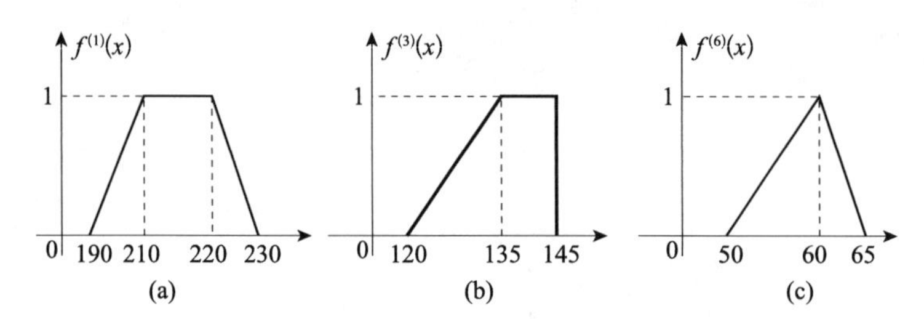

图 10.6.2　区间灰数$\otimes_1$，$\otimes_3$，$\otimes_6$ 对应的白化权函数

试根据表 10.6.3 中的数据及图 10.6.2 中的白化权函数信息，构建帐篷发放量的灰色异构数据预测模型，并对 $k=7$，8，9 时的帐篷发放量进行预测。

根据表 10.6.3 可知，灰色异构数据序列 $\overleftrightarrow{X}(\otimes)=(\otimes_1,\otimes_2,\otimes_3,\otimes_4,\otimes_5,\otimes_6,)$。

1. $\overleftrightarrow{X}(\otimes)$“核”序列的计算及其 DGM(1，1) 模型的构建

计算灰色异构数据序列 $\overleftrightarrow{X}(\otimes)$ 的核，如下所示：

$$\tilde{\otimes}(t_1)=\frac{(2b_1-a'_1+a_1+b'_1)(a'_1+b'_1-a_1-b_1)/3-(a'_1-b_1)(a_1+b_1)}{(b'_1-a'_1)+(b_1-a_1)}$$

$$=212$$

$$\tilde{\otimes}(t_2)=\frac{1}{3}\sum_{i=1}^{3}x(t_i)=\frac{160+170+180}{3}=170$$

$$\tilde{\otimes}(t_3)=\frac{(2b_3-a'_3+a_3+b'_3)(a'_3+b'_3-a_3-b_3)/3-(a'_3-b_3)(a_3+b_3)}{(b'_3-a'_3)+(b_3-a_3)}$$

$$=135.71$$

$$\tilde{\otimes}(t_4)=\frac{1}{4}\sum_{i=1}^{4}x(t_i)=\frac{95+100+108+112}{4}=103.75$$

$$\tilde{\otimes}(t_6)=\frac{a_6+b_6+c_6}{3}=\frac{50+60+65}{3}=58.33$$

则灰色异构数据序列 $\overset{\leftrightarrow}{X}(\otimes)$“核”序列为

$$\begin{aligned}\tilde{\overset{\leftrightarrow}{X}}(\otimes)&=(\tilde{\otimes}(t_1),\ \tilde{\otimes}(t_2),\ \cdots,\ \tilde{\otimes}(t_6))\\&=(212,\ 170,\ 135.71,\ 103.75,\ 80,\ 58.33)\end{aligned}$$

建立序列 $\tilde{\overset{\leftrightarrow}{X}}(\otimes)$ 的 DGM(1，1) 模型，如下所示

$$\hat{\tilde{\otimes}}(t_{k+1})=[(\beta_1-1)\times\tilde{\otimes}^{(1)}(t_1)+\beta_2]\times\beta_1^{k-1}=172.11\times0.7^{(k-1)} \tag{10.6.2}$$

2. 预测值信息域的确定

计算灰色异构数据序列 $\overset{\leftrightarrow}{X}(\otimes)$ 中区间灰数的灰度，如下所示：

$$\begin{aligned}g^{\circ}(\otimes(t_1))&=\frac{(b'_1-a'_1)+(b_1-a_1)}{2\mu(\Omega)}\\&=\frac{(220-210)+(230-190)}{2\times190}=0.13\end{aligned}$$

$$\begin{aligned}g^{\circ}(\otimes(t_3))&=\frac{(b'_3-a'_3)+(b_3-a_3)}{2\mu(\Omega)}\\&=\frac{(145-135)+(145-120)}{2\times190}=0.09\end{aligned}$$

$$g^{\circ}(\otimes(t_6))=\frac{b_6-a_6}{2\mu(\Omega)}=\frac{65-50}{2\times190}=0.04$$

由于区间灰数在信息域内的取值是连续的，包含无穷多个具体的数值；而离散灰数中的元素则是有限个数的，由于具体的取值越多，表示真值的选择范围就越大，则信息就越不确定；因此，即使取值范围非常小的区间灰数，其灰度依然比离散灰数大，所以当灰色异构数据序列中同时包含区间灰数与离散灰数时，只需通过比较区间灰数的灰度来确定灰色异构数据预测模型预测结果之信息域即可，不再考虑离散灰数的情况。因此，根据步骤 2 的计算结果，预测值的灰度及信息域分别为

$$g^{\circ}(\otimes(t_1))=0.13\Rightarrow\hat{d}(t_1)=b_1-a_1=230-190=40 \tag{10.6.3}$$

3. 灰色异构数据预测模型的构建及模拟

根据公式（10.6.1）及公式（10.6.2），得帐篷发放量的灰色异构数据预

测模型为

$$\begin{cases}\hat{a}_{n+k}=[(\beta_1-1)\times\tilde{\otimes}^{(1)}(t_1)+\beta_2]\times\beta_1^{n+k-2}-0.5\times(b_h-a_h)\\ \quad=172.11\times0.77^{(n+k-2)}-0.5\times40\\ \quad=172.11\times0.77^{(n+k-2)}-20\\ \hat{b}_{n+k}=[(\beta_1-1)\times\tilde{\otimes}^{(1)}(t_1)+\beta_2]\times\beta_1^{n+k-2}+0.5\times(b_h-a_h)\\ \quad=172.11\times0.77^{(n+k-2)}+0.5\times40\\ \quad=172.11\times0.77^{(n+k-2)}+20\end{cases} \tag{10.6.4}$$

根据公式（10.6.3），可计算模型的模拟误差（表10.6.4）。

4. 模型误差检验

根据表10.6.4中的数据，可以对公式（10.6.3）所模拟的数据分别进行平均相对误差检验和灰色关联度检验，并对模型的模拟结果进行精度等级评价。

表10.6.4 灰色异构数据“核”序列的模拟值与模拟误差

k	核的原始值与模拟值		核的残差与相对误差	
	原始值 $\tilde{\otimes}(t_k)$	模拟值 $\hat{\tilde{\otimes}}(t_k)$	残差 $\xi(k)=\tilde{\otimes}(t_k)-\hat{\tilde{\otimes}}(t_k)$	相对误差/% $\Delta_k=\lvert\xi(k)\rvert/\tilde{\otimes}(t_k)$
2	170.00	172.110 0	−2.110 0	1.24
3	135.71	132.524 7	3.185 3	2.35
4	108.71	102.044 0	6.666 0	6.13
5	80.00	78.573 9	1.426 1	1.78
6	58.33	60.501 9	−2.171 9	3.72

1）平均相对误差检验

$$\Delta=\frac{1}{5}\sum_{k=2}^{6}\Delta_k=\frac{1.24\%+2.35\%+6.13\%+1.78\%+3.72\%}{5}=3.04\%$$

2）灰色关联度检验

根据灰色异构数据的核序列 $\overset{\leftrightarrow}{\tilde{X}}(\otimes)$ 及其模拟序列 $\overset{\leftrightarrow}{\hat{\tilde{X}}}(\otimes)$，可计算两者之间的灰色绝对关联度 $\varepsilon(\overset{\leftrightarrow}{\tilde{X}}(\otimes),\ \overset{\leftrightarrow}{\hat{\tilde{X}}}(\otimes))$。

$$\overset{\leftrightarrow}{\tilde{X}}(\otimes)=(212,\ 170,\ 135.71,\ 103.75,\ 80,\ 58.33)$$

$$\hat{\tilde{\overset{\leftrightarrow}{X}}}(\otimes)=(172.1100,\ 132.5247,\ 102.0440,\ 78.5739,\ 60.5019)$$

$$\varepsilon(\tilde{\overset{\leftrightarrow}{X}}(\otimes),\ \hat{\tilde{\overset{\leftrightarrow}{X}}}(\otimes))=0.9661$$

3）误差检验结论

根据灰色预测模型精度等级参照表，可知本节所构建的灰色异构数据“核”序列预测模型的平均相对误差 $\Delta=3.04\%<5\%$，灰色关联度 $\varepsilon(\tilde{\overset{\leftrightarrow}{X}}(\otimes),\hat{\tilde{\overset{\leftrightarrow}{X}}}(\otimes))=0.9661>0.95$，精度等级接近1级，可用于预测。模拟值与原始值的对比关系，如图10.6.3所示。

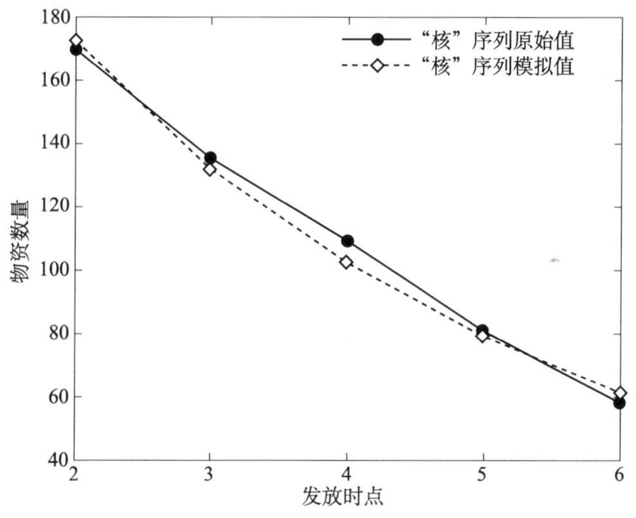

图10.6.3 核序列原始值与模拟值的比较

5. 对 $k=7$，8，9时帐篷发放量进行预测

根据帐篷发放量的灰色异构数据预测模型（10.6.3），可得当 $k=7$，8，9时，

$$\hat{\otimes}(t_7)\in[\hat{a}_7,\hat{b}_7]=[26.5865,66.5865]\Rightarrow\hat{\tilde{\otimes}}(t_7)=46.5865$$

$$\hat{\otimes}(t_8)\in[\hat{a}_8,\hat{b}_8]=[15.8716,55.8716]\Rightarrow\hat{\tilde{\otimes}}(t_8)=35.8716$$

$$\hat{\otimes}(t_9)\in[\hat{a}_9,\hat{b}_9]=[7.6211,47.6211]\Rightarrow\hat{\tilde{\otimes}}(t_9)=27.6211$$

6. 预测结果分析

自然灾害初期，大批房屋损毁，因此需要大量帐篷以解决灾区居民的住宿问题，而随着救灾工作的平稳推进，灾区所需帐篷数量无疑将呈现递减趋势，而图 10.6.3 中“核”序列的变化规律较准确地反映了灾区帐篷需求量的这种数量变化特征。因此，应用本节所构建的灰色异构数据模型研究灾区帐篷的需求量具有一定的科学性与合理性，预测结果对应急救援管理部门制订救援措施具有一定的参考价值与借鉴意义。

10.7 本章小结

灰色预测建模技术是灰色系统理论最重要的组成部分之一，是研究“小样本”“不确定性”问题的常用方法。然而，目前灰色预测模型的既有研究成果，主要围绕以“实数”为建模对象的经典灰色预测模型、以“区间灰数”为建模对象的区间灰数预测模型及以“离散灰数”为建模对象的离散灰数预测模型展开相关研究，对于建模序列中同时包含“实数”与“区间灰数”等数据类型不一致的“灰色异构数据序列”，尚无有效的建模方法和预测手段。基于此，本章通过建立灰色异构数据“核”序列的 DGM(1，1) 模型，实现异构数据“核”的预测；然后以“核”为基础，以异构数据序列中较大的区间灰数信息域作为预测结果的信息域，构建了基于区间灰数与实数的异构数据序列灰色预测模型，从而有效地将灰色预测模型建模对象从“同质数据”拓展至“双重异构数据”。

参 考 文 献

陈超英. 2007. 累加生成的改进和 GM(1,1,t)灰色模型. 数学的实践与认识,37(2): 105－109.

陈绵云. 1982. 镗床控制系统的灰色动态. 华中工学院学报(自然科学版),10(6):7－11.

陈绵云. 1990. 制订城市总体规划的灰色系统方法. 华中理工大学学报(自然科学版),18(3):1－7.

陈绵云. 1993. SCGM(1,h)c 模型和灰色预测模态控制. 华中理工大学学报(自然科学版),21(3): 47－52.

陈绵云,尹平林,熊辉. 1993. SCGM(1,h)c 残差修正预测模型及其在柳州市总体规划中的应用. 华中理工大学学报(自然科学版),21(3):42－46.

陈鹏宇,段新胜. 2010. 近似非齐次指数序列的离散 GM(1,1)模型的建立及其优化. 西华大学学报(自然科学版),29(1): 89－92.

陈士宾. 1991. 利用最大残差估计灰色预测的变化区间. 农业系统科学与综合研究,7(04):297－298.

崔杰,党耀国,刘思峰. 2010. 基于矩阵条件数的 NGM(1,1,k)模型病态性研究. 控制与决策,25(7): 1050－1054.

崔立志,刘思峰. 2010. 基于数据变换技术的灰色预测模型. 系统工程,28(5): 104－107.

崔立志,刘思峰,吴正鹏. 2010. 新的强化缓冲算子的构造及其应用. 系统工程理论与实践,30(3): 484－489.

戴文战. 1997. 具有残差校正的 n 次累加灰色模型. 系统工程理论与实践,17(12): 121－124.

戴文战,李俊峰. 2004. 基于函数 $x-a$ 变换的 GM(1,1)模型及在我国农村人均住房面积建模中的应用. 系统工程理论与实践,24(11): 63－67.

戴文战,熊伟. 2010. 基于函数 cot($x\alpha$)变换及背景值优化的灰色建模. 浙江大学学报(工学版),44(7): 1368-1372.

戴文战,熊伟,杨爱萍. 2010. 基于函数 cot(xa)变换及背景值优化的灰色建模. 浙江大学学报(工学版),44(7): 1368-1372.

戴勇,范明,姚胜. 2007. 引入三参数区间数的组合预测方法研究. 西华大学学报(自然科学版),26(01):88-90.

党耀国,刘斌,关叶青. 2005. 关于强化缓冲算子的研究. 控制与决策,20(12): 1332-1336.

党耀国,刘思峰. 2004. 关于弱化缓冲算子的研究. 中国管理科学,12(2): 108-111.

党耀国,王正新,刘思峰. 2008. 灰色模型的病态问题研究. 系统工程理论与实践,28(1): 156-160.

邓聚龙. 1982. 灰色控制系统. 华中工学院学报,10(3): 9-18.

邓聚龙. 1987. 累加生成灰指数律. 华中工学院学报,15(5): 7-12.

邓聚龙. 2002. 灰理论基础. 武汉: 华中科技大学出版社:282-283.

董丁稳,李树刚,常心坦,等. 2011. 瓦斯浓度区间预测的灰色聚类与高斯过程模型. 中国安全科学学报,21(05):40-45.

董奋义,田军. 2008. 背景值和初始条件同时优化的 GM(1,1)模型. 系统工程与电子技术,16(4): 159-162.

董奋义,肖美丹,刘斌,等. 2010. 灰色系统教学中白化权函数的构造方法分析. 华北水利水电学院学报,31(03):97-99.

范献胜,肖新平. 2013. GM($1,1|\tau,r$)中 τ,r 的确定及模型应用. 武汉理工大学学报(信息与管理工程版),35(04):536-538.

方志耕,刘思峰. 2005. 区间灰数表征与算法改进及 GM(1,1)模型应用研究. 中国工程科学,7(2): 57-61.

高明. 2010. 一种适用于非齐次指数增长序列的直接型离散灰色模型. 统计与信息论坛,25(4): 30-32.

高鹏,穆兴民,李锐,等. 2010. 黄河河口镇至龙门区间径流、输沙量的灰色预测研究. 干旱区资源与环境,24(08):53-57.

巩林明,张振国. 2010. 基于灰色小波的网络流量组合预测模型. 计算机工程与设计,31(8): 1660-1667.

关叶青,刘思峰. 2008a. 基于函数 cot($x\alpha$)变换的灰色 GM(1,1)建模方法. 系统工程,26(9): 89-93.

关叶青,刘思峰. 2008b. 线性缓冲算子矩阵及其应用研究. 高校应用数学学报,23(3):

357－362.

郝海，杨印生，李树根．1995．灰色DEA模型的白化解法．系统工程，13(05)：63－68.

何斌，蒙清．2002．灰色预测模型拓广方法研究．系统工程理论与实践，22(9)：137－140.

宦璐，吕立志．2011．基于灰色理论的江苏省科技人力资源投入的区间预测．中国科技信息，(24)：149－150.

黄继，种晓丽．2009．广义累加灰色预测控制模型及其优化算法．系统工程理论与实践，29(6)：147－156.

吉培荣，黄巍松，胡翔勇．2000．无偏灰色预测模型．系统工程与电子技术，22(6)：6－7.

菅利荣，刘思峰．2013．面向集合论的灰度定义及灰色粗糙集模型建立．控制与决策，28(05)：721－725.

江南，刘小洋．2008．基于Gauss公式的GM(1,1)模型的背景值构造新方法与应用．数学的实践与认识，38(7)：90－94.

李长兴，范荣生．1995．年最大洪峰流量灰色拓扑区间灾变预测．水电能源科学，13(02)：94－102.

李翠凤，戴文战．2005．基于函数cotx变换的灰色建模方法．系统工程，23(3)：110－114.

李翠凤，戴文战．2007．非等间距GM(1,1)模型背景值构造方法及应用．清华大学学报(自然科学版)，47(S2)：1729－1732.

李军亮，肖新平．2008．基于粒子群算法的GM(1,1)幂模型及应用．计算机工程与应用，44(32)：15－18.

李军亮，肖新平，廖锐全．2010．非等间隔GM(1,1)幂模型及应用．系统工程理论与实践，30(03)：490－495.

李君伟，陈绵云，董鹏宇，等．2000．SCGM(1,1)简化模型及应用．武汉交通科技大学学报，24(6)：615－618.

李俊峰，戴文战．2004．基于插值和Newton-Cores公式的GM(1,1)模型的背景值构造新方法与应用．系统工程理论与实践，24(10)：122－126.

李全中．2012．我国财政收入的灰色区间预测及精度检验．统计与决策，12：82－84.

刘斌，刘思峰，党耀国．2003．基于VB6.0的灰色建模系统开发及其应用．微机发展，13(7)：17－19.

刘斌，刘思峰，翟振杰，等．2003．GM(1,1)模型时间响应函数的最优化．中国管理科学，24(04)：54－57.

刘解放，刘思峰，方志耕．2013．基于核与灰半径的连续区间灰数预测模型．系统工程，31(02)：61－64.

刘思峰. 1997. 冲击扰动系统预测陷阱与缓冲算子. 华中理工大学学报,25(1): 28 - 31.

刘思峰. 2004. 灰色系统理论的产生与发展. 南京航空航天大学学报,36(2): 267 - 272.

刘思峰,党耀国,方志耕,等. 2010a. 灰色系统理论及其应用. 5 版. 北京:科学出版社.

刘思峰,方志耕,谢乃明. 2010b. 基于核和灰度的区间灰数运算法则. 系统工程与电子技术,32(2): 313 - 316.

刘思峰,林益. 2004. 灰色灰度的一种公理化定义. 中国工程科学,6(8):91 - 93.

刘思峰,谢乃明,等. 2008. 灰色系统理论及其应用. 4 版. 北京:科学出版社.

刘卫锋,范贺花,王战伟. 2012. 基于心态指标的区间灰数预测模型. 四川理工学院学报(自然科学版),25(01):97 - 100.

刘卫锋. 2012. 基于联系数的区间灰数预测模型. 统计与决策,10:75 -77.

刘以安,陈松灿,张明俊,等. 2006. 缓冲算子及数据融合技术在目标跟踪中的应用. 应用科学学报,24(2):154 - 158.

刘义,王国玉,柯宏发. 2008. 一种基于灰色距离测度的小样本数据区间估计方法. 系统工程与电子技术,30(01):116 - 119.

孟金涛,张玉霞,鲁晓旭. 2013. 基于灰色关联度和理想解法的区间评价方法. 统计与决策,(15):76 - 78.

孟伟,刘思峰,曾波. 2012. 区间灰数的标准化及其预测模型的构建与应用研究. 控制与决策. 27(8):773 - 776

穆勇. 2002. 一种新的灰色无偏 GM(1,1)模型建模方法. 济南大学学报(自然科学版),16(4):367 - 369.

穆勇. 2003. 无偏灰色 GM(1,1)模型的直接建模法. 系统工程与电子技术,25(9): 1094 - 1095

钱吴永,党耀国. 2009. 基于振荡序列的 GM(1,1)模型. 系统工程理论与实践,29(3): 93 - 98.

沈春光. 2012. 基于 GM(1,1)模型的区域科技人才投入的区间预测. 内蒙古师范大学学报(自然科学汉文版),41(05):474 - 478.

石世云. 1998. 多变量灰色模型 MGM(1,n)在变形预测中的应用. 测绘通报,(10):9 - 12.

宋中民. 2002. 灰色区间预测的新方法. 武汉理工大学学报(交通科学与工程版),22(6): 796 - 799.

宋中民,邓聚龙. 2001. 反向累加生成及灰色 GOM(1,1)模型. 系统工程,19(1):66 - 69.

宋中民,同小军,肖新平. 2001. 中心逼近式灰色 GM(1,1)模型. 系统工程理论与实践,21(5):110－113.

谭冠军. 2000a. GM(1,1)模型的背景值构造方法和应用(Ⅰ). 系统工程理论与实践,20(4):98－103.

谭冠军. 2000b. GM(1,1)模型的背景值构造方法和应用(Ⅱ). 系统工程理论与实践,20(5):125－128.

谭冠军. 2000c. GM(1,1)模型的背景值构造方法和应用(Ⅲ). 系统工程理论与实践,20(6):70－75.

谭华,谢赤,孙柏,等. 2007. 证券市场灰色神经网络组合预测模型应用研究. 湖南大学学报(自然科学版),34(9):86－89.

万玉成,何亚群,盛昭瀚. 2003. 基于灰色系统与神经网络的航材消耗广义加权函数平均组合预测模型研究. 系统工程理论与实践,23(7):80－87.

王丰效. 2007. 多变量非等间距GM(1,m)模型及其应用. 系统工程与电子技术,29(3):388－390.

王光远. 1990. 未确知信息及其数学处理. 哈尔滨建筑大学学报,23(4):1－8.

王洪利,冯玉强. 2006. 基于灰云的改进白化模型及其在灰色决策中应用. 黑龙江大学自然科学学报,23(06):740－745,750.

王健. 2013. 对白化方程优化的一类新信息灰色GM(1,1)模型研究. 数学的实践与认识,43(12):111－116.

王清印. 1992. 区间型灰数矩阵及其运算. 华中理工大学学报,20(01):165－168.

王四清,王先民,李元旦,等. 1999. 系统负荷的灰色区间预测. 系统工程,17(03):60－65.

王伟民,宫俊峰,魏景刚. 2008. 梯形重心及应用. 物理教师,29(7):23－24.

王文平,邓聚龙. 1997. 灰色系统中GM(1,1)模型的混沌特性研究. 系统工程,15(2):13－16.

王学盟,罗建军. 1986. 灰色系统预测决策建模程序集. 北京:科学普及出版社.

王学盟,张继忠,王荣. 2001. 灰色系统分析及实用计算程序. 武汉:华中科技大学出版社.

王叶梅,党耀国,王正新. 2008. 非等间距GM(1,1)模型背景值的优化. 中国管理科学,16(4):159－162.

王义闹. 1988. GM(1,1)的直接建模方法及性质. 系统工程理论与实践,8(1):27－31.

王义闹. 2003. GM(1,1)逐步优化直接建模方法的推广. 系统工程理论与实践,23(2):120－124.

王义闹,李万庆,王本玉,等. 2002. 一种逐步优化灰导数白化值的GM(1,1)建模方法.

系统工程理论与实践,22(9):128－131.

王义闹,李应川,陈智洁. 2001. 逐步优化灰导数白化值的GM(1,1)直接建模法. 华中科技大学学报,29(3):54－57.

王义闹,刘光珍,刘开第. 2000. GM(1,1)的一种逐步优化直接建模方法. 系统工程理论与实践,20(9):99－104.

王义闹,刘开第,李应川. 2001. 优化灰导数白化值的GM(1,1)建模法. 系统工程理论与实践,21(5):124－128.

王正新,党耀国,刘思峰. 2007. 无偏GM(1,1)模型的混沌特性分析. 系统工程理论与实践,27(11):153－158.

王正新,党耀国,刘思峰. 2008. 基于离散指数函数优化的GM(1,1)模型王. 系统工程理论与实践,28(2):61－67.

王正新,党耀国,刘思峰. 2011. 基于白化权函数分类区分度的变权灰色聚类. 统计与信息论坛,26(06):23－27.

魏勇,孔新海. 2010. 几类强弱缓冲算子的构造方法及其内在联系. 控制与决策,25(2):196－202.

吴惠荣. 1994. 灰色预测模型的进一步拓广. 系统工程理论与实践,14(8):31－34.

向跃霖. 1998. 灰色摆动序列的GM(1,1)拟合建模法及其应用. 化工环保,18(5):299－302.

向跃霖. 2002. SO_2 排放量灰色区间预测. 四川环境,21(04):80－82.

向跃霖. 2004. 灰色摆动序列建模方法研究. 贵州环保科技,10(1):5－8.

肖新平,邓聚龙. 2000. 数乘变换下GM(0,N)模型中的参数特征. 系统工程与电子技术,22(10):1－3.

肖新平,宋中民,李峰. 2005. 灰技术基础及其应用. 北京:科学出版社.

谢开贵,李春燕,周家启. 2000. 基于遗传算法的GM(1,1,λ)模型. 系统工程学报,15(2):168－172.

谢乃明,刘思峰. 2005. 离散GM(1,1)模型与灰色预测模型建模机理系统工程理论与实践,25(1):93－99

谢乃明,刘思峰. 2006a. 离散灰色模型的拓展极其最优化求解. 系统工程理论与实践,26(6):108－112.

谢乃明,刘思峰. 2006b. 一类离散灰色模型及其预测效果研究. 系统工程学报,21(5):520－523.

谢乃明,刘思峰. 2008a. 多变量离散灰色模型及其性质. 系统工程理论与实践,(06):143－150,165.

谢乃明，刘思峰. 2008b. 近似非齐次指数序列的离散灰色模型特性研究. 系统工程与电子技术，30(5)：863－867.

谢乃明，刘思峰. 2008c. 离散灰色模型的仿射特性研究. 控制与决策，23(02)：200－203.

熊萍萍，门可佩，吴香华. 2009. 以 $x_{(n)}^{(1)}$ 为初始条件的无偏 GM(1，1)模型. 南京信息工程大学学报，1(3)：258－263.

熊鹰飞，陈绵云，熊和金. 1999. 系统云 SCGM(1，h)模型仿真及应用. 武汉交通科技大学学报，23(3)：230－233.

徐涛，冷淑霞. 1999. 灰色系统模型初始条件的改进及应用. 山东工程学院学报，13(1)：15－19.

徐永高. 2004. 采油工程中灰色预测模型的病态性诊断. 武汉理工大学学报(交通科学与工程版)，28(5)：702－705.

许秀莉，罗键. 2002. GM(1，1)模型的改进方法及其应用. 系统工程与电子技术，24(4)：61－63.

闫晨光，阮仁俊，王海燕. 2008. 基于 GM(1，2)的中长期负荷区间预测模型. 四川电力技术，31(04)：50－53.

闫永权. 2007. 基于频繁的 Markov 链预测模型. 计算机应用研究，24(3)：41－46.

杨秀文，付诗禄，顾又川，等. 2010. 两类白化权函数的比较. 后勤工程学院学报，26(01)：88－91.

杨印生，李长虹，李树根，等. 1995. 灰色 DEA 模型及其白化方法. 吉林工业大学学报，25(01)：34－40.

杨知，任鹏，党耀国. 2009. 反向累加生成与 GOM(1，1)模型的优化. 系统工程理论与实践，29(8)：160－164.

姚天祥，刘思峰. 2007. 改进的离散灰色预测模型. 系统工程，25(9)：103－106.

尹春华，顾培亮. 2003. 基于灰色序列生成中缓冲算子的能源预测. 系统工程学报，18(2)：189－192.

袁潮清，刘思峰. 2007. 一种基于灰色白化权函数的灰数灰度. 江南大学学报(自然科学版)，6(04)：494－496.

袁潮清，刘思峰，张可. 2011. 基于发展趋势和认知程度的区间灰数预测. 控制与决策，26(2)：313－315.

曾波. 2011. 基于核和灰度的区间灰数预测模型. 系统工程与电子技术，33(4)：821－824.

曾波，刘思峰. 2010a. 白化权函数已知的区间灰数预测模型. 控制与决策，25(10)：1815－1820.

曾波,刘思峰. 2010b. 基于 Visual C#的灰色理论建模系统及其应用. 第 19 届灰色系统全国会议论文集,268-271.

曾波,刘思峰. 2010c. 近似非齐次指数增长序列的间接 DGM(1,1)模型分析. 统计与信息论坛,25(8):30-33.

曾波,刘思峰. 2010d. 近似非齐次指数序列的 DGM(1,1)直接建模法. 系统工程理论与实践,31(2):297-301.

曾波,刘思峰. 2011. 一种基于区间灰数几何特征的灰数预测模型. 系统工程学报,26(2):122-126.

曾波,刘思峰,方志耕,等. 2009. 灰色组合预测模型及其应用. 中国管理科学,17(5):150-155.

曾波,刘思峰,孟伟. 2011. 基于核和面积的离散灰数预测模型. 控制与决策,26(09):1421-1424.

曾波,刘思峰,孟伟,等. 2012. 具有主观取值倾向的离散灰数预测模型及其应用. 控制与决策,27(09):1359-1364.

曾波,刘思峰,谢乃明,等. 2010. 基于灰数带及灰数层的区间灰数预测模型. 控制与决策,25(10):1585-1588.

张冬青,韩玉兵,宁宣熙. 2008. 基于小波域隐马尔可夫模型的时间序列分析——平滑、插值和预测. 中国管理科学,16(2):122-127.

张冬青,宁宣熙,刘雪妮. 2007. 考虑影响因素的隐马尔可夫模型在经济预测中的应用. 中国管理科学,15(4):105-110.

张岐山. 2007. 提高灰色 GM(1,1)模型精度的微粒群方法. 中国管理科学,15(05):126-129.

张兆宁,郭爽. 2007. 首都机场飞行流量的灰色区间预测. 中国民航大学学报,25(06):1-4.

赵雪花. 2008. 基于灰色马尔可夫链的径流序列模式挖掘. 武汉大学学报(工学版),41(1):1-4.

郑树清,马靖忠,关军. 2006. 多变量灰色模型在预测中的应用. 河北大学学报(自然科学版),26(4):9-12.

郑双忠,陈宝智,刘艳军,等. 2001. 综合事故率灰色区间预测. 辽宁工程技术大学学报(自然科学版),20(06):844-846.

郑照宁,武玉英,包涵龄. 2001. GM 模型的病态性问题. 中国管理科学,9(05):38-44.

钟珞,江琼,张诚,等. 2004. 基于最优初始条件和动态辨识参数的灰色时程数据预测. 武汉理工大学学报(交通科学与工程版),28(5):685 -691.

周慧,王晓光. 2008. 倒数累加生成灰色 GRM(1,1)模型的改进. 沈阳理工大学学报,27(4):84 - 86.

周命端,郭际明,文鸿雁,等. 2008. 基于优化初始值的 GM(1,1)模型及其在大坝监测中的应用周. 水电自动化与大坝监测,32(2):52 - 54.

朱建军,张里,刘思峰. 2010. 基于区间数偏好的政府节能政策贡献度测算模型. 统计与决策,(10):13 - 16.

朱旭光. 2002. 田赛成绩的灰色区间预测方法的研究. 商丘师范学院学报,18(02):120 -122.

邹红波,吉培荣. 2006. 无偏 GM(1,1)模型的动态特性分析. 三峡大学学报(自然科学版),28(4):334 - 336.

Ai D B, Chen R Q. 2001. Frame of AGO generating space. The Journal of Grey System. 13(1):13 - 16.

Andrew A M. 2011. Why the world is grey. Grey Systems: Theory and Application, (2):112 - 116.

Chen C K, Tien T L. 1997a. A new forecasting method of discrete dynamic system. Applied Mathematics and Computation, 86(1):61 - 84.

Chen C K, Tien T L. 1997b. The indirect measurement of tensile strength by the deterministic grey dynamic model DGDM(1,1,1). International Journal of Systems Science, 28(7):683 - 690.

Dang Y G, Liu S F. 2004. The GM models that $x(n)$ be taken as initial value. The International Journal of Systems & Cyberntics, 33(2):247 - 255.

Deng J L. 1982. The Control problem of grey systems. System & Control Letter, 1(5):288 - 294.

Deng J L. 1988. Generating Space of Grey System. Bei Jing: China Ocean Press: 79 - 90.

Deng J L. 1999. Moving operator in grey theory. The Journal of Grey System, 11(1):1 - 4.

Deng J L. 2001a. Negative power AGO in grey theory. Journal of Grey System, 13(3):1 - 6.

Deng J L. 2001b. Undulating grey model GM$(1,1|\tan(k-\tau)p, \sin(k-\tau)p)$. Journal of Grey System, 13(3):201 - 204.

He X J, Sun G Z. 2001. A non-equigap grey model NGM(1, 1). Journal of Grey

System,13(2):217－222.

Hsu L C. 2003. Applying the grey prediction model to the global integrated circuit industry. Technology and Social Change,70(6):563－574.

Huang W C,Kuo M S,Lee K L,et al. 2004. Application of GM(1,1|τ,r)to analyze the ports for putting in resources. Journal of Grey System,16(6):211－220.

Jiang H,He W W. 2012. Grey relational grade in local support vector regression for financial time series prediction. Expert Systems with Applications,(39):2256－2262.

Jiang X,Wang B W,Chen F X. 2003. Based GM(1,1|τ,r)—moving object segmentation. Journal of Grey System,15(2):101－106.

Jin F Y,Hung C L. 1996. On some of the basic features of GM(1,1) model(I). The Journal of Grey System,8(1):19－36.

Kong Z,Wang L F,Wu Z X. 2011. Application of fuzzy soft set in decision making problems based on grey theory. Journal of Computational and Applied Mathematics,(236):1521－1530.

Kuang Y H,Chuen J J. 2009. A hybrid model for stock market forecasting and portfolio selection based on ARX,grey system and RS theories. Expert Systems with Applications,(36):5387－5392.

Kuo C Y,Ching T L. 2000. Fourier modified non—equigap GM(1,1). The Journal of Grey Systems,12(2):139－142.

Kuo C Y,Ching T L,Yen T H. 2000. Generalized admissible region of class ratio for GM(1,1). The Journal of Grey System,12(2):153－156.

Li G D,Daisuke Y,Masatake N. 2007. A GM(1,1)—Markov chain combined model with an application to predict the number of chinese international airlined. Technological Forecasting and Social change,74(8):1465－1481.

Li X C. 1998. On parameters in grey model GM(1,1). The Journal of Grey System,10(2):155－162.

Li X L,Li Y J,Zhang K. 2010. Improved grey forecasting model of fault prediction in missile applications. Computer Simulation,27(8) 33－36.

Lin Y,Liu S F. 2000. A systemic analysis with data (I). International Journal of General Systems (UK),29 (6):989－999.

Liu S F. 1991. The three axioms of buffer operator and their application. The Journal of Grey System,3(1):39－48.

Liu S F. 1995. On measure of grey information. The Journal of Grey System, 7(2):97－101.

Liu S F, Deng J L. 1996. The range suitable for GM(1,1). The Journal of Grey System, 11(1):131－138.

Liu S F, Forrest J, Yang Y J. 2012. A brief introduction to grey systems theory. Grey Systems: Theory and Application, 2(2):89－104.

Liu S F, Li B J, Dang Y G. 2004. The G－C－D model and technical advance. Kybernetes: The International Journal of Systems & Cybernetics, 33(2):303－309.

Liu S F, Lin Y. 2010. Grey Systems Theory and Applications. Berlin Heidelberg: Springer－Verlag.

Liu S F, Zhu Y D. 1996. Grey-econometrics combined model. Journal of Grey System, 8(1):103－110.

Mohammed M. Watanabe K, Takeuchi S. 2010. Grey model for prediction of pore pressure change. Environmental Earth Sciences, 60(7):1523－1534.

Pawlak Z. 1991. Rough Sets: Theoretical aspects of reasoning about data. Dordrecht: Kluwer Academic Publisher.

Ren X W, Tang Y Q, Li J, et al. 2012. A prediction method using grey model for cumulative plastic deformation under cyclic loads. Natural Hazards, 64(1):441－457.

Seguí X, Pujolasus E. Betrò S, et al. 2013. Fuzzy model for risk assessment of persistent organic pollutants in aquatic ecosystems. Environmental Pollution, 178:23－32.

Shi B Z. 1993. Modeling of non-equigap GM(1,1). The Journal of Grey Systems, 5(2):105－114.

Song Z M, Wang Z D, Tong X J. 2001. Grey Generating space on opposite accurnulation. The Journal of Grey System, 13(4):305－308.

Song Z M, Xiao X P, Deng J L. 2002. The character of opposite direction AGO and class ratio. The Journal of Grey System, 14(1):9－14.

Wang Z X, Dang Y G, Liu S F. 2007. The optimization of background value in GM(1,1) model. The Journal of Grey System, 10(2):69－74.

Wei M, Liu S F, Zeng B. 2012. Standard triangular whitenization weight function and its application in grey clustering evaluation. The Journal of Grey System, 25(1):39－48.

Wen K L, John H W. 1998. AGO for invariant series. The Journal of Grey System, 10(1):17－21.

Xiao X P. 2000. On parameters in grey models. Journal of Grey System, 11(4):73－78.

Xie N M, Liu S F. 2009. Discrete grey forecasting model and its optimization. Applied Mathematical Modeling, 33(2): 1173 - 1186.

You Z S, Zeng B. 2012. Calculation method's extension of grey degree based on the area method. The Journal of Grey System, 24(1): 89 - 94.

Yu Q Z, Li F. 2002. Digital watermarking via undulating grey model GM(1,1| tan($k-\tau$)p, sin($k-\tau$)p). Journal of Grey System, 14(3): 217 - 222.

Zadeh L A. 1994. Soft computing and fuzzy logic. IEEE Software, 11(6): 48 - 56.

Zeng B, Liu S F. 2013. Calculation for Kernel of interval grey number based on barycenter approach. Transactions of Nanjing University of Aeronautics & Astronautics, 30(2): 216 - 220.

Zeng B, Liu S F, Meng W. 2011. Development and application of MSGT6.0 (Modeling System of Grey Theory6.0) based on Visual C# and XML. The Journal of Grey System, 23(2): 145 - 154.

Zhang H N, Xu A J, Cui J. 2012. Establishment of neural network prediction model for terminative temperature based on grey theory in hot metal pretreatment. Journal of Iron and Steel Research International, 19(6): 25 - 29.

Zhang Q S. 2001. Difference information entropy in grey theory. Journal of Grey System. 13(2): 21 - 25.